职业教育校企合作双元教材

数据通信与网络技术

主　编　李力厚　李军华
副主编　魏春燕　党琪琪

西南交通大学出版社
·成　都·

图书在版编目（CIP）数据

数据通信与网络技术 / 李力厚，李军华主编. —成都：西南交通大学出版社，2022.8（2025.2 重印）
职业教育校企合作双元教材 职业教育技能型人才培养“十四五”精品教材
ISBN 978-7-5643-8767-9

Ⅰ. ①数… Ⅱ. ①李… ②李… Ⅲ. ①数据通信－高等职业教育－教材②计算机网络－高等职业教育－教材 Ⅳ. ①TN919②TP393

中国版本图书馆 CIP 数据核字（2022）第 116752 号

职业教育校企合作双元教材
Shuju Tongxin yu Wangluo Jishu
数据通信与网络技术

主 编 / 李力厚 李军华
责任编辑 / 穆 丰
封面设计 / 何东琳设计工作室

西南交通大学出版社出版发行
（四川省成都市金牛区二环路北一段 111 号西南交通大学创新大厦 21 楼 610031）
营销部电话：028-87600564 028-87600533
网址：http://www.xnjdcbs.com
印刷：四川森林印务有限责任公司

成品尺寸 185 mm × 260 mm
印张 16.5 字数 402 千
版次 2022 年 8 月第 1 版 印次 2025 年 2 月第 3 次

书号 ISBN 978-7-5643-8767-9
定价 46.00 元

课件咨询电话：028-81435775
图书如有印装质量问题 本社负责退换

前　言

PREFACE　　

数据通信是计算机技术与通信技术相结合的产物，以“数据”为业务，实现数据终端的软硬件和信息资源的共享。随着我国信息化产业的高速发展与科学技术的普及，数据通信技术广泛应用于5G移动互联网、物联网之中。培养数据通信领域专业技能人才将成为信息类专业建设的重要任务之一。

本书根据职业院校培养应用型技术人才的目标，结合用人单位对通信技术人才的要求编写而成，其内容分为8个项目，每个项目包含理论知识和实践操作两个部分，以理实一体化的形式进行阐述。在编写本书过程中，作者力求将理论与实践充分结合，探索职业教育理实一体化的教学模式，着力优化人才培养方式，促进教与学、教与教、学与学的全面互动，以信息化促进职业教育现代化。本书具体项目如下：

项目1 数据通信基础：学习数制与编码、数据传输、串行通信及其接口标准等知识。

项目2 数据通信规程：学习网络参考模型、IP地址、MAC地址、子网划分等知识，实作为常用网络命令的使用。

项目3 计算机网络基础：学习计算机网络概念、拓扑、分类，网络传输介质等知识，实作为认识计算机机房网络、认识校园网络、双绞线的制作与测试、组建小型办公室网络。

项目4 交换式局域网组建：学习交换机原理、VLAN建立、STP原理等知识，实作为交换机的基本配置、管理MAC地址转发表、VLAN划分与通信、单域生成树配置。

项目5 网络间的互联：学习路由器原理、静态路由、动态路由等知识，实作为路由器配置、静态与动态路由配置。

项目6 无线网络组建：学习无线通信基础、WLAN设备构成、无线通信组网模式等知识，实作为模拟无线组网、移动端设置便携式热点、设计办公室无线局域网。

项目 7 网络操作系统认识与安装：学习网络管理、操作系统等知识，实作为 Windows Server 2008 的安装与配置。

项目 8 Windows Server 2008 服务配置：学习动态主机配置协议、DHCP、DNS、Web、FTP，实作为配置 DHCP 服务、DNS 服务器安装与配置、WEB 服务配置、架设网络 FTP 服务器。

本书由洛阳铁路信息工程学校和相关通信制造运维企业、轨道交通公司联合编写，洛阳铁路信息工程学校李力厚、李军华担任主编，魏春燕、党琪琪担任副主编。其中，李力厚编写了项目 7、项目 8，李军华编写了项目 4、项目 5，党琪琪编写了项目 1，项目 2（任务 2.1~2.4），梁晓编写了项目 2（任务 2.5~2.6）、项目 3，李杰编写了项目 6。在编写过程中，洛阳市轨道交通集团有限责任公司、中兴通讯股份有限公司等单位通信、网络技术专家提供了宝贵的建议和现场第一手资料，在此表示最诚挚的谢意！

由于成书时间紧迫，编者水平有限，本书中难免存在疏漏不足之处，敬请广大读者给予指正，便于今后进一步完善。

编　者

2021 年 10 月

目　录

CONTENTS

项目 1

数据通信基础

任务 1.1 数制

1.1.1 常见的数制

日常生活中我们经常使用的是十进制数，如某人身高为 165 cm、体重 50 kg 等。除了十进制数以外，还有许多其他进制的计数方法。在计算机数据通信中通常遇到的是二进制、八进制、十进制和十六进制这四种数制。因为有不同的数制，所以在数据通信中给出一个数据时就必须标明它属于哪一种数制，否则计算机就无法准确识别该数据。下面将对这几种数制分别予以介绍。

1. 常见的数制类型

1）十进制（Decimal）

十进制是日常生活中常用的数制类型，基数是 10，也就是说它有 10 个数字符号，即 0、1、2、3、4、5、6、7、8、9。十进制数的标志为“D”，如 $(126)_D$，也可以用下标“10”来表示，如 $(126)_{10}$。

2）二进制（Binary）

二进制是计算机运算时所采用的数制，基数是 2，它只有两个数字符号，即 0 和 1。二进制数的标志为“B”，如 $(1011001)_B$，也可以用下标“2”来表示，如 $(1011001)_2$。

3）八进制（Octal）

八进制也是计算机运算时所采用的数制，基数是 8，表示它有 8 个数字符号，即 0、1、2、3、4、5、6、7。八进制数的标志是“O”或者“Q”，如 $(1234)_O$、$(1234)_Q$，也可以用下标“8”来表示，如 $(1234)_8$。

4）十六进制（Hexadecimal）

十六进制是计算机数据通信常用的数制之一，基数是 16，表示它有 16 个数字符号，除了 0 ~ 9 外，还使用了 6 个英文字母，即 0、1、2、3、4、5、6、7、8、9、A、B、C、D、E、F（不区分大小写），其中 A 到 F 代表 10 到 15。十六进制数的标志是“H”，如 $(13AF)_H$，也可以用下标“16”表示，如 $(13AF)_{16}$。

二进制、十进制、十六进制值的取值范围如表 1-1 所示。

表 1-1　各种进制值的取值范围

进制	字符范围	基数
二进制	0~1	2
十进制	0~9	10
十六进制	0~9，A~F	16

2. 不同数制之间的对应关系

二进制、八进制、十进制和十六进制这四种数制的对应关系如表 1-2 所示。

表 1-2　不同数制的对应关系

二进制数	十进制数	八进制数	十六进制数
0	0	0	0
1	1	1	1
10	2	2	2
11	3	3	3
100	4	4	4
101	5	5	5
110	6	6	6
111	7	7	7
1000	8	10	8
1001	9	11	9
1010	10	12	A
1011	11	13	B
1100	12	14	C
1101	13	15	D
1110	14	16	E
1111	15	17	F

3. 不同数制间的相互转换

同一个数在不同的使用环境中需要用不同的数制来表示，这就涉及数制间的转换问题。下面介绍数据通信中常用的进制转换。

1）非十进制数转换成十进制数

非十进制数转换成十进制数就是把这些非十进制数按位以对应的权值展开，然后相加即可得出相应的十进制数值。

“权值”指的是对应数位的进制的幂次方，如二进制整数中第 0 位的权值是 2 的 0 次方，第 1 位的权值是 2 的 1 次方……同理，在十进制整数中第 0 位的权值是 10 的 0 次方，第 1 位的权值是 10 的 1 次方……以此类推，我们可以得出这样的结论：一个几位整数的第 0 位的权值为对应进制的 0 次方，最高位的权值为对应进制的 n-1 次方。

（1）二进制转换为十进制。

二进制整数部分的一般表现形式为：$b_{n-1}\cdots b_1b_0$（共 n 位），按权相加展开后的格式为（注意，展开式中从左往右各项的幂次是从高到低下降的，最高位的幂为 n-1，最低位的幂为 0）：

$$b_{n-1}\times 2^{n-1}+b_{n-2}\times 2^{n-2}+\cdots+b_1\times 2^1+b_0\times 2^0$$

如二进制数（11010）$_2$转换为十进制数为：

$$1\times 2^4+1\times 2^3+0\times 2^2+1\times 2^1+0\times 2^0=16+8+0+2+0=(26)_{10}$$

（2）十六进制转换为十进制。

十六进制转换成十进制的方法也采取“按权相加”法，只是这里的权值是 16 的相应幂次方。如十六进制整数部分的格式为：$b_{n-1}b_{n-2}\ldots b_1b_0$，则按权相加展开后的格式为：

$$b_{n-1}\times 16^{n-1}+b_{n-2}\times 16^{n-2}+\cdots+b_1\times 16^1+b_0\times 16^0$$

如十六进制数（26345）$_{16}$转换为十进制数为：

$$2\times 16^4+6\times 16^3+3\times 16^2+4\times 16^1+5\times 16^0=131\,072+24\,576+768+64+5=(156\,485)_{10}$$

2）十进制数转换成非十进制数

十进制数转换成非十进制数的方法是“除基逆序取余法”，也就是用基数相除，然后反序（由后向前）取余数。

（1）十进制转换为二进制。

十进制整数转换为二进制数的方法是 “除 2 逆序取余”法（也称为短除法）。即每次将整数部分除以 2，余数为该权位上的数，而商继续除以 2，余数又为上一个权位上的数，重复该步骤，直到商为 0 为止，最后读数的时候，从最后一个余数读起，一直到最前面的一个余数。图 1-1 所示为十进制整数 28 转换成二进制数时依次除 2 的过程，在每步的最右边显示的是各步商数除以 2 所得到的余数，最后一步的商为 0，然后从最后得到的余数开始依次向上把其他各步骤除以 2 得到的余数排列起来，就得到 28 转换成二进制的结果为（11100）$_2$。同理，图 1-2 所示为十进制数 123 转换成二进制数后的结果（1111011）$_2$。

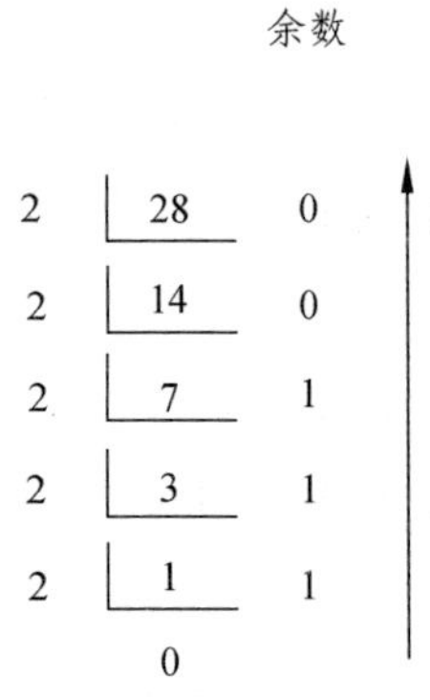

图 1-1　十进制数 28 转换成二进制数

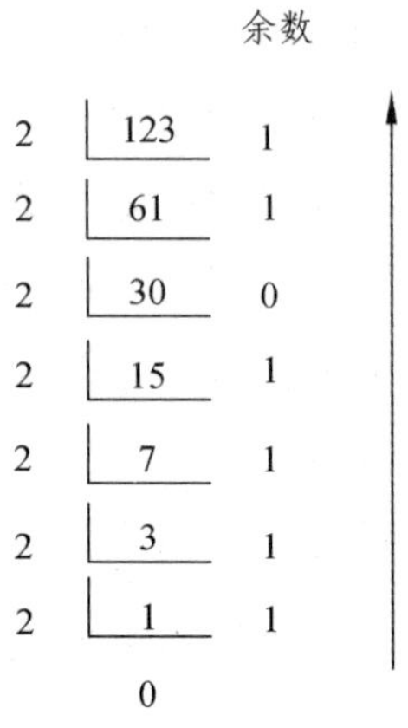

图 1-2　十进制数 123 转换成二进制数

（2）十进制转换为十六进制。

十进制转换成十六进制与十进制转换成二进制类似，将十进制整数转换为十六进制数的方法是“除 16 逆序取余”法，直到所得的商为 0，然后把余数按逆序排列即可。图 1-3 所示是将十进制整数 3 257 按“除 16 逆序取余法”转换成十六进制数的步骤，得到的结果是（CB9）$_{16}$。

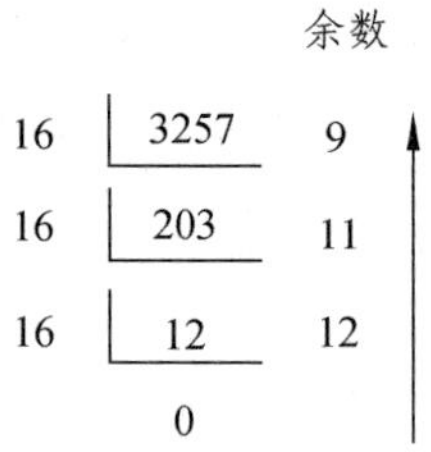

图 1-3　十进制整数 3257 转换成十六进制数

3）非十进制数之间的相互转换

从表 1-1 可以得出这样一个规律：1 位八进制数对应 3 位二进制数，而 1 位十六进制数对应 4 位二进制数。因此，二进制数与八进制数之间、二进制数与十六进制数之间的相互转换十分容易。

（1）八进制数与二进制数的相互转换。

八进制数转换成二进制数的方法是:将每 1 位八进制数直接用相应的 3 位二进制来表示。二进制数转换成八进制数的方法是：整数部分向左将每 3 位二进制分成一组，若不足 3 位则用 0 补足 3 位，然后将每一组二进制数直接用相应的 1 位八进制数来表示。

例如，将（3047）$_8$转换为二进制数的方法是依次把八进制的每 1 位用 3 位二进制表示（见图 1-4），最后的结果为（11000100111）$_2$（最前面的 0 可以省略）。

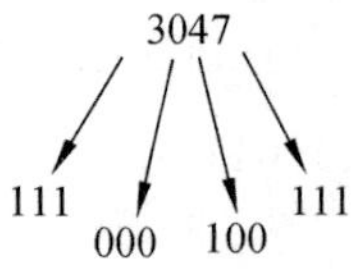

图 1-4　八进制数 3047 转换成二进制数

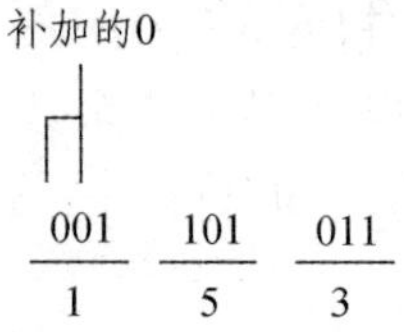

图 1-5　二进制数 1101011 转换成八进制数

又如要将（1101011）$_2$转化为八进制数，可以把整数部分从右向左将每 3 位分为一组，最后不足 3 位时加 0 补上（见图 1-5），最后的结果为（153）$_8$。

（2）十六进制数与二进制数的相互转换。

十六进制数转换成二进制数的方法是：将每 1 位十六进制数直接用相应的 4 位二进制来表示。二进制数转换成十六进制数的方法是：整数部分从右向左将每 4 位二进制数分成一组，若不足 4 位则用 0 补足 4 位，然后将每一组二进制数直接用相应的 1 位十六进制表示。

例如，要将（4AF）$_{16}$转换为二进制数的方法是依次把十六进制的每 1 位用 4 位二进制表示，最后的结果为（100 1010 1111）$_2$。

又如要将（11 0110 1110）$_2$转化为十六进制数，可以把整数部分从右向左按每 4 位分为一组，最后不足 4 位时加 0 补上，最后的结果为（36E）$_{16}$。

常用的进制转换如表 1-3 所示。

表 1-3　常用的进制转换

比特位	1	1	1	1	1	1	1	1
乘方	2^7	2^6	2^5	2^4	2^3	2^2	2^1	2^0
数值	128	64	32	16	8	4	2	1
十进制	二进制		十六进制		十进制	二进制		十六进制
0	0000 0000		00		9	0000 1001		09
1	0000 0001		00		10	0000 1010		0A
2	0000 0010		00		11	0000 1011		0B
3	0000 0011		00		12	0000 1100		0C
4	0000 0100		00		13	0000 1101		0D
5	0000 0101		00		14	0000 1110		0E
6	0000 0110		00		15	0000 1111		0F
7	0000 0111		00		⋮	⋮		⋮
8	0000 1000		00		255	1111 1111		FF

1.1.2 二进制数的运算

对于二进制数，除了与十进制数一样可以进行四则算术运算外，还可以进行逻辑运算，因为它的每一位只有两个数码，可以代表两种截然相反的逻辑状态。

1. 二进制四则运算

1）二进制加法运算

运算法则：0+0=0，0+1=1，1+0=1，1+1=10（逢 2 进 1）。

例如，计算（1010）$_2$+（1110）$_2$的过程如图 1-6 所示（注意两数要从最低位开始对齐）。

（1）首先是进行最低位相加，这里加数和被加数都为“0”，根据加法法则可知，相加后为“0”。

（2）其次进行倒数第二位相加，这里加数和被加数都为“1”，根据加法法则可知，相加后为“（10）$_2$”，此时把低位的“0”留下，而把高位的“1”向高一位进“1”。

（3）再进行倒数第三位相加，这里加数和被加数分别为“0”和“1”，根据加法法则可知，本来结果应为“1”，但倒数第二位已向这位进“1”了，此时就要同时把“被加数”“加数”和“进位”这三个数加起来，所以结果应为 0+1+1=（10）$_2$，同样需把低位的“0”留下，并向高位进“1”。

（4）最后是最高位相加，这里加数和被加数都为“1”，且有倒数第三位的进位“1”，根据加法法则可以知道，相加后为 1+1+1=（11）$_2$。同样需把低位的“1”留下，并向高位进“1”，这样会产生新的最高位，值为“1”。

因此（1010）$_2$+（1110）$_2$的最后运算结果为 11000。

被加数　1010　}
加数　　1110　} 被加数和加数要从最低位开始逐位对齐
进位　　111
+

　　　11000

图 1-6　二进制加法运算

2）二进制减法运算

运算法则：1−1=0，1−0=1，0−0=0，0−1=1（向高位借 1 当 2）。

例如，计算（11010）$_2$−（10011）$_2$的过程如图 1-7 所示（两数从最低位对齐）。

（1）首先是最低位相减，这里被减数为“0”，减数为“1”，不能直接相减，需要向高位（此时为倒数第二位）借“1”，借 1 当 2，用 2 减 1 结果就得到“1”。

（2）其次是倒数第二位相减，本来被减数和减数均为“1”，但是被减数被上一位借走了“1”，所以就变为“0”（1-1）了，此时也不能直接与减数相减，又需要向高位（倒数第三位）借“1”。同样是借 1 当 2，这样倒数第二位相减后的结果为 2−1=1。

（3）用与上一步同样的方法计算倒数第三位的结果为 1。

（4）再计算倒数第四位的减法运算，此时被减数原来为“1”，可是已被倒数第三位借走了“1”，所以成了“0”（1-1），而此时减数也为“0”，可以直接相减，得到的结果为“0”。

（5）最后计算最高位的相减，被减数和减数均为“1”，可以直接相减，得到的结果为“0”。

因此，（11010）$_2$−（10011）$_2$的结果是（00111）$_2$，由于整数的前导 0 可以不写，所以最后结果就是（111）$_2$。

被减数	11010	被减数和减数要从最低位开始逐位对齐
减数	10011	
错位	111	
–	00111	

图 1-7 二进制减法运算

2. 二进制逻辑运算

逻辑运算是指对因果关系进行分析的一种运算，这也是在计算机中经常采用的一种二进制运算。逻辑运算的结果并不表示数值大小，而是表示一种逻辑概念，二进制的逻辑运算主要有“与”“或”“非”和“异或”四种。

1）“与”运算

“与”运算又称“逻辑乘”，用符号“·”或“∧”来表示。运算法则如下：

0∧0=0，0∧1=0，1∧0=0，1∧1=1。

也就是说，只有当参与运算的逻辑变量取值都同时为 1 时，其逻辑乘才等于 1；只要参与运算的逻辑变量中有一个为 0，运算结果就为 0。如图 1-8 所示是逻辑“与”的运算示例。当两个位数不一样的二进制数进行“与”运算时，要求两个数从最低位开始对齐，在位数少的二进制的最高位前面加上“0”补齐，使得它与位数多的二进制数有一样的位数。

补“0”	11010101
∧	01100100
	01000100

图 1-8 “与”运算

补“0”	10100010
∨	01100110
	11100110

图 1-9 “或”运算

2）“或”运算

“或”运算又称“逻辑加”，用符号“+”或“∨”表示。运算法则如下：

0∨0=0，0∨1=1，1∨0=1，1∨1=1。

也就是说，只要参与“或”运算的两个逻辑变量中有一个为 1，运算结果就为 1；仅当两个逻辑变量均为 0 时结果才为 0。图 1-9 所示是逻辑“或”的运算示例。进行“或”运算时同样要求两数从最低位开始对齐，位数少的数在最高位前面加“0”补齐，最终使两个二进制数的位数相同。

3）“非”运算

“非”运算就是逐位求反的运算，其运算法则为：非“0”为“1”，非“1”为“0”，也就是“0”与“1”互为反。注意：“非运算”只是针对一个二进制数进行的，这与前面的“与”和“或”运算不一样。如“101110101”进行“非”运算后就得到“010001010”（最高位的 0 可以省略）。

4）“异或”运算

“异或”运算用符号“⊕”来表示。运算法则如下：

0⊕0=0，0⊕1=1，1⊕0=1，1⊕1=0。

也就是说，当两个参与“异或”运算的二进制数对应位相同时运算结果为 0，不同时运算结果为 1。图 1-10 所示是“异或”逻辑运算示例。同样，进行“异或”运算时要求两数从最低位开始对齐，位数少的数在最高位前面加 0 补齐，最终使两个二进制数的位数相同。

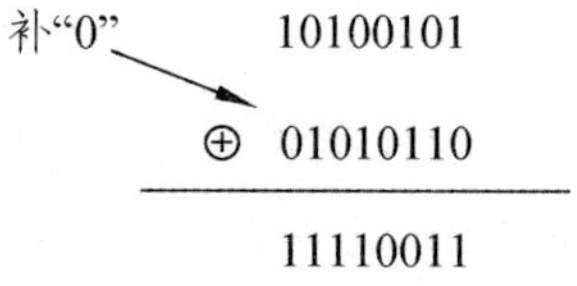

图 1-10 “异或”运算

任务 1.2 数据传输基本概念

1.2.1 信号与信道

1. 信号

信号（Signal）是指数据的物理量编码（通常为电编码），数据以该形式传播。电信号又分为模拟信号和数字信号。

1）模拟信号

图 1-11 所示的信号称为模拟信号，信号波形模拟着信息的变化，其特点是幅度连续（连续的含义是某一取值范围内可以取无限多个值）。

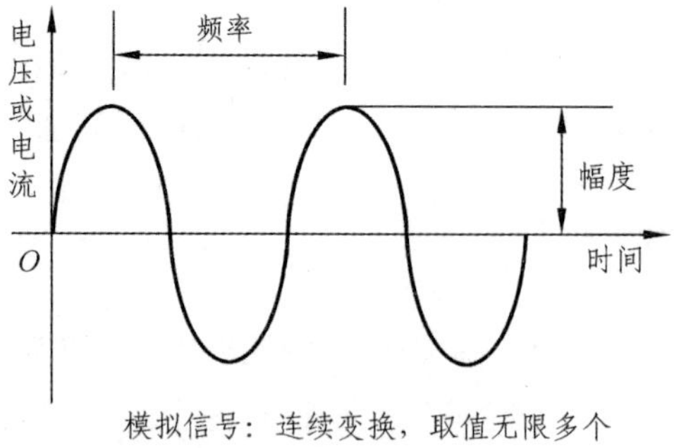

图 1-11 模拟信号

模拟信号是随时间连续变化的信号，利用信号的描述参数（如幅度、频率或相位等）来表示要传输的数据，它的取值可以是无限多个。

2）数字信号

数字信号是一种离散信号，通过电压脉冲表示要传输的数据，它的取值是有限的，如图 1-12 所示。

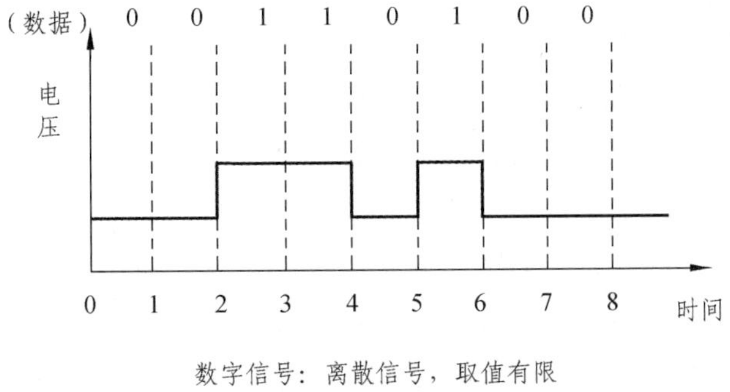

图 1-12 数字信号

3）模拟数据和数字数据的表示

模拟数据和数字数据都可以用模拟信号或数字信号来表示，因而无论信源产生的是模拟数据还是数字数据，在传输过程中都可以用适合于信道传输的某种信号形式来传输。

（1）模拟数据可以用模拟信号来表示。模拟数据是时间的函数，并占有一定的频率范围，即频带。这种数据可以直接用占有相同频带的电信号，即对应的模拟信号来表示。模拟电话通信是它的一个应用模型。

（2）数字数据可以用模拟信号来表示。如 Modem（调制解调器）可以把数字数据调制成模拟信号，也可以把模拟信号解调成数字数据。用 Modem 拨号上网是它的一个应用模型。

（3）模拟数据也可以用数字信号来表示。对于声音数据来说，完成模拟数据和数字信号转换功能的设施是编码解码器 CODEC，它将直接表示声音数据的模拟信号编码转换成二进制流近似表示的数字信号；而在线路另一端的 CODEC，则将二进制码流恢复成原来的模拟数据。数字电话通信是它的一个应用模型。

（4）数字数据可以用数字信号来表示。数字数据可以直接用二进制数字脉冲信号来表示，但为了改善其传播特性，一般先要对二进制数据进行编码。数字数据专线网 DDN 网络通信是它的一个应用模型。

4）调制、解调

在模拟信道上传输数字信号时，调制解调器是不可缺少的。

所谓调制，是一种波形变换过程，利用原始信息改变某种基本电波（称为载波）的某一个参数。调制的主要作用有两个：一是对原始信息实行频谱搬移；二是形成一种最有利于传输和恢复原始信息的信号波形。

调制解调器的基本工作原理：

（1）在发送端将计算机中的数字信号转换成能在线路上传输的模拟信号。

（2）在接收端将从电话线路上接收到的模拟信号还原成数字信号。

最常用的调制方式有三种，即幅度调制、相位调制和频率调制。调制后的信号称为已调信号。在数据通信中，调制与解调的具体任务是根据信息速率和信道特性而定的，一般有如下几个方面：

（1）基带波形形成：就是原始信息代码波形通过基带波形形成网络之后，形成一种最有利于码元识别的波形。理想的波形是各码元之间互不影响（即无码间干扰）的波形。

（2）信道波形形成：是通过调制器、发送滤波器和接收滤波器，把基带波形形成网络所形成的波形变换成适合于在给定信道中传输的波形。

（3）载波同步和码元同步：就是接收端通过解调器恢复原基带信号时，解调过程必须有一个与发送载波同频、同相的相干载波，接收机提取和恢复这样的载波，要求载波同步。

另外，在数据通信中进行载波同步只能恢复出基带波形，还必须通过取样判决才能恢复原始信息代码。而要正确地取样判决，必须有一个正确的位定时（位同步）信号，这就是码元同步要解决的问题。

2. 信道

信道（Channel）指信号的传输通道，包括通信设备（如集线器、路由器等）和传输介质（如同轴电缆、光纤等）。

按传输介质，信道可分为有线信道和无线信道；按传输信号类型，可分为模拟信道和数字信道；按使用权限，可分为专用信道和公用信道等。

1）信道最大数据传输率

奈奎斯特公式用于理想低通信道。奈奎斯特公式为估算已知带宽信道的最高数据传输速率提供了依据：

$$C = 2W \times \log_2 M$$

式中 C—— 数据传输率，b/s；

W—— 带宽，Hz；

M—— 信号编码级数。

实际的信道上存在损耗、延迟、噪声。损耗引起信号强度减弱，导致信噪比 S/N 降低；延迟会使接收端的信号产生畸变；噪声会破坏信号，产生误码。

1.2.2 数据传输形式与传输方式

1. 传输形式

数据传输形式基本上可分为两种：基带传输和频带传输。

1）基带传输

基带传输是按照数字信号原有的波形（以脉冲形式）在信道上直接传输，它要求信道具有较宽的通频带。基带传输不需要调制、解调，设备花费少，适用于较小范围的数据传输。

基带传输时，通常会对数字信号进行一定的编码。常用的数据编码方法有三种：非归零码（NRZ）、曼彻斯特编码和差分曼彻斯特编码。后两种编码不含直流分量，包含时钟脉冲，便于双方自同步，因此得到了广泛的应用。

2）频带传输

频带传输是一种采用调制、解调技术的传输形式。在发送端，采用调制手段，对数字信号进行某种变换，将代表数据的二进制“1”和“0”变换成具有一定频带范围的模拟信号，以适应在模拟信道上传输；在接收端，通过解调手段进行相反变换，把模拟的调制信号复原为“1”或“0”。常用的调制方法有：频率调制、振幅调制和相位调制。

具有调制、解调功能的装置称为调制解调器（Modem）。

频带传输较复杂，传送距离较远，若通过市话系统配备 Modem，则传送距离可不受限制。

2. 传输方式

1）单工、半双工和全双工方式

单工数据传输指的是两个数据站之间只能沿一个指定的方向进行数据传输，在同一时间只有一方能接收或发送信息。如图 1-13（a）所示，数据由 A 站传到 B 站，而 B 站至 A 站只传送联络信号。前者称正向信道（正向数据通道），后者称反向信道。一般正向信道传输速率较高，反向信道传输速率较低，此种方式适用于数据收集系统，如气象数据的收集、电话费的集中计算、广播等。因为在这种数据收集系统中，大量数据只需要从一端到另一端，另外需要少量联络信号通过反向信道传输。

半双工数据传输指的是两个数据之间可以在两个方向上进行数据传输，但不能同时进行。该方式要求 A 站、B 站两端都有发送装置和接收装置，如图 1-13（b）所示。若想改变信息的传输方向，需要由开关 K_1 和 K_2 进行切换。在某一时刻只允许数据在一个方向上传输，它实际上是一种切换方向的单工通信，在同一时间只可以有一方接收或发送信息，例如对讲机。

全双工数据传输指的是两个数据站可以在两个方向同时进行数据传输。全双工通信是两个单工通信方式的结合，它要求发送设备和接收设备都有独立的接收和发送能力，在同一时间可以同时接收和发送信息，实现双向通信，如图 1-13（c）所示。全双工通信效率高，但组成系统的造价高，适用于计算机之间高速数据通信系统。通常用四线线路实现全双工数据传输，用二线线路实现单工或半双工数据传输。在采用频分法、时间压缩法、回波抵消技术时，二线线路也可实现全双工数据传输。

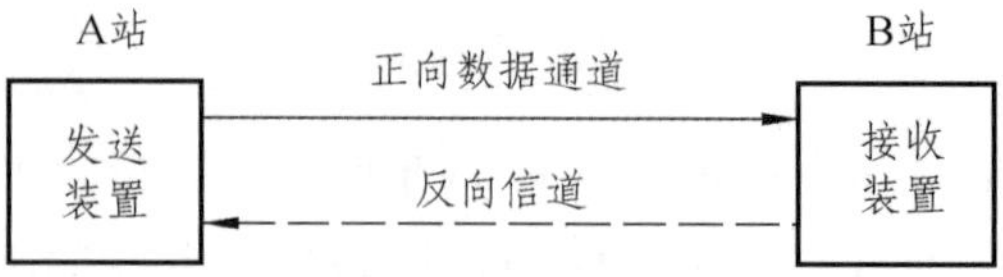

（a）单工

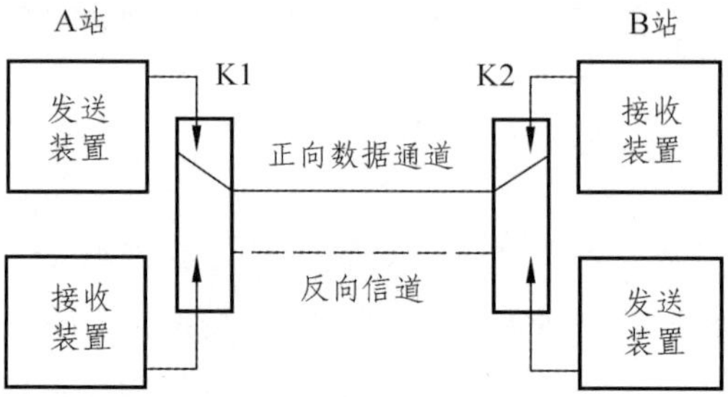

（b）半双工

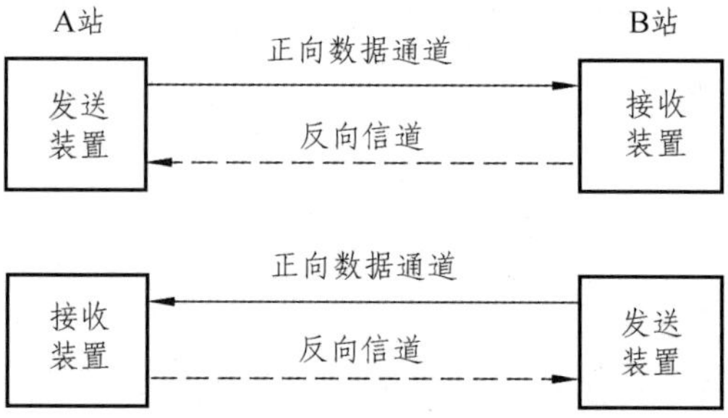

（c）全双工

图 1-13　单工、半双工、全双工

2）并行与串行方式

计算机通信是将计算机技术和通信技术相结合，完成计算机与外部设备或计算机与计算机之间的信息交换。其可以分为两大类：并行通信和串行通信。

并行通信是通过一组传输线多位同时传输数字数据，串行通信是通过一对传输线逐位传输数字数据。通常，计算机内部以及计算机与并行打印机之间采用并行方式，而传输距离较远的数字通信系统多采用串行方式。串行通信双方常以数据帧为单位传输信息，但由于串行方式只能逐位传输数据，因此，在发送方需要进行信号的并/串转换，而接收方则需要进行信号的串/并转换，图 1-14 所示为串行传输示意图。

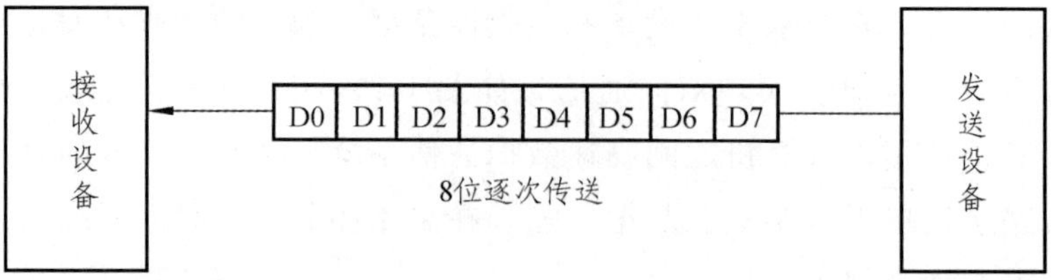

图 1-14　串行传输示意图

并行通信指的是数据以成组的方式，在多条并行信道上同时进行传输的方式，并行传输中的数据字节的各位用多条数据线同时进行传送并要求并行的各条线路同步，因此需要传输定时和控制信号。并行的各路信号在经过转发与放大处理时，将引起不同的延迟与畸变，故较难实现并行同步。若采用更复杂的技术、设备与线路，其成本会显著上升，故在远距离数字通信中一般不使用并行方式，图 1-15 所示为 8 位并行传输示意图。

并行传输的特点：

（1）传输速度快，一次可传送与总线位数相同的位。

（2）通信成本高，每位传输要求一个单独的信道支持，因此如果一个字符包含 8 个二进制位，则并行传输要求 8 个独立信道的支持。

（3）不支持长距离传输，由于信道之间的电容感应，远距离传输时，可靠性较低。

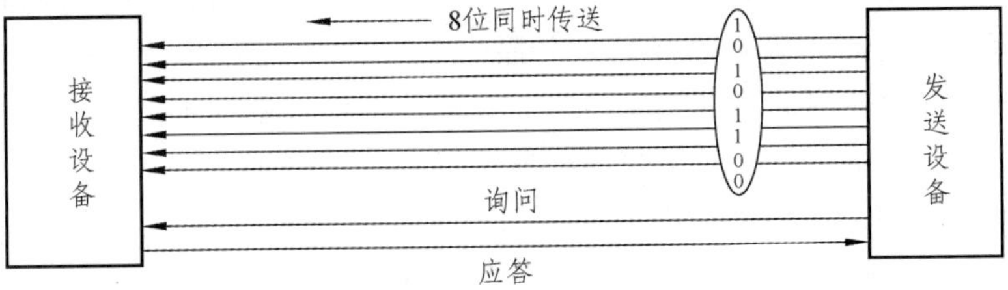

图 1-15　并行传输示意图

任务 1.3　串行通信基本概念

1.3.1 串行通信含义

串行通信是指使用一条数据线，将数据一位一位地依次传输，每一位数据占据一个固定的时间长度，只需要少数几条线就可以在系统间交换信息，特别适用于计算机与计算机、计算机与外设之间的远距离通信。其优点如下：

（1）传输线少，长距离传送时成本低，通信成本也较低，只需一个信道。

（2）支持长距离传输，目前计算机网络中所用的传输方式均为串行传输。

1.3.2 串行通信分类

串行通信中，根据对数据流的分界、定时以及同步方案的不同，可分为同步通信方式和异步通信方式。异步传输与同步传输均存在基本同步问题，一般采用字符同步或帧同步信号来识别传输字符信号或数据帧信号的开始和结束。两者之间的主要区别在于发送器或接收器是否向对方发送时钟同步信号。

1. 同步通信

同步通信是指发送端和接收端必须使用同一时钟，是一种连续传送数据的通信方式，一次通信传送多个字符数据（一帧数据）。同步串行通信帧将许多字符组成一个信息帧，字符可以一个接一个传输，但是需要在每帧信息的开始加上同步字符，在没有信息要传输时，要填上空字符，因为同步传输不允许有间隙。同步串行通信帧格式如图 1-16 所示。

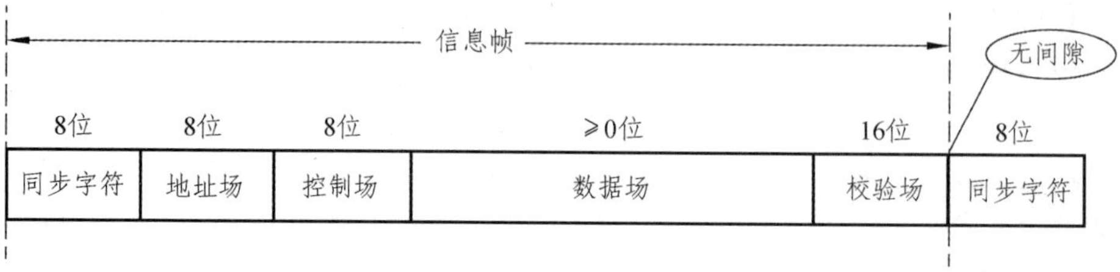

图 1-16　同步串行通信帧格式

同步传输以数据帧为单位传输数据，可采用字符形式或位组合形式的帧同步信号（后者的传输效率和可靠性高），由发送器或接收器提供专用于同步的时钟信号。在短距离的高速传输中，该时钟信号可由专门的时钟线路传输。计算机网络采用同步传输方式时，常将时钟同步信号植入数据信号帧中，以实现接收器与发送器的时钟同步。

同步串行通信方式把许多字符组成一个信息组（信息帧），每帧的开始用字符来指示，并且发送和接收的双方必须采用同一时钟，这样接收方就可以通过时钟信号来确定每个信息位，其原理如图 1-17 所示。

同步串行通信的特点：必须有同步时钟，传输信息量大，传输速率高，但是传输设备则为复杂，技术要求高。

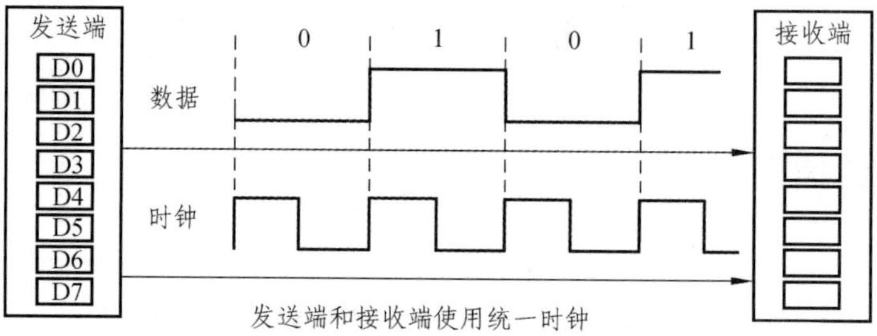

图 1-17　同步串行通信原理

2. 异步通信

异步通信是以字符（构成的帧）为单位进行传输，字符与字符之间的间隙（时间间隔）是任意的，但每个字符中的各位是以固定的时间传送的，即字符之间不一定有“位间隔”的整数倍的关系，但同一字符内的各位之间的距离均为“位间隔”的整数倍。异步通信发送和接收端使用的是各自的时钟，并且它是一种不连续的传输通信方式，一次通信只能传输一个字符数据（字符帧）。图 1-18 所示为异步通信原理示意图。

异步串行通信特点：

（1）不需要同步时钟，通信实现简单，设备简单但传输速率不高。

（2）异步传输发送器和接收器具有相互独立的时钟（频率相差不能太多），并且两者中任一方都不向对方提供时钟同步信号，实现容易，设备开销较小，但每个字符要附加 2 ~ 3 位用于起止位，各帧之间还有间隔。

（3）异步传输的发送器与接收器双方在数据可以传送之前不需要协调，发送器可以在任何时刻发送数据，而接收器必须随时都处于准备接收数据的状态。

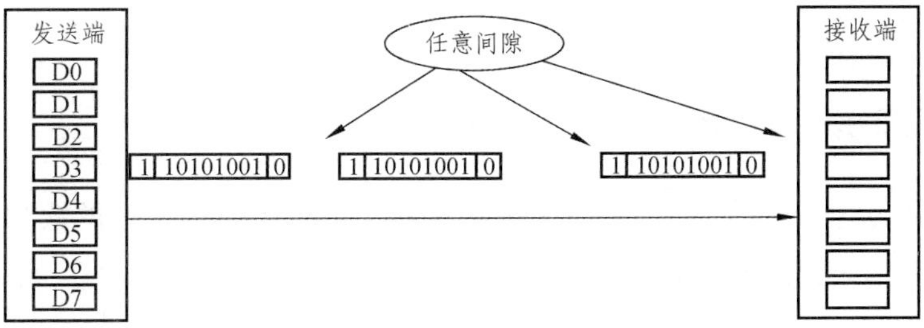

图 1-18　异步通信原理

异步串行通信帧是由一个字节数据加上起始位、校验位以及停止位构成的字符帧。由于异步通信没有同步时钟，所以接收端要时刻处于接收状态，因此传输效率不高。异步串行通信帧格式如图 1-19 所示。

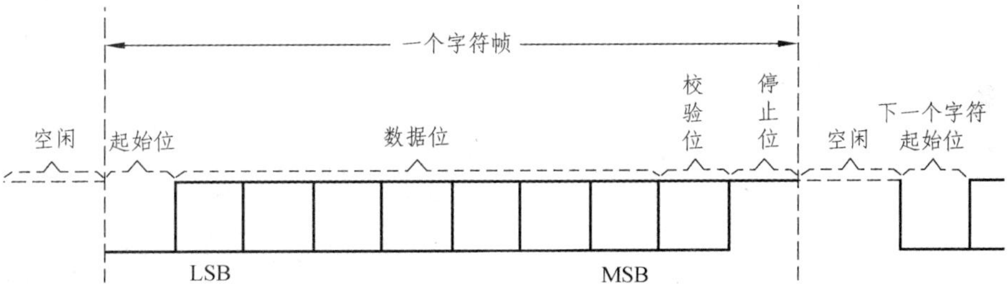

图 1-19　异步串行通信帧格式

1）起始位

在没有数据传送时（空闲状态），此时通信线上为逻辑“1”。当发送端要发送一个数据时，首先发送一个逻辑“0”，这个低电平就是帧格式的起始位，作用是告诉接收端要开始发送一帧数据；接收端检测到这个低电平之后，就准备接收数据信号。

2）数据位

在起始位之后，发送端发出的就是数据位，数据位的位数没有严格限制（5~8 位都可以）。低位在前，高位在后，由低位向高位逐位发送。

3）校验位

数据位发送完成之后，可以发送用来校验数据在传送过程中是否出错的校验位。校验位是收发双方预先约定好的，是限制差错的方式之一（可不用）。

4）停止位

字符帧格式的最后部分是停止位，逻辑“1”有效，它的占位有 1/2 位、1 位或者 2 位。停止位表示传送一帧信息的结束，也为发送下一帧数据信息做准备。

计算机主机与输入、输出设备之间一般采用异步传输方式，如键盘与计算机主机、典型的 RS-232 串口（用于计算机与调制解调器或 ASCII 码终端设备之间）应用等。异步通信的发送方可以在任何时刻发送一个字符（由一个开始位引导，然后连续发完该字符的各位）。

任务 1.4 串行接口标准

1.4.1 RS-232 接口标准

RS-232 接口符合美国电子工业联盟（EIA）制定的串行数据通信的接口标准，定义了数据终端设备（DTE）与数据通信设备（DCE）之间的物理接口标准。其原始编号全称是EIA-RS-232（简称 232、RS-232），被广泛用于计算机串行接口外设连接。它规定了连接电缆、机械与电气特性、信号功能及传送过程。

RS-232 标准规定采用一个有 25 个针脚的 DB-25 连接器，对连接器的每个引脚的信号内容加以规定，还对各种信号的电平加以规定，后来 IBM 的 PC 机（个人计算机）将 RS-232 简化成了有 9 个针脚的 DB-9 连接器，从而成为今天的标准。而工业控制的 RS-232 接口一般只使用 RXD（2）、TXD（3）、GND（5）三条线。DB-25 和 DB-9 分别如图 1-20、1-21 所示，DB-9 串口各引脚定义如表 1-4 所示。

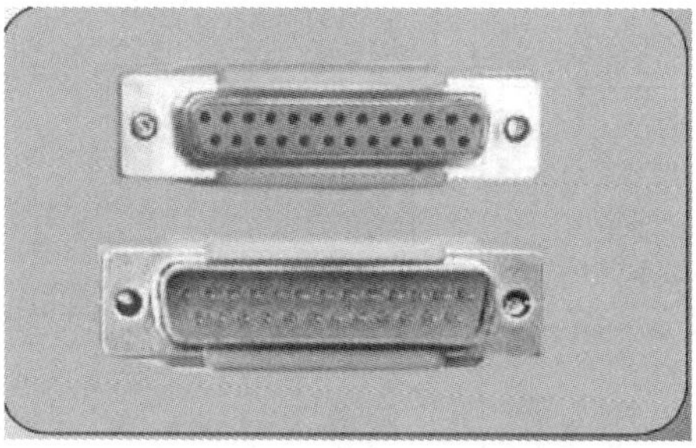

图 1-20　DB-25 母头和公头

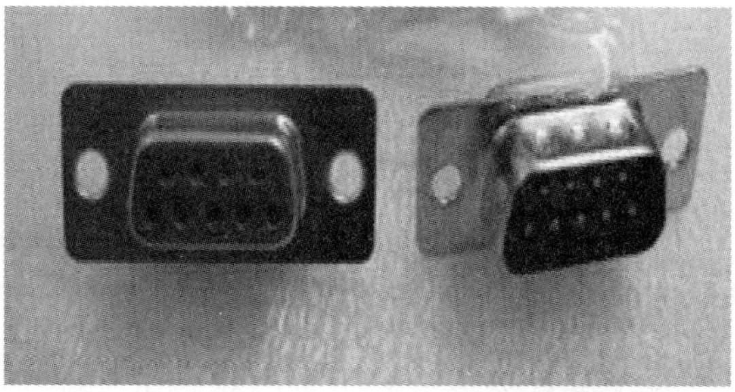

图 1-21　DB-9 母头和公头

表 1-4　DB-9 串口各引脚定义

插针序号	信号名称	功能	信号方向
1	PGND	保护接地	DTE→DCE
2（3）	TXD	发送数据(串行输出)	DTE←DCE
3（2）	RXD	接收数据(串行输入)	DTE→DCE
4（7）	RTS	请求发送	DTE←DCE
5（8）	CTS	允许发送	DTE→DCE
6（6）	DSR	DCE 就绪(数据建立就绪)	DTE←DCE
7（5）	SGND	信号接地	DTE←DCE
8（1）	DCD	载波检测	DTE←DCE
20（4）	DTR	DTE 就绪(数据终端准备就绪)	DTE→DCE
22（9）	RI	振铃指示	DTE←DCE

注：插针序号（）内为 9 针非标准连接器的引脚号。

RS-232是现在主流的串行通信接口之一，由于RS-232接口标准出现较早，难免有不足之处，主要有以下四点：

（1）接口的信号电平值较高，易损坏接口电路的芯片。RS-232接口任何一条信号线的电压均为负逻辑关系，即逻辑“1”为-3~ -15 V，逻辑“0”为+3~ +15 V，噪声容限为2 V，这样接收器能识别高于+3 V的信号作为逻辑“0”，低于-3 V的信号作为逻辑“1”，而TTL电平中5 V为逻辑正，0为逻辑负，两者电平不兼容，故须使用电平转换电路方能使两者电路连接。

（2）传输速率较低，在异步传输时，比特率为20 kb/s。因此在51CPLD开发板中，综合程序波特率只能采用“19200”，也是这个原因。

（3）接口使用一根信号线和一根信号返回线与地线构成共地的传输形式，这种共地传输容易产生共模干扰，所以抗噪声干扰性弱。

（4）传输距离有限，最大传输距离标准值为50英尺（1 ft≈0.304 8 m），实际上最大也只能用在15 m左右。

RS-232接口可以实现点对点的通信方式，但这种方式不能实现联网功能。为了解决这个问题，一个新的标准RS-485产生了。RS-485的数据信号采用差分传输方式，也称作平衡传输，它使用一对双绞线，将其中一线定义为A，另一线定义为B。

1.4.2 RS-485接口标准

电子工业协会（EIA）于1983年制定并发布了RS-485标准，经通信工业协会（TIA）修订后命名为TIA/EIA-485-A，即为现在常说的RS-485标准。RS-485标准对接口的电气特性做出规定，采用平衡发送和差分接收的半双工数据通信模式，具有抑制共模干扰的特点，多为两线制（也有四线制，但功能较单一，很少使用）。

在工业控制场合，RS-485串口通信有广泛的应用，主要归功于以下优点：

（1）接口简单，RS-485多采用一对双绞线来连接各个接口的A、B端，使用简单方便。

（2）传输距离远，最大距离可以达到1 200 m。

（3）防干扰能力强，数据信号采用差分传输方式，能有效抑制共模干扰。

RS-485是RS-422A的变型，RS-422A用于全双工，而RS-485还可用于半双工。RS-485采用差分信号负逻辑，+2~+6 V表示“0”，-6~-2 V表示“1”。RS-485有两线制和四线制两种接线，四线制只能实现点对点的通信方式，现很少采用，现在多采用的是两线制接线方式，这种接线方式为总线式拓扑结构，在同一总线上最多可以挂接32个节点。在RS-485通信网络中一般采用的是主从通信方式，即一个主机带多个从机。很多情况下，连接RS-485通信链路时只是简单地用一对双绞线将各个接口的“A”“B”端连接起来。常见的串口通信接口比较如表1-5所示。

表 1-5 常见串口比较

类型	RS-232	RS-422	RS-485 四线制	RS-485 两线制
信号类型	单端	差分	差分	差分
通信方式	全双工	全双工	全双工	半双工
距高	15 m@9600	1.2 km@9600	1.2 km@9600	1.2 km@9600
信号定义	T×D,R×D,RTS,CTS,DTR,DSR,DCD,GND	T×A,T×B,R×A,R×B,GND	T×A,T×B,R×A,R×B,GND	DataA,DataB,GND
接线成本	高（8 线）	中等（5 线）	中等（5 线）	低（3 线）
连接设备数	2 台	2 台或 10 台	32 台	32 台
抗干扰能力	弱	强	强	强
故障诊断	容易	难	难	难

RS-485 总线支持一主多从的通信模式，当使用多台设备时，需要用 485 总线连接，再将设备按照 485 接线方法接入总线，如图 1-20 所示。

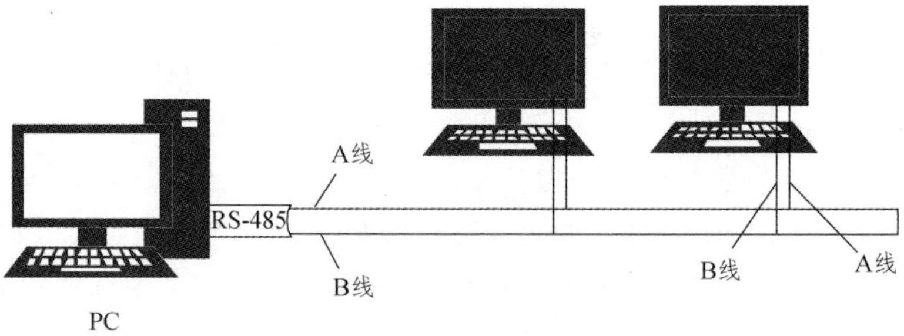

图 1-20 RS-485 总线

由于 RS-485 总线支持一主多从的通信模式，主机需要识别下位多个从机设备，所以从机设备必须具备一个在 485 网络中唯一的地址码。485 通信主机下发数据是以广播形式发送的，整个通信网络中所有从机都能够接收到该数据，并判断是否为发送给自己的数据：发现是下发给自己的数据就立即进行处理，处理完数据之后再将相应的数据发送给 485 通信主机；否则，丢弃该指令，等待 485 通信主机的下一条数据。

注意：当传输距离高于 300 m 时，为了消除在通信电缆中的信号反射，需要在传输总线的两端各加入 120 Ω的终端电阻。

1.4.3 串口通信校验方式

1. 奇偶校验

奇偶校验（Parity Check）码用来检测数据传输过程中是否发生错误，是众多校验码中最为简单的一种。顾名思义，它有两种校验方法：奇校验和偶校验。

奇校验：原始码流+校验位，总共有奇数个 1。

偶校验：原始码流+校验位，总共有偶数个 1。

1）算法

奇偶校验码是指在原始码流后面加上校验位，它的校验位只有一位，要么是 0，要么是 1，它的校验码可以放在码流的前面或者后面，如图 1-21 所示。

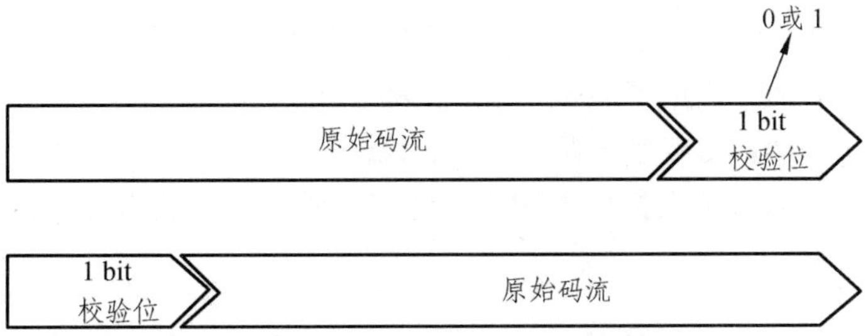

图 1-21 奇偶校验算法示意图

具体示例如图 1-22 所示，以下 5 组原始码的校验位计算方法如下，打圈的数字代表校验位。

原始码	奇校验 奇数个1	偶校验 偶数个1
1011000	10110000	10110001
1010000	10100001	10100000
0011010	00110100	00110101
0001000	00010000	00010001
0000000	00000001	00000000

图 1-22 奇偶校验码校验位计算示例

2）应用示例

奇偶校验码一个最为常见的应用场合就是 ASCII 码。ASCII 码占用一个字节，低 7 位是有效位，最高位用作奇偶校验。例如，ASCII 码大写字母 A，奇偶检验码应用示例如图 1-23 所示。

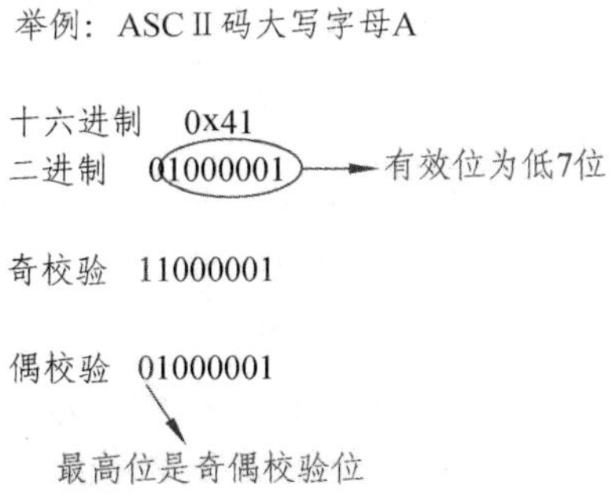

图 1-23 奇偶校验码应用示例

3）错误检测能力

例如，还是 ASCII 码大写字母 A，对应码值为 65，采用奇校验时，正确码流为 11000001。

错 1 位——11000011：变成了偶数个 1，能检测出错误；

错 2 位——11000010：变成了奇数个 1，检测不出错误；

错 3 位——11001010：变成了偶数个 1，能检测出错误。

采用偶校验时，正确码流为 01000001

错 1 位——01000011：变成了奇数个 1，能检测出错误；

错 2 位——01000010：变成了偶数个 1，检测不出错误；

错 3 位——01001010：变成了奇数个 1，能检测出错误。

因此，对于传送中偶数个数据发生错误，奇偶校验码就无能为力了。

4）奇校验还是偶校验

那么使用中是选择奇校验还是偶校验呢？奇校验一个重要的特征是产生不了全 0 代码，所以在实际操作过程中选择的时候要考虑到这一点。

2. 循环冗余校验

循环冗余校验（Cyclic Redundancy Check，CRC）是数据通信领域中最常用的一种查错校验码，其特征是信息字段和校验字段的长度可以任意选定。CRC 具有一种数据传输检错功能，能对数据进行多项式计算，并将得到的结果附在帧的后面，接收设备也执行类似的算法，以保证数据传输的正确性和完整性。

1）CRC 基本原理

CRC 校验的基本原理就是在要发送的帧后面附加一个数（这个数就是用来校验的校验码，但要注意，这里的数也是二进制序列的，下同），并据此生成一个新的数据帧发送给接收端。当然，这个附加的数不是随意的，它要使所生成的新数据帧能够被发送端和接收端共同选定的某个特定数整除（注意，这里不是直接采用二进制除法，而是采用一种称为“模 2 除法”）。到达接收端后，接收端再把接收到的新数据帧除以（同样采用“模 2 除法”）这个选定的除数。因为在发送端发送数据帧之前就已通过附加一个数，做了“去余”处理（也就已经能整除了），所以结果应该是没有余数的，如果有余数，则表明该数据帧在传输过程中出现了差错。

2）模 2 加、减、乘、除

模 2 加法运算规则为：1+1=0，0+1=1，0+0=0，1+0=1，无进位，也无借位；模 2 减法运算规则为：1-1=0，0-1=1，1-0=1，0-0=0，1-1=0，也无进位，无借位，相当于二进制中的逻辑异或运算，也就是比较后，两者对应位相同则结果为“0”，不同则结果为“1”。“模 2 除法”与“算术除法”类似，但它既不向上位借位，也不比较除数和被除数的相同位数值的大小，只要以相同位数进行相除即可。乘法规则类似。如 100101 除以 1110，结果得到商为 110，余数为 1，如图 1-24 所示。又如 11×11=101，如图 1-25 所示。

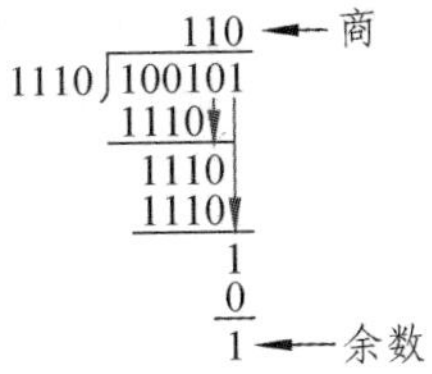

图 1-24 “模 2 除法”

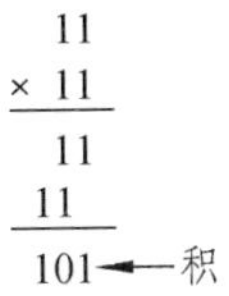

图 1-25 “模 2 乘法”示例

3）CRC 校验步骤

具体来说，CRC 校验原理就是以下几个步骤：

（1）先选择一个用于在接收端进行校验时，对接收的数据帧进行除法运算的除数（为二进制比特流串，通常是以多项方式表示，所以 CRC 又称多项式编码方法，这个多项式也称之为“生成多项式”）。

（2）看所选定的除数二进制位数（假设为 k 位），然后在要发送的数据帧（假设为 m 位）后面加上 k-1 位“0”，然后以这个加了 k-1 个“0”的新帧（一共是 $m+k$-1 位）以“模 2 除法”方式除以上面这个除数，所得到的余数（也是二进制的比特串）就是该数据帧的 CRC 校验码，也称之为 FCS（帧校验序列）。但要注意的是，余数的位数一定并只能要比除数位数少一位，哪怕前面位是 0，甚至是全为 0 也都不能省略。

（3）最后把这个校验码附加在原数据帧（就是 m 位的帧，注意不是在后面形成的 $m+k$-1 位的帧）后面，构建一个新数据帧发送到接收端，最后在接收端再把这个新数据帧以“模 2 除法”方式除以前面选择的除数，如果没有余数，则表明该数据帧在传输过程中没出错，否则出现了差错。

从上面可以看出，CRC 校验中有两个关键点：一是要预先确定一个发送端和接收端都用来作为除数的二进制比特串（或多项式）；二是把原始数据帧和选定的除数进行“模 2 除法”运算，计算出帧校验序列。前者可以随机选择，也可按国际上通行的标准选择，但最高位和最低位必须均为“1”，如在 IBM 的 SDLC（同步数据链路控制）规程中使用的 CRC-16（也就是这个除数一共是 17 位）生成多项式 $g(x)=x^{16}+x^{15}+x^{2}+1$（对应二进制比特串为：11000000000000101）；而在 ISO HDLC（高级数据链路控制）规程，ITU 的 SDLC、X.25、V.34、V.41、V.42 等中使用 CCITT-16 生成多项式 $g(x)=x^{16}+x^{15}+x^{5}+1$（对应二进制比特串为：11000000000100001）。

综上 CRC 校验原理实际上就是在一个 p 位二进制数据序列之后附加一个 r 位二进制检验码（序列），从而构成一个总长为 $n=p+r$ 位的二进制序列；附加在数据序列之后的这个检验码与数据序列的内容之间存在着某种特定的关系。如果因干扰等原因使数据序列中的某一位或某些位发生错误，这种特定关系就会被破坏。因此，通过校验这一关系，就可以实现对数据正确性的检验。

4）几个基本概念

（1）帧检验序列（Frame Check Sequence，FCS）：为了进行差错检验而添加的冗余码。

（2）多项式模 2 运算：实际上是按位异或（Exclusive OR）运算，即相同为 0，相异为 1，也就是不考虑进位、借位的二进制加减运算。如：10011011 + 11001010 = 01010001。

（3）生成多项式（Generator Polynomial）：当进行 CRC 检验时，发送方与接收方需要事先约定一个除数，即生成多项式，一般记作 $g(x)$。生成多项式的最高位与最低位必须是 1。常用的 CRC 码的生成多项式有：

$CRC8=x^8+x^5+x^4+1$

$CRC\text{-}CCITT=x^{16}+x^{12}+x^5+1$

$CRC16=x^{16}+x^{15}+x^5+1$

$CRC12=x^{12}+x^{11}+x^3+x^2+1$

$CRC32=x^{32}+x^{26}+x^{23}+x^{22}+x^{16}+x^{12}+x^{11}+x^{10}+x^8+x^7+x^5+x^4+x^2+x^1+1$

每一个生成多项式都可以与一个代码相对应，如 CRC8 对应代码：100110001。

生成步骤：

①将 x 的最高次幂为 r 的生成多项式 $g(x)$ 转换成对应的 r+1 位二进制数；

②将信息码左移 r 位，相当于对应的信息多项式 $c(x)$ *2r；

③用生成多项式（二进制数）对信息码做除，得到 r 位的余数；

④将余数拼到信息码左移后空出的位置，得到完整的 CRC 码。

5）CRC 校验示例

（1）计算示例 1：

由以上分析可知，既然除数是随机的或者按标准选定的，那么 CRC 校验的关键是如何求出余数，也就是 CRC 校验码。

现假设选择的 CRC 生成多项式为 $g(x)=x^4+x^3+1$，试求出二进制序列 10110011 的 CRC 校验码。具体的计算过程如下：

①首先把生成多项式转换成二进制数，由 $g(x)=x^4+x^3+1$ 可以知道它一共是 5 位（总位数等于最高位的幂次加 1，即 4+1=5），然后根据多项式各项的含义（多项式只列出二进制值为 1 的位，也就是这个二进制的第 4 位、第 3 位、第 0 位的二进制均为 1，其他位均为 0）很快就可得到它的二进制比特串为 11001。

②因为生成多项式的位数为 5，根据前面的介绍，得知 CRC 校验码的位数为 4（校验码的位数比生成多项式的位数少 1）。因为原数据帧为 10110011，在它后面再加 4 个 0，得到 101100110000，然后把这个数以“模 2 除法”方式除以生成多项式，得到的余数，即为 CRC 校验码为 0100，如图 1-26 所示。注意参考前面介绍的“模 2 除法”运算法则。

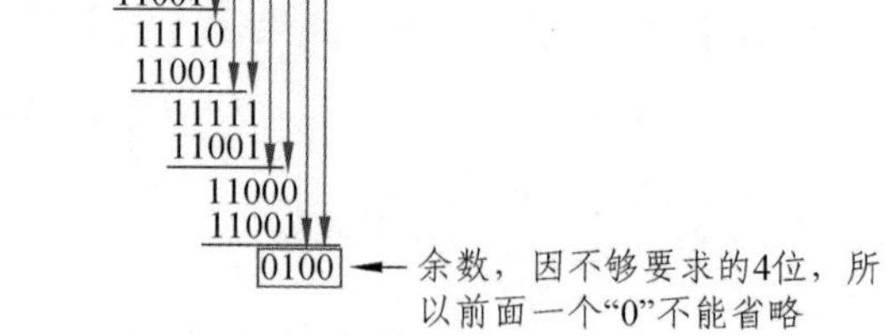

图 1-26 CRC 校验码计算示例 1

③把②计算得到的 CRC 校验码 0100 替换原始帧 101100110000 后面的四个“0”，得到新的数据帧 101100110100，再把这个新数据帧发送到接收端。

④当新的数据帧到达接收端后，接收端把这个新数据帧再用上面选定的除数 11001 以“模 2 除法”方式去除，验证余数是否为 0，如果为 0，则证明该帧数据在传输过程中没有出现差错，否则出现了差错。

（2）计算示例 2：

设需要发送的信息为 $m=1010001101$，通过 CRC8=$x^5+x^4+x^2+1$ 产生多项式对应的代码为 p=110101，$r=5$。在 m 后加 5 个 0 为计算序列：101000110100000，然后对 p 做“模 2 除法”运算，得余数 $r(x)$ 对应的代码：01110。故实际需要发送的数据是 101000110101110，其中 CRC 校验码为 01110，如图 1-27 所示。

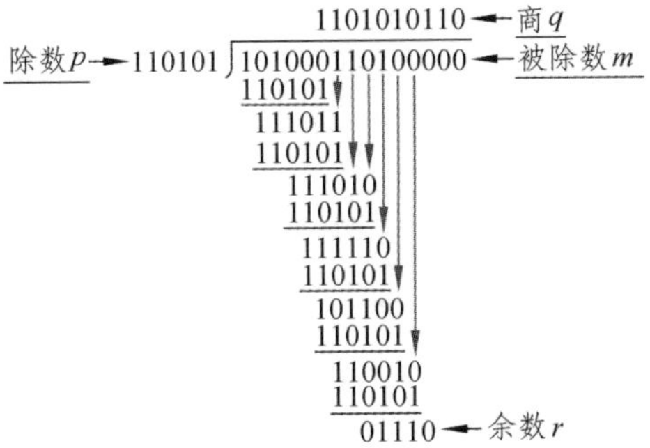

图 1-27 CRC 校验码计算示例 2

6）错误检测能力

当接收方接收到数据后，用接收到的数据对 p（事先约定的）进行“模 2 除法”，若余数为 0，则认为数据传输无差错；若余数不为 0，则认为数据传输过程中出现了错误，但该方法由于不知道错误发生在什么地方，因而不能进行自动纠正，一般的做法是丢弃接收的数据。

注意以下几点说明：

（1）CRC 是一种常用的检错码，并不能用于自动纠错。

（2）只要经过严格的挑选，并使用位数足够多的除数 p，那么出现检测不到的差错的概率就很小。

（3）用循环冗余检验 CRC 差错检测技术只能做到无差错接收（只是非常近似地认为是无差错的），并不能保证可靠传输。

复习思考题

1. 在计算机数据通信中常用的进制有哪些？
2. 如何将二进制数 11001101 转换为十进制数？
3. 如何将十六进制数 AD2 转换为十进制数？
4. 如何将十进制数 195 转换为二进制数？
5. 如何将十进制数 15678 转换为十六进制数？
6. 如何将十六进制数 DE5 转换为二进制数？

7. 计算 $(1101101)_2+(11100001)_2$
8. 计算 $(11100001)_2-(1110110)_2$
9. 计算 $(10100001)_2 \wedge (1110110)_2$
10. 计算 $(11100101)_2 \vee (1010111)_2$
11. 计算 $(10101011)_2 \oplus (1100110)_2$
12. 模拟信号和数字信号的特点分别是什么？
13. 数据传输方式有哪些，其定义分别是什么？
14. 并行传输的特点有哪些？
15. 串行传输的特点有哪些？
16. 原始码流 1011000 如果采用奇校验，校验位是什么？

项目 2

数据通信规程

任务 2.1 OSI 参考模型

20 世纪 60 年代以来，计算机网络技术得到了飞速发展。各大厂商和标准组织为了在数据通信网络领域占据主导地位，纷纷推出了各自的网络架构体系和标准，如 IBM 公司的 NETBEUI/NETBIOS 协议，Novell 公司的 IPX/SPX 协议，Apple 公司创建的 AppleTalk 协议等。各大厂商根据这些协议生产出了不同的硬件和软件，厂商的共同努力促进了网络技术的快速发展和网络设备种类的迅速增长，但是也带来了网络的互通问题。为了实现网络设备间的互相通信，ISO（国际标准化组织）和 IEEE（电气与电子工程师协会）相继提出了 OSI 参考模型及其 TCP/IP 模型。

2.1.1 OSI 参考模型简介

OSI（Open System Interconnect，开放式系统互联），一般都叫 OSI 参考模型，是 ISO 在 1985 年研究的网络互联模型。OSI 参考模型有七层，由低层到高层分别为：物理层、数据链路层、网络层、传输层、会话层、表示层和应用层，结构如图 2-1 所示。

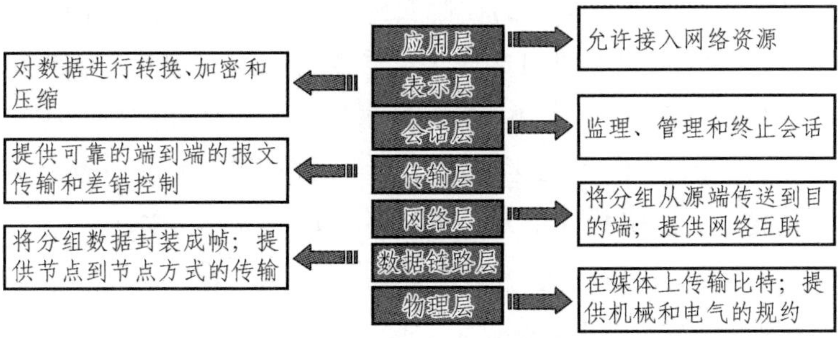

图 2-1 OSI 参考模型

OSI 参考模型分层原则为：

（1）网络中各节点都有相同的层次。

（2）不同节点的同等层具有相同的功能。

（3）同一节点内相邻层之间通过接口通信。

（4）每一层使用下层提供的服务，并向其上层提供服务。

（5）不同节点的同等层之间按照协议实现对等层之间的通信。

OSI 参考模型分层的优点：

（1）促进标准化工作，允许各个供应商进行开发。

（2）各层间相互独立，把网络操作分成低复杂性单元。

（3）灵活性好，某一层变化不会影响到其他层，设计者可专心设计和开发模块功能。

OSI 参考模型各个层次的基本功能：

（1）物理层：在设备之间传输比特流，规定了电平、速度和电缆针脚。

（2）数据链路层：将比特组合成字节，再将字节组合成帧，使用链路层地址（以太网使用 MAC 地址）来访问介质，并进行差错检测。

（3）网络层：提供逻辑地址，供路由器确定路径。

（4）传输层：提供面向连接或面向非连接的数据传递以及进行重传前的差错检测。

（5）会话层：负责建立、管理和终止表示层实体之间的通信会话。该层的通信由不同设备中的应用程序之间的服务请求和响应组成。

（6）表示层：提供各种用于应用层数据的编码和转换功能，确保一个系统的应用层发送的数据能被另一个系统的应用层识别。

（7）应用层：OSI 参考模型中最靠近用户的一层，为应用程序提供网络服务。

2.1.2 数据封装与解封装

OSI 参考模型中每个层接收到上层传递过来的数据后都要将本层的控制信息加入数据单元的头部，一些层次还要将校验等信息附加到数据单元的尾部，这个过程叫作封装。

当数据到达接收端时，每一层读取相应的控制信息并根据控制信息中的内容向上层传递数据单元，在向上层传递之前去掉本层的控制头部信息和尾部信息（如果有的话），此过程叫作解封装。这个过程逐层执行直至将对端应用层产生的数据发送给本端相应的应用进程。

如图 2-2 所示，在 OSI 参考模型中，当一台主机需要传送用户的数据（Data）时，数据首先通过应用层的接口进入应用层。在应用层，用户的数据被加上应用层的首部（Application Header，AH），形成应用层协议数据单元（Protocol Data Unit，PDU），然后被递交到下一层——表示层。

表示层并不“关心”应用层的数据格式，而是把整个应用层递交的数据包看成是一个整体进行封装，即加上表示层的首部（Presentation Header，PH），然后递交到下层——会话层。

同样，会话层、传输层、网络层、数据链路层也都要分别给上层递交下来的数据加上自己的首部：会话层首部（Session Header，SH）、传输层首部（Transport Header，TH）、网络层首部（Network Header，NH）和数据链路层首部（Data link Header，DH）。其中，数据链路层还要加上尾部（Data link Termination，DT）形成最终的一帧数据。

当一帧数据通过物理层传送到目标主机的物理层时，该主机的物理层把它递交到上一层——数据链路层。数据链路层负责去掉数据帧的帧头部 DH 和尾部 DT(同时还进行数据校验)，如果数据没有出错，则递交到网络层。同样，网络层、传输层、会话层、表示层、应用层也要进行类似的工作。最终，原始数据被递交到目标主机的具体应用程序中。

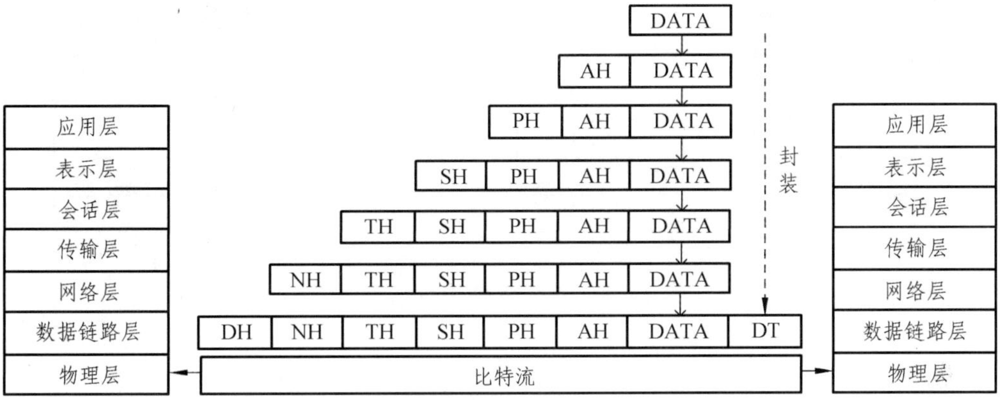

图 2-2　OSI 参考模型中的数据封装过程

如图 2-3 所示，计算机数据经过应用层、表示层以及会话层的封装后产生的新数据被称为协议数据单元（PDU），PDU 在传输层添加上数据的源端口、目的端口封装成数据段（Segment），Segment 在网络层添加上数据源 IP 地址和目的 IP 地址形成数据包(Packet)，Packet 在链路层添加上数据的源 Mac 地址以及目的 Mac 地址形成数据帧（Frame），Frame 数据在物理层为二进制的比特流。

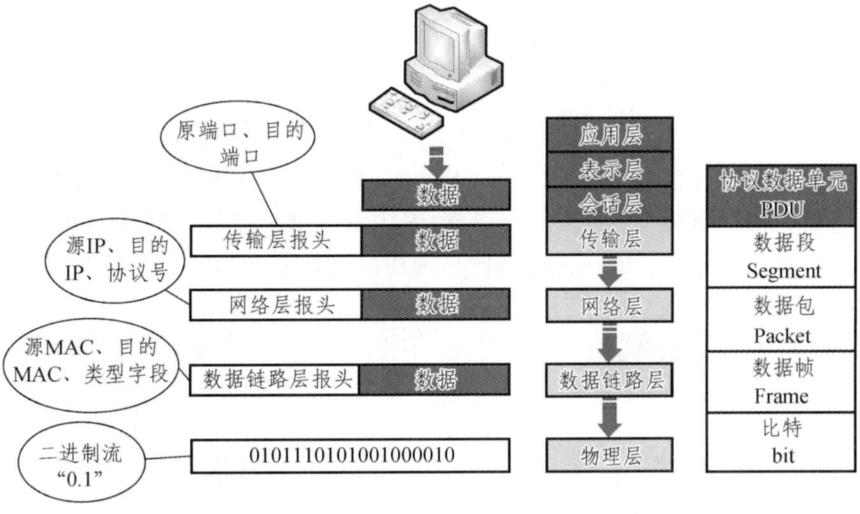

图 2-3　数据的发送及报文封装

网络设备传输数据的过程也是按照 OSI 参考模型的层次结构运行的，如图 2-4 所示。

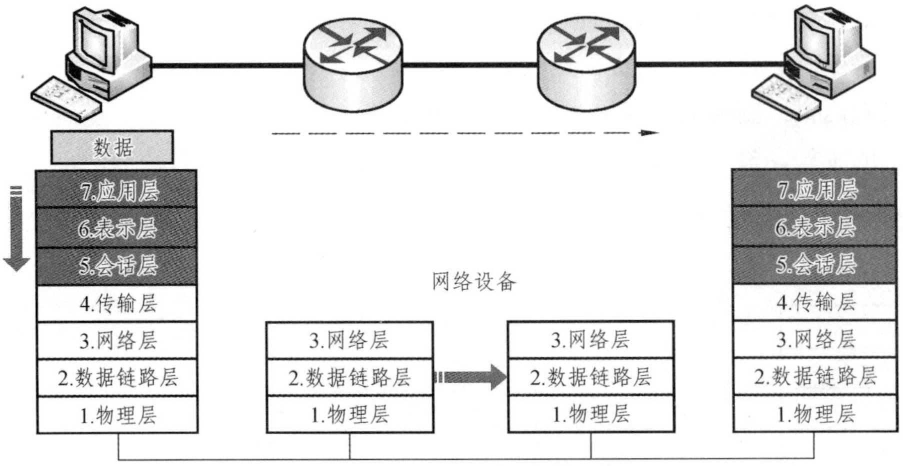

图 2-4 网络设备传输数据的过程

任务 2.2 OSI 各层功能及协议

从 OSI 参考模型七层功能可知，一至三层主要是完成数据交换和数据传输，称为网络低层；五至七层主要是完成信息处理服务的功能，称为网络高层；低层与高层之间由第四层衔接。网络高层的功能主要由计算机设备上的软件来完成，网络低层功能主要由网络硬件设备来完成。

2.2.1 物理层功能及设备

1. 物理层作用

物理层协议主要描述传输媒质的机械、电气、功能和过程等特性。本层需要解决的问题：信号的发送电平、码元宽度、线路码型、物理连接器插脚的数量、插脚的功能、物理拓扑结构、物理连接的建立和终止、传输方式等。物理层的作用是负责把逐个的比特从一跳（节点）移动到另一跳（节点），如图 2-5 所示。

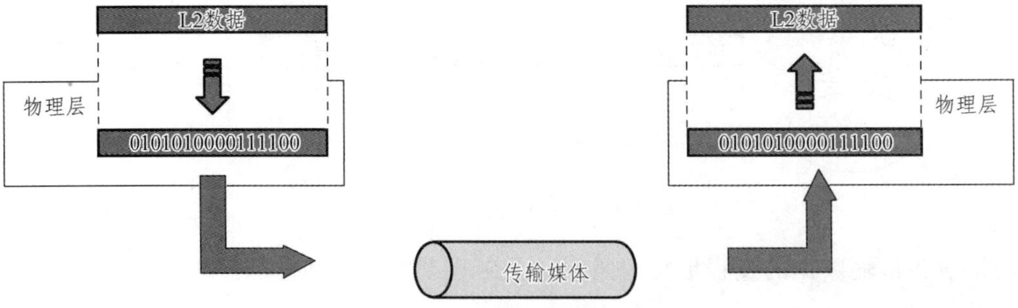

图 2-5 物理层作用

物理层标准规定了信号、连接器和电缆要求，如图 2-6 所示。

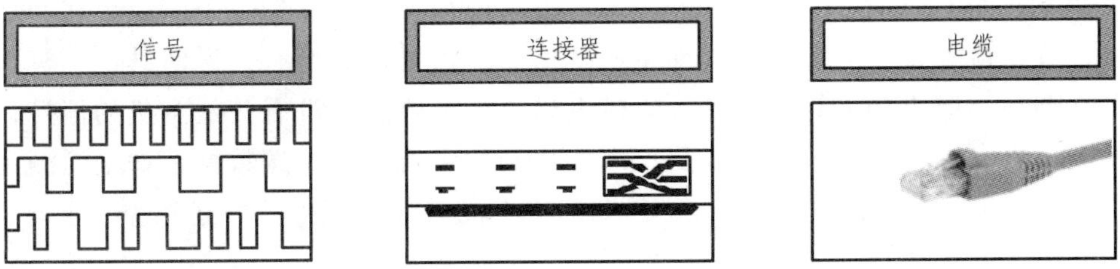

图 2-6 物理层信号、电缆、电缆连接器

2. 物理层重要设备——集线器

1）集线器概述

集线器的英文为“Hub”，是“中心”的意思，其主要功能是对接收到的信号进行再生整形放大，以扩大网络的传输距离，同时把所有节点集中在以它为中心的节点上。

集线器工作在 OSI 参考模型的第一层，即“物理层”，又被称为物理层设备。集线器与网卡、网线等传输介质一样，属于局域网中的基础设备。Hub 构成的局域网结构是星形或者树形结构。

集线器属于纯硬件网络底层设备，发送数据时没有针对性，而是采用广播方式发送。也就是说，当集线器向某节点发送数据时，不是直接把数据发送到目标节点，而是把数据包发送到与集线器相连的所有节点。集线器外观如图 2-7 所示。

图 2-7 集线器外观

2）集线器特点

域（Domain）：一个安全系统的边界。

冲突（Collision）：在以太网中，当两个节点同时传输数据时，从两个设备发出的帧将会碰撞，在物理介质上相遇，彼此数据都会被破坏。

冲突域（Collision domain）：所有直接连接在一起的，而且必须竞争以太网总线的节点都可以认为是处在同一个冲突域中。

广播域（Broadcast Domain）：一个逻辑上的计算机组，该组内的所有计算机都会收到同样的广播信息。

载波侦听多路访问/冲突检测（Carrier Sense Multiple Access/Collision Detect，CSMA/CD）：

一种介质访问的控制方法，当在同一个共享网络中的不同节点同时传送数据包时，不可避免地会产生冲突，而 CSMA/CD 机制就是用来解决这种冲突问题。当一个节点想在网络中发送数据时，它首先检查线路上是否有其他主机的信号在传送，如果有，说明其他主机正在发送数据，自己则利用退避算法等一会儿再尝试发送；如果线路上没有其他主机的信号，自己就将数据发送出去，同时不停地监听线路，以确信其他主机没有发送数据，如果检测到有其他信号，自己就发送一个 JAM 阻塞信号，通知网段上的其他节点停止发送数据，这时，其他节点也必须采用退避算法等一会儿再尝试发送。

集线器工作特点有：

（1）设备所有端口都在同一个冲突域（Collision Domain）。

（2）设备所有端口都在同一个广播域（Broadcast Domain）。

（3）终端节点越多，冲突（域）越大。

（4）采用 CSMA/CD 机制，设备共享带宽，半双工通信。

如图 2-8 所示，集线器上的 4 个计算机端口都属于一个冲突域，都在一个广播域，采用 CSMA/CD 机制进行通信。使用 CSMA/CD 协议的以太网不能进行全双工通信而只能进行双向交替通信（半双工通信），每个站在发送数据之后的一小段时间内，存在着遭遇碰撞的可能性。

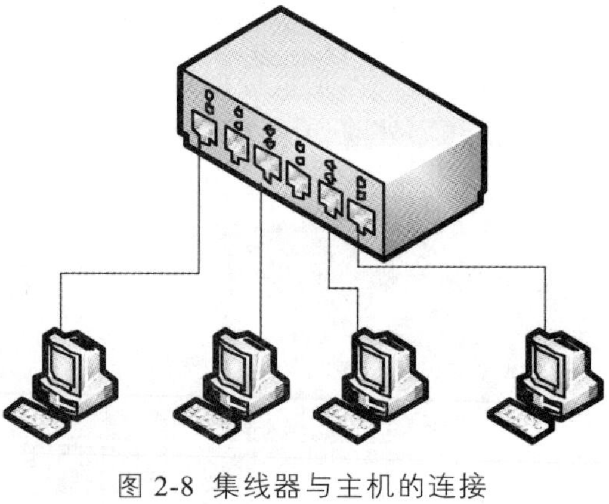

图 2-8 集线器与主机的连接

3）集线器的缺点

（1）用户数据包向所有节点发送，很可能带来数据通信的不安全问题。

（2）由于所有数据包都是向所有节点同时发送，共享带宽的方式就更加容易造成网络“塞车”现象，降低网络效率。

（3）非双工传输，同一时刻每一个端口只能进行一个方向的数据通信，网络通信效率低。

正因如此，集线器技术也在不断改进，发展出了具有堆叠技术的堆叠式集线器，有的集线器还具有智能交换机功能。可以说集线器产品已在技术上向交换机技术进行了过渡，具备了一定的智能性和数据交换能力。但随着交换机价格的不断下降，集线器仅有的价格优势已不再明显，市场越来越小，处于淘汰的边缘。尽管如此，集线器仍特别适合家庭网络或者办公室小型局域网的使用，尤其与无线局域网设备结合在一起应用更为广泛。

2.2.2 数据链路层功能及设备

1. 数据链路层作用

数据链路层主要是解决信息流的传输问题，目的是保障在相邻的站与节点或节点与节点之间正确、有序、有节奏地传输数据帧，提供可靠的数据传输服务。这一层协议的内容包括：数据链路的建立和终止、组帧、流量控制、差错控制、接入控制。

2. 数据链路层设备

1）网络适配器（网卡）

网卡属于数据链路层设备，计算机通过网卡连入网络。网卡负责将计算机内部数据转换成适合在网络上传输的格式，每块网卡都有一个唯一的物理地址，称为 MAC 地址，每个网卡芯片都会烧录一个全球唯一的 MAC 地址用于数据链路层通信。在通信过程中，网络设备通过数据包中的 MAC 地址来识别相应的计算机。

用户选购网卡时，主要关心三个参数：网络接口类型、带宽/速率、与主机（主板）的接口类型。网卡速率主要有 10M、100M、1000M 自适应等，网卡可以工作于全双工、半双工、自适应等模式。

对于有线网络，根据网络接口不同，网卡可分为细缆口、粗缆口、双绞线口和光缆口；根据网卡的带宽不同，网卡可分为 10M、100M、10/100M 自适应、1000M、10/100/1000M 自适应和 10G 网卡；根据网卡在主板接口上的接口不同，网卡又可分为 ISA 接口、PCI 接口、USB 接口等，目前应用最普遍的是 PCI 接口的网卡。图 2-9 所示为 PCI 插接模式的计算机网卡，用于 RJ-45 型双绞线组网。图 2-10 所示网卡属于早期的用于同轴电缆组网的网卡，现在已经淘汰。

对于无线网络，根据网卡与主机的接口不同可分为 PCMCIA 接口、PCI 接口（见图 2-11）、USB 接口（见图 2-12）；根据速率不同，又可分为 11 Mb/s（802.11b）、54 Mb/s（802.11a）、11 Mb/s/54 Mb/s 自适应（802.11g）三种。

图 2-9 RJ-45 双绞线接口的网卡

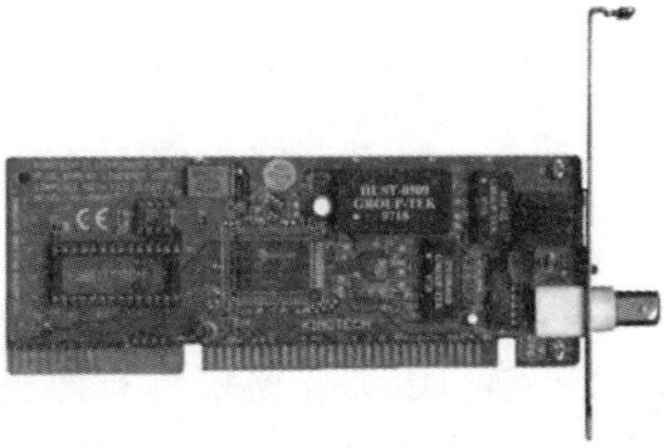

图 2-10 细缆接口的网卡

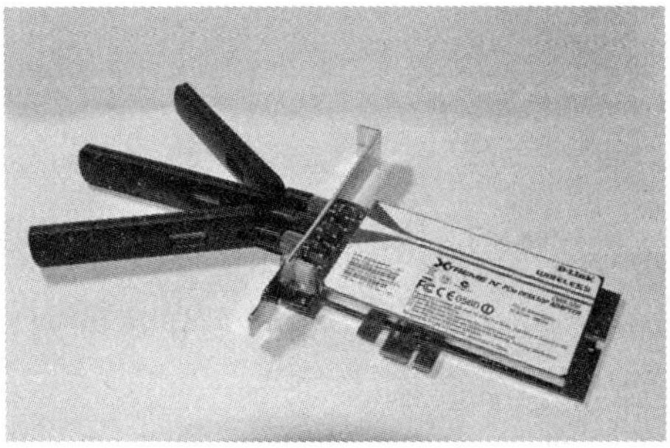

图 2-11 PCI 接口无线网卡

图 2-12 USB 接口无线网卡

2）网桥

网桥（Bridge）也称桥接器，是连接两个局域网的存储转发设备，工作在数据链路层。网桥可以完成具有相同或相似体系结构网络系统的连接，用来组成更大的局域网，网桥外观如图 2-13 所示。

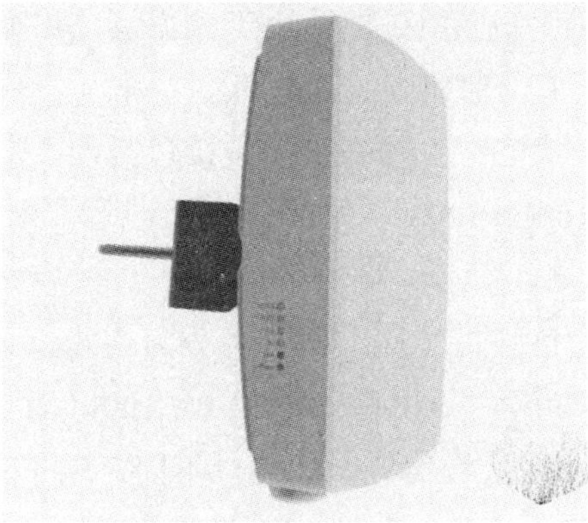

图 2-13 网桥外观

网桥的功能有：

（1）网桥对所接收的信息帧只做少量的包装，而不做任何修改。

（2）网桥可以采用另外一种协议来转发信息。

（3）网桥有足够大的缓冲空间，以满足高峰期的要求。

（4）网桥必须具有寻址和路径选择的能力。

网桥的出现是由于早期交换机价格昂贵不能规模普及，随着交换机成本的大幅降低和功能的迅速增强，网桥已经基本退出了市场，但在无线网络的组网中，网桥的使用仍然很普遍。

3）交换机

交换机（Switch）是一种基于 MAC（网卡的硬件地址）识别、能完成封装转发数据包功能的网络设备，工作在 ISO/OSI RM 的第二层——数据链路层。交换机可以说是集线器和网桥的升级换代产品，因为交换机具有像集线器一样的连接功能，同时它又具有网桥的数据交换功能，因此交换机可以说是带有交换功能的集线器，或者是多端口的网桥。外形上，集线器与交换机产品没什么太大区别，但在工作模式上和性能上却有很大不同。交换机最开始是为了解决集线器共享传输介质、端口带宽过窄、容易产生广播风暴等问题而产生的，它的各个端口分属于不同的冲突域，因此能有效提高交换性能和数据转发能力。如图 2-14 所示，交换机 4 个端口分别属于不同的冲突域，每个端口独享带宽，可以通过全双工方式工作。一台交换机的主要参数包括：端口线速度、背板带宽、地址表大小、数据转发速率等，图 2-15 所示为一款交换机产品外观图。

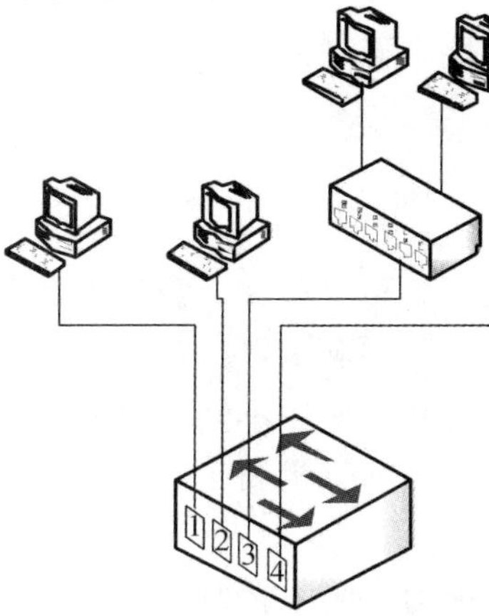

图 2-14　交换机端口示意图

图 2-15　交换机外观

交换机与集线器的区别主要体现在如下几个方面：

（1）在 OSI 中的工作层次不同。

交换机和集线器在 OSI 开放体系模型中对应的层次不一样，集线器工作在第一层（物理层），而交换机至少是工作在第二层（数据链路层），更高级的交换机可以工作在第三层（网络层）、第四层（传输层）。

（2）数据传输方式不同。

集线器的数据传输方式是多次复制方式的广播传输，而交换机的数据传输是有目的的，数据只对目的节点发送，只有在自己的 MAC 地址表中找不到目的节点的情况下，第一次使用以 FF-FFFF-FF-FF-FF 作为 MAC 地址的“泛洪”广播方式传输。所以，交换机在数据传输效率和信道利用率方面要远高于集线器，集线器更容易产生“广播风暴”。

（3）数据通信方式不同。

因为集线器所有端口共享一条背板信道，所以只能采用半双工方式进行传输，同一时间，要么是接收数据，要么是发送数据。而交换机中各端口的信道是采用矩阵交换方式，可以同时进行数据交换，也就是可以进行全双工数据传输，这也使得交换机的数据通信效率要远高于集线器。

2.2.3 网络层功能及设备

1. 网络层功能

网络层主要处理分组在网络中的传输，为每个终端设备之间通过网络交换数据的片段提供服务。这一层协议的内容包括：路由选择、数据交换、网络连接的建立和终止、分组的排序，信息流的控制等。

2. 网络层主要设备

网络层主要设备有路由器、三层交换机、防火墙等，我们在此重点讲解路由器。路由器英文名称为 Router，工作在 OSI RM 的第三层（网络层），能把多个不同的网络互联起来，形成一个能互相通信的网络，这些网络可以是几个使用不同协议和体系结构的网络，也可以是几个不同网段的网络。同一交换机连接的所有计算机属于同一个子网，但路由器连接的计算机则属于不同的子网。

与交换机相比，路由器的异构网互联能力、阻塞控制能力和网段的隔离能力等方面都要强于交换机，由于路由器能够隔离广播信息，从而可以将广播风暴的破坏性隔离在局部的网段之内。如图 2-16 所示，路由器可以连接 LAN1 和 LAN2 两个局域网。

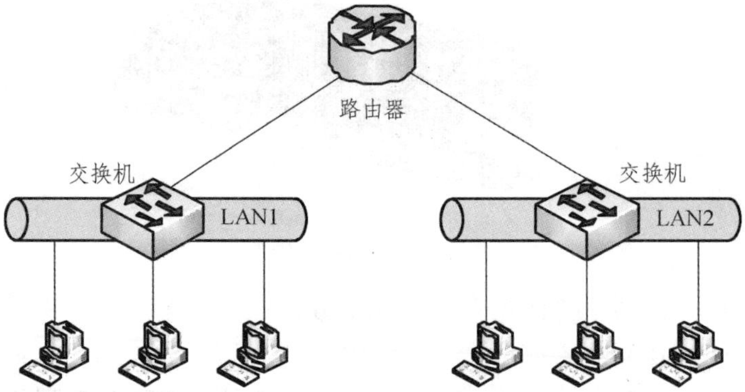

图 2-16 路由器连接多个局域网

路由器分为企业用的路由器与家庭无线组网用的小型路由器，如图 2-17 所示。

（a）家用路由器

（b）企业用路由器

图 2-17 路由器外观

路由器的功能有：

（1）异种网络互联：主要是具有异种子网协议的网络互联。

（2）网络协议转换：不同子网间包括局域网和广域网间协议转换。

（3）路由（寻径）：路由表建立、刷新、查找。

（4）速率适配：不同接口具有不同的速率，路由器可以利用自己缓存及流量控制协议适配。

（5）隔离网络：防止广播风暴，保障网络安全；

（6）备份、流量流控：主备线路的切换及复杂的流量控制。

路由器与交换机的主要区别有：

（1）工作层次不同：二层交换机工作在数据链路层（OSI 的第二层），路由器工作在网络层（OSI 的第三层）。

（2）数据转发所依据的对象不同：交换机利用 MAC 地址（物理地址）来确定转发数据的目的地址，路由器利用 IP 地址来确定数据转发的地址。

（3）传统的交换机只能分割冲突域，不能分割广播域，而路由器可以分割广播域。

（4）路由器提供了防火墙服务。

2.2.4 OSI 的高四层功能

1. 传输层

传输层定义了主机应用程序之间端到端的连通性。传输层中最为常见的两个协议是传输控制协议（Transmission Control Protocol，TCP）和用户数据报协议（Use Datagram Protocol，UDP）。

传输层的主要作用有：

（1）传输连接的建立和终止。

（2）在网络连接上对传输连接进行多路复用。

（3）端到端的次序控制、信息流控制、错误的检测和恢复等。

2. 会话层

会话层主要通过在两台计算机之间建立、管理和终止通信来完成对话。

会话层的功能有：

（1）在建立会话时核实双方身份是否有权参加会话。

（2）在会话建立以后，需要对进程间的对话进行管理与控制。

（3）一个交互的用户会话以登录计算机开始，并以注销结束。

3. 表示层

表示层解决格式和数据表示的差别，为应用层提供一个一致的数据格式，如文本压缩、数据加密、字符编码的转换，从而使字符、格式等有差异的设备之间可以相互通信，如图 2-18 所示。会话层在发送时可以完成对第七层数据的编码、加密的功能或者在接收时可以完成对第五层数据的解码、解密的功能。

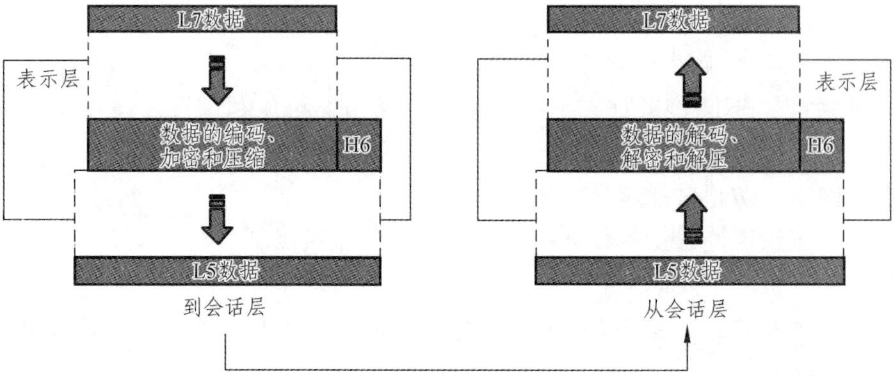

图 2-18　会话层功能

4. 应用层

应用层主要为应用软件提供接口，使应用程序能够使用网络服务，这些服务包括文件传送、WEB 服务、数据库服务、电子邮件等，如图 2-19 所示。例如，用户使用计算机上网即是使用第七层的 HTTP 服务。

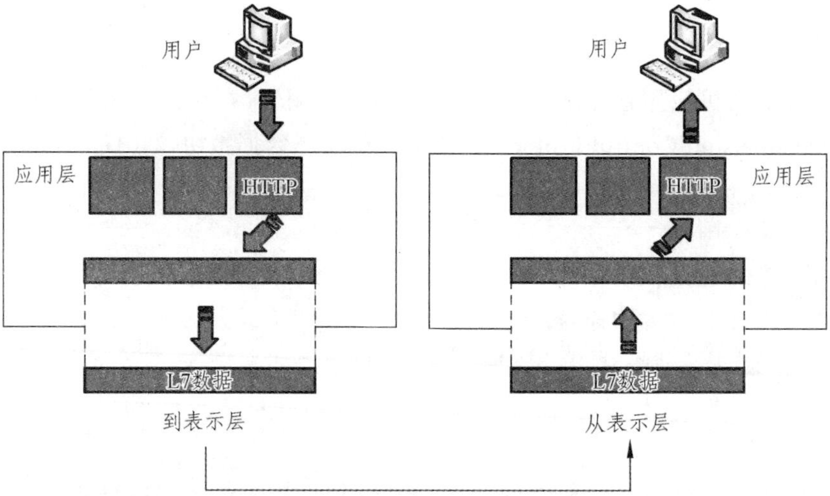

图 2-19　第七层功能

任务 2.3　TCP/IP 网络模型

网络通信中，“协议”和“标准”这两个词汇常常可以混用。同时，协议或标准本身又常常具有层次的特点。一般地，关注于逻辑数据关系的协议通常被称为高层协议，而关注于物理数据流的协议通常被称为低层协议。

2.3.1 TCP/IP 协议概述

TCP/IP 协议（Transmission Control Protocol/Internet Protocol，传输控制协议/互联网络协议）是 Internet 最基本的协议。在 Internet 没有形成之前，世界各地已经建立了很多小型网络，但这些网络存在不同的网络结构和数据传输规则，要将它们连接起来互相通信，就好比要让使用不同语言的人们交流一样，需要建立一种大家都听得懂的“语言”，而 TCP/IP 就能实现这个功能，它就好比 Internet 上的“通用语”。

与 OSI 参考模型一样，TCP/IP 协议体系结构也分为不同的层次开发，每一层负责不同的通信功能。但是，TCP/IP 体系结构简化了层次设计，将原来的七层模型合并为四层协议的体系结构，自顶向下分别是应用层、传输层、网络层和网络接口层。从图 2-20 可以看出，TCP/IP 协议族与 OSI 参考模型有清晰的对应关系，覆盖了 OSI 参考模型的所有层次，应用层包含了 OSI 参考模型的所有高层协议。

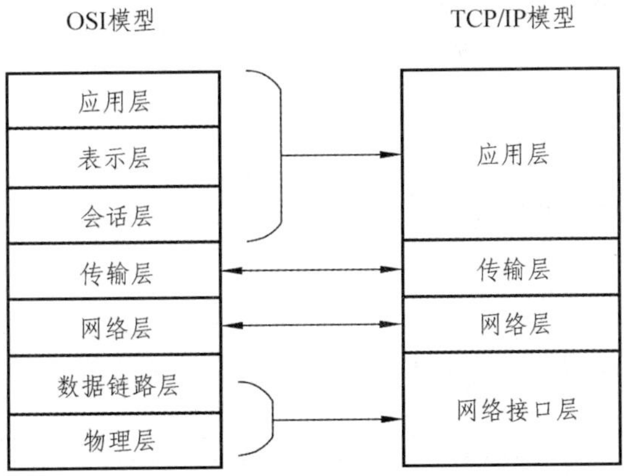

图 2-20 TCP/IP 体系结构与 OSI 参考模型比较

1. 应用层

应用层对应于 OSI 参考模型的高层，为用户提供所需要的各种服务，例如 FTP（File Transfer Protocol，文件传送协议）、Telnet（远程登录）、DNS（Domain Name System，域名服务）、SMTP（Simple Mail Transfer Protocol，简单文件传送协议）、HTTP（Hyper Text Transfer Protocol，超文本传输协议）等。

2. 传输层

传输层对应于 OSI 参考模型的传输层，为应用层实体提供端到端的通信功能，保证了数据报的顺序传送及数据的完整性。该层定义了两个主要的协议：传输控制协议（Transmission Control Protocol，TCP）和用户数据报协议（User Datagram Protocol，UDP）。TCP 协议提供的是一种可靠的、面向连接的数据传输服务，而 UDP 协议提供的则是不可靠的、面向无连接的数据传输服务。

3. 网络层

网络层对应于 OSI 参考模型的网络层，主要检查网络拓扑以决定传输报文的最佳路由，执行数据转发。它所包含的协议涉及数据包在整个网络上的逻辑传输，通过主机的 IP 地址来完成对主机的寻址，它还负责数据包在多种网络中的路由。该层的主要协议有：网际协议（Internet Protocol，IP）、地址解析协议（Address Resolution Protocol，ARP）、反向地址解析协议（Reverse Address Resolution Protocol，RARP）、互联网组管理协议（Internet Group Management Protocol，IGMP）和互联网控制报文协议（Internet Control Message Protocol，ICMP）。IP 协议是网络层最重要的协议，它提供的是一个不可靠的、面向无连接的数据报传递服务。

4. 网络接口层

网络接口层对应于 OSI 参考模型中的物理层和数据链路层，涉及在通信信道上传输的原始比特流，提供检错、纠错、同步等措施，使之对网络层呈现一条无错线路，并进行流量调控。

2.3.2 TCP/IP 协议族中各层协议

TCP/IP 协议族是由不同网络层次的不同协议组成的，用来完成 OSI 所要求实现的功能。TCP/IP 协议族中的每层协议如图 2-21 所示。

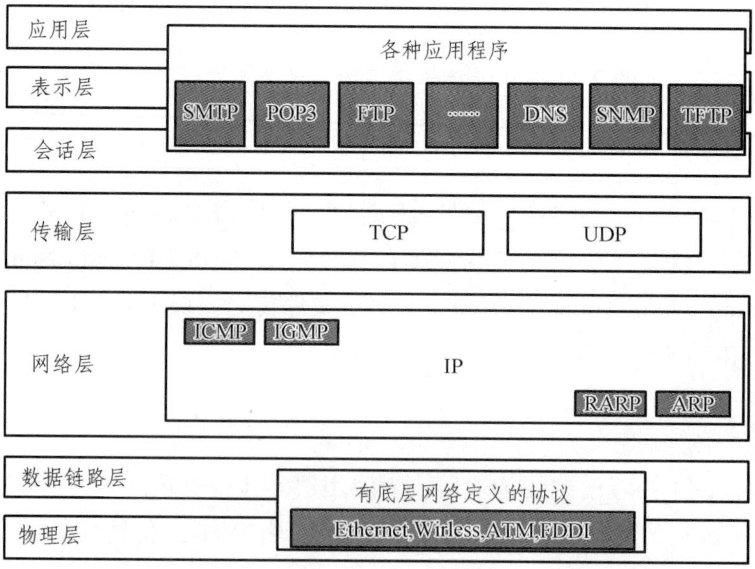

图 2-21 TCP/IP 协议族

1. ARP 协议

一台网络设备要发送数据给另一台网络设备时，必须要知道对方的 IP 地址。但是，仅有 IP 地址是不够的，因为 IP 数据报文必须封装成帧才能通过数据链路进行发送，而数据帧必须要包含目的 MAC 地址，因此发送端还必须获取到目的 MAC 地址。通过目的 IP 地址而获取目的 MAC 地址的过程是由 ARP 协议来实现的。ARP 协议是 TCP/IP 协议簇中的重要组成部分，能够通过目的 IP 地址发现目标设备的 MAC 地址，从而实现数据链路层的可达性。如图 2-22 所示，主机 A 与主机 B 通信前需要通过 ARP 协议获取主机 B 的 MAC 地址。

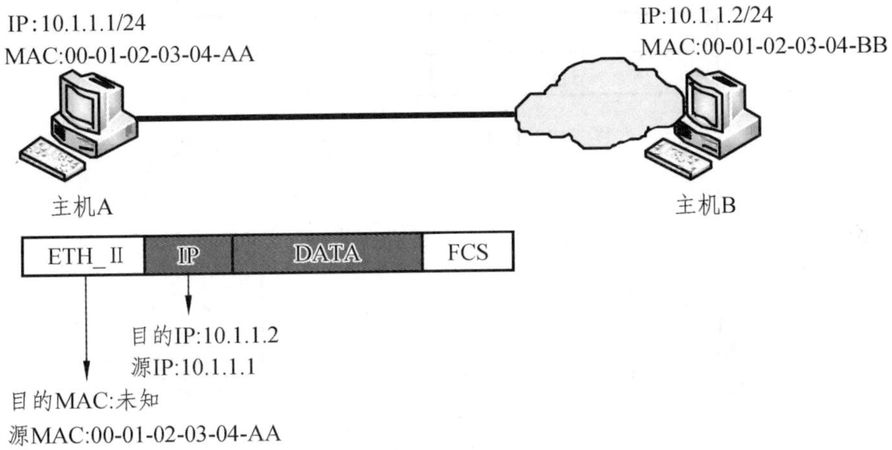

图 2-22 ARP 协议功能

2. TCP 协议

TCP 位于 TCP/IP 模型的传输层，它是一种面向连接的端到端协议。TCP 作为传输控制协议，可以为主机提供可靠的数据传输。TCP 需要依赖网络协议为主机提供可用的传输路径。两台主机在通信之前，需要 TCP 在它们之间建立可靠的传输通道。

TCP 允许一个主机同时运行多个应用进程。每台主机可以拥有多个应用端口，每对端口号、源和目标 IP 地址的组合唯一地标识了一个会话。端口分为知名端口和动态端口。有些网络服务会使用固定的端口，这类端口称为知名端口，端口号范围为 0~1 023，如 FTP、HTTP、Telnet、SNMP 等服务均使用知名端口（见图 2-23）。动态端口号范围为 1 024~65 535，这些端口号一般不固定分配给某个服务，也就是说许多服务都可以使用这些端口。只要运行的程序向系统提出访问网络的申请，那么系统就可以从这些端口号中分配一个供该程序使用。

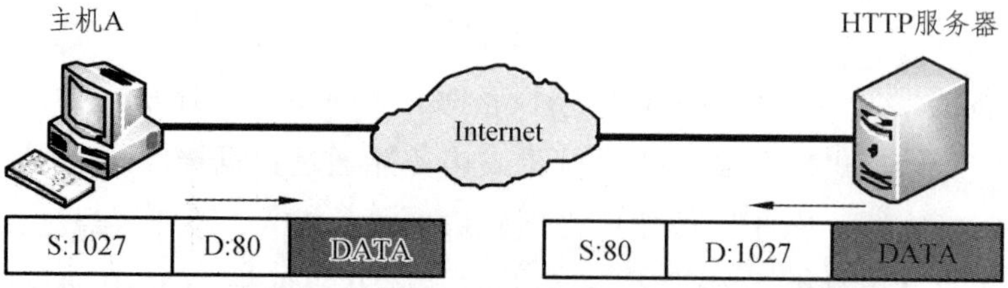

协议	端口号
FTP	21、20
HTTP	80
Telnet	23
SMTP	25

图 2-23 TCP 层所用协议端口

1）TCP 建立连接的过程

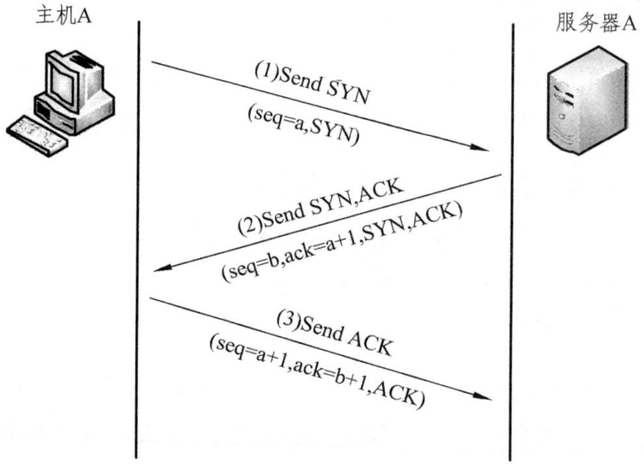

图 2-24 TCP 建立连接的过程

TCP 是一种可靠的、面向连接的全双工传输层协议，其连接的建立是一个三次握手的过程，如图 2-24 所示。TCP 建立连接的过程如下：

主机 A（通常也称为客户端）发送一个标识了 SYN 的数据段，表示期望与服务器 A 建立连接，此数据段的序列号（seq）为 a；

服务器 A 回复标识了 SYN+ACK 的数据段，此数据段的序列号（seq）为 b，确认序列号为主机 A 的序列号加 1（a+1），以此作为对主机 A 的 SYN 报文的确认；

主机 A 发送一个标识了 ACK 的数据段，此数据段的序列号（seq）为 a+1，确认序列号为服务器 A 的序列号加 1（b+1），以此作为对服务器 A 的 SYN 报文段的确认。

2）TCP 终止连接的过程

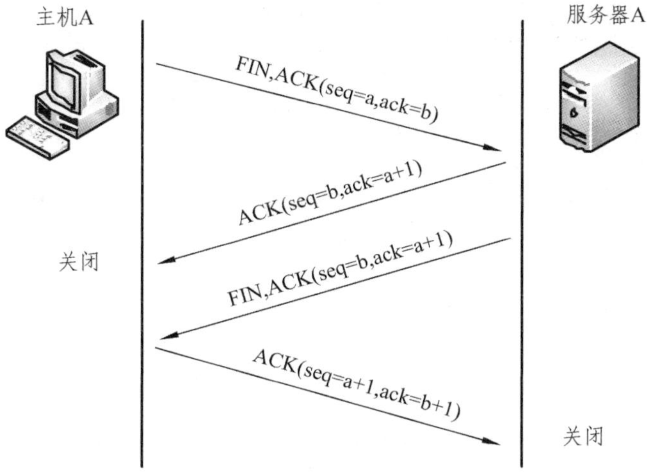

图 2-25 TCP 关闭连接过程

TCP 支持全双工模式传输数据，这意味着同一时刻两个方向都可以进行数据的传输。在传输数据之前，TCP 通过三次握手建立的实际上是两个方向的连接，因此在传输完毕后，两个方向的连接必须都关闭。TCP 连接的建立是一个三次握手的过程，而 TCP 连接的终止则要经过四次握手。

如图 2-25 所示，TCP 连接的终止过程如下：

主机 A 想终止连接，于是发送一个标识了 FIN，ACK 的数据段，序列号为 a，确认序列号为 b；

服务器 A 回应一个标识了 ACK 的数据段，序列号为 b，确认序号为 a+1，作为对主机 A 的 FIN 报文的确认；

服务器 A 也想终止连接，于是向主机 A 发送一个标识了 FIN，ACK 的数据段，序列号为 b，确认序列号为 a+1。

主机 A 回应一个标识了 ACK 的数据段，序列号为 a+1，确认序号为 b+1，作为对服务器 A 的 FIN 报文的确认，以上四次交互便完成了两个方向连接的关闭。

3. UDP 协议

当应用程序对传输的可靠性要求不高，但是对传输速度和延迟要求较高时，可以用 UDP 协议替代 TCP 协议在传输层控制数据的转发。UDP 将数据从源端发送到目的端时，无须事先建立连接。UDP 采用了简单、易操作的机制在应用程序间传输数据，没有使用 TCP 中的确认技术或滑动窗口机制，因此不能保证数据传输的可靠性，也无法避免接收到重复数据的情况。

在使用 TCP 协议传输数据时，如果一个数据段丢失或者接收端对某个数据段没有确认，发送端会重新发送该数据段。TCP 重新发送数据会带来传输延迟和重复数据问题，降低了用户的体验。对于迟延敏感的应用，少量的数据丢失一般是可以被忽略的，这时使用 UDP 传输将能够提升用户的体验。

UDP 不提供重传机制，占用资源小，处理效率高。一些时延敏感的流量，如语音、视频等，通常使用 UDP 作为传输层协议，如图 2-26 所示。

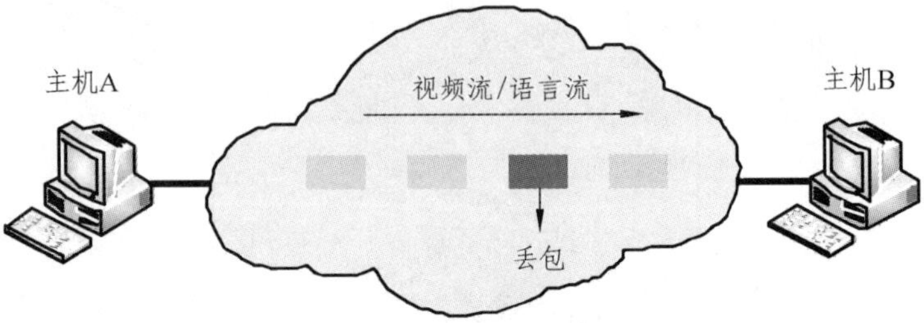

图 2-26 UDP 传输协议

主机 A 发送数据包时，这些数据包是以有序的方式发送到网络中的，每个数据包独立地在网络中被发送，所以不同的数据包可能会通过不同的网络路径到达主机 B。这样的情况下，先发送的数据包不一定先到达主机 B。因为 UDP 数据包没有序号，主机 B 将无法通过 UDP 协议将数据包按照原来的顺序重新组合，所以此时需要应用程序提供报文的到达确认、排序和流量控制等功能。通常情况下，UDP 采用实时传输机制和时间戳来传输语音和视频数据。

2.3.3 数据封装和解封装

同 OSI 参考模型数据封装过程一样，在 TCP/IP 协议报文转发过程中，封装和解封装也发生在各层之间。图 2-27 所示为其封装和解封装过程。

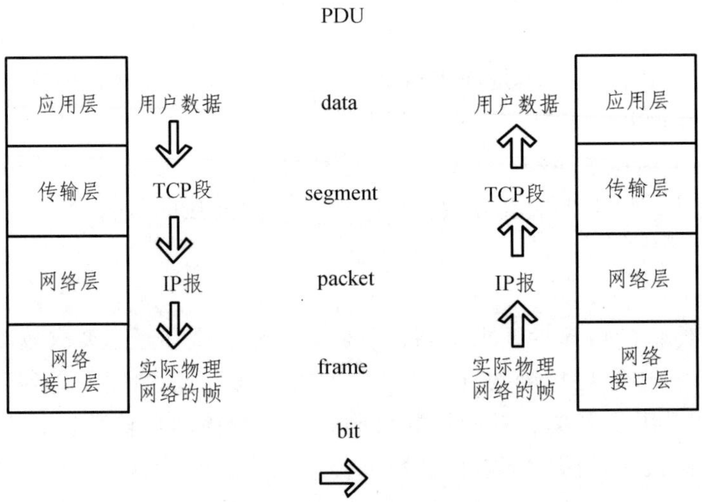

图 2-27 TCP/IP 数据封装与解封装过程

任务 2.4 认识 IP 地址

网络层位于数据链路层与传输层之间，其中包含了许多协议，最为重要的协议就是 IP 协议。网络层提供了 IP 路由功能，理解 IP 路由除了要熟悉 IP 协议的工作机制之外，还必须理解 IP 地址以及如何合理地使用 IP 地址来设计网络。IP 地址是网际协议地址（Internet Protocol Address）的简称，用于作为 Internet 上主机的唯一标识，通信时要利用 IP 地址来指定目的主机地址。

2.4.1 IP 地址的概念

IP 地址是 IP 协议提供的一种统一的地址格式，它是为互联网上的每一个网络和每一台主机分配的一个逻辑地址，以此来屏蔽物理地址的差异。IP 地址被用来给 Internet 上的计算机编号，我们日常用到的每台联网的 PC 上都需要有 IP 地址才能正常通信。我们可以把 PC 比作“一台电话”，那么“IP 地址”就相当于“电话号码”，如图 2-28 所示。

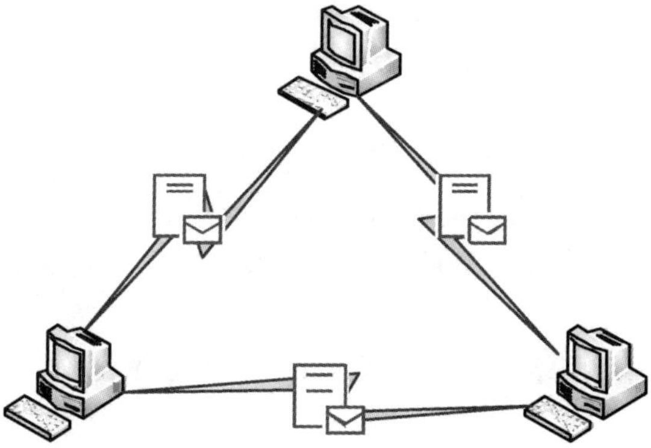

图 2-28 互联网 IP 地址使用示例

通常所说的 IPv4 地址是 32 位（4 字节）的地址，因此整个地址空间有（2^{32}）=4 294 967 296 个地址，也就是近 43 亿个地址。

2.4.2 IP 地址的结构

一个 IP 地址由 4 个字节组成，分为网络号和主机号两部分，每个字节包含 8 个比特，可以表示 0 ~ 255 字节之间用点号分隔，为 IP 地址的点分十进制表示法。将二进制格式的 IP 地址转换为十进制格式时，需要把二进制中每一位 1 所代表的值加在一起，得出 IP 地址的十进制值。例如，IP 地址“10000110 01101110 00001100 01100101”用点分十进制表示法就是“134.110.12.101”。

1. 网络地址

网络地址是用来标识一个网络的地址，对应格式如图 2-29 所示。IP 地址中网络号保持不变，主机号全部置为 0 就得到相对应的网络地址。例如，B 类地址 172.45.39.6 的网络地址为 172.45.0.0，C 类地址 211.162.8.30 的网络地址为 211.162.8.0。

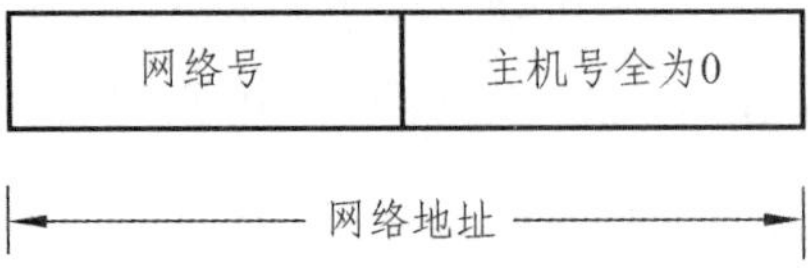

图 2-29 网络地址结构

2. 主机地址

主机地址用来标识指定网络中所包含的主机，它的格式用得比较少，如图 2-30 所示。其中主机号保持不变，网络号全部置为 0 就得到相应的主机地址。例如，B 类地址 172.45.39.6 的主机地址为 0.0.39.6，C 类地址 211.162.8.30 的主机地址为 0.0.0.30。

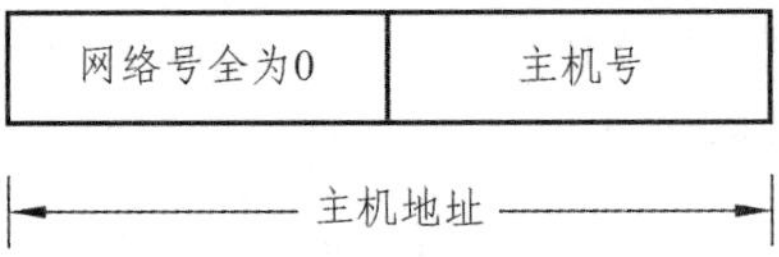

图 2-30 主机地址结构

3. 广播地址

每个网段上都有两个特殊地址不能分配给主机或网络设备。第一个是该网段的网络地址，第二个是该网段中的广播地址。目的地址为广播地址的报文会被该网段中的所有网络设备接收，广播地址的主机位为全 1。除网络地址和广播地址以外的其他 IP 地址可以作为网络设备的 IP 地址。

如 C 类网络 192.168.1.0，网络号是前 24 位，主机号是后 8 位，其广播地址为 192.168.1.255，如图 2-31 所示。

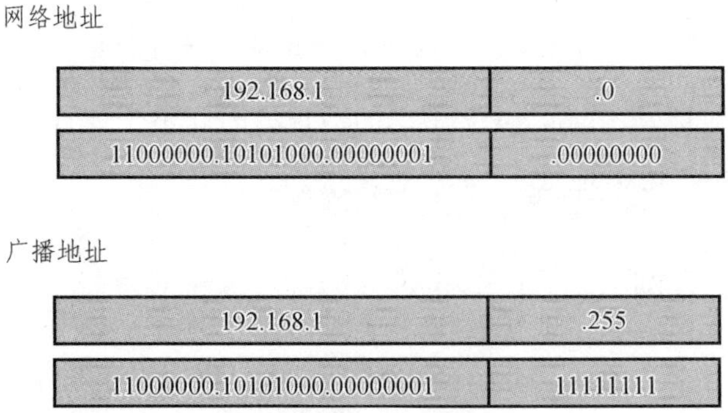

图 2-31 广播地址

2.4.3 IP 地址分类

所谓“分类”就是将 IP 地址划分为若干固定类，每一类地址都由两个固定长度的字段组成，其中一个字段是网络号，它标识主机所连接到的网络，而另一个字段则是主机号，它标识该主机。

IPv4 地址被划分为 A、B、C、D、E 五类，每类地址的网络号包含不同的字节数。A 类、B 类和 C 类地址为可分配 IP 地址，每类地址支持的网络数和主机数不同。假定某一网段的主机部分位数为 n，每一位都有 0 或 1 这两个值的选择，所以主机地址一共有 2^n 个。但每一个网段的网络地址和广播地址不能用作主机 IP 地址，所以可用的主机地址数为 2^n-2 个。

图 2-32 所示给出了各类 IP 地址的网络号字段和主机号字段。其中，A、B 和 C 类地址是基本的 Internet 地址，是用户使用的地址，D 类地址是用于多目标广播的广播地址，E 类地址为保留地址。各类 IP 地址可以通过第一个字节中的比特位进行区分，如 A 类地址第一字节的最高位固定为 0，B 类地址第一字节的高两位固定为 10，C 类地址第一字节的高三位固定为 110，D 类地址第一字节的高四位固定为 1110，E 类地址第一字节的高四位固定为 1111。

A 类地址的最高位为“0”，与其后 7 位作为网络号，剩余 24 位用作主机号。A 类地址用于少数主机数量众多的大型网络，主机数目最多可以达到 2^{24}-2（16 777 214）个。

B 类地址最高位为“10”，与其后 14 位作为网络号，剩余 16 位用作主机号。B 类地址用于中等规模的网络。每个网络主机数最多为 2^{16}-2（65 534）个。

例如，B 类网络 176.16.0.0，有 16 个主机位，因此有 2^{16} 个 IP 地址，去掉一个网络地址 176.16.0.0，以及一个广播地址 176.16.255.255，那么共有 2^{16}-2=65534 个可用主机地址。

C 类地址最高位为“110”，与其后 21 位作为网络号，剩余 8 位用作主机号。C 类地址用于小型网络，每个网络主机数最多为 2^8-2（254）个。

例如，C 类网络 196.168.1.0，有 8 个主机位，共有 2^8=256 个 IP 地址，去掉一个网络地址 196.168.1.0，以及一个广播地址 192.168.1.255，共有 2^8-2=254 个可用主机地址。

D 类地址为组播地址。主机收到以 D 类地址为目的地址的报文后，且该主机是该组播组成员，就会接收并处理该报文。

E 类是实验性地址，设计时保留给将来使用，但在目前由于地址匮乏，也被用于公网寻址分配使用。

图 2-32 IP 地址分类

2.4.4 子网掩码

子网掩码用于区分网络部分和主机部分，子网掩码与 IP 地址的表示方法相同。每个 IP 地址和子网掩码一起，用来唯一地标识一个网段中的某台网络设备。子网掩码中的 1 表示网络位，0 表示主机位。

子网掩码通常用点分十进制表示，还可以用网络前缀法表示掩码，即“/<网络地址位数>”。例如，6.1.1.2/8，表示网络位数是 8 位；16.1.1.2/16，表示网络位数是 16 位；200.1.1.2/24，表示网络位数是 24 位。

对于传统分类 IP 地址，在没有进行子网划分的情况下，也具有子网掩码，称为默认子网掩码。表 2-1 给出了 A、B、C 三类地址的默认子网掩码。

表 2-1 A、B、C 三类地址的默认子网掩码

网络类别	网络地址位数	子网掩码
A	8	255.0.0.0
B	16	255.255.0.0
C	24	255.255.255.0

通过子网掩码可以判断主机所属的网段、网段上的广播地址以及网段上支持的主机数。每类 IP 地址都有一个缺省子网掩码。A 类地址的缺省子网掩码为 8 位，即第一个字节表示网络位，其他三个字节表示主机位；B 类地址的缺省子网掩码为 16 位，因此 B 类地址支持更多的网络，但是主机数也相应减少；C 类地址的缺省子网掩码为 24 位，支持的网络最多，同时也限制了单个网络中主机的数量。

如图 2-33 所示例子，主机地址为 192.168.1.7，子网掩码为 24 位（C 类 IP 地址的缺省掩码），从中我们可以判断该主机位于 192.168.1.0/24 网段。将 IP 地址中的主机位全部置为 1，并转换为十进制数，即可得到该网段的广播地址 192.168.1.255。网段中支持的主机数为 2^n，n 为主机位的个数。本例中 n=8，2^8=256，减去本网段的网络地址和广播地址，可知该网段支持 254 个有效主机地址。

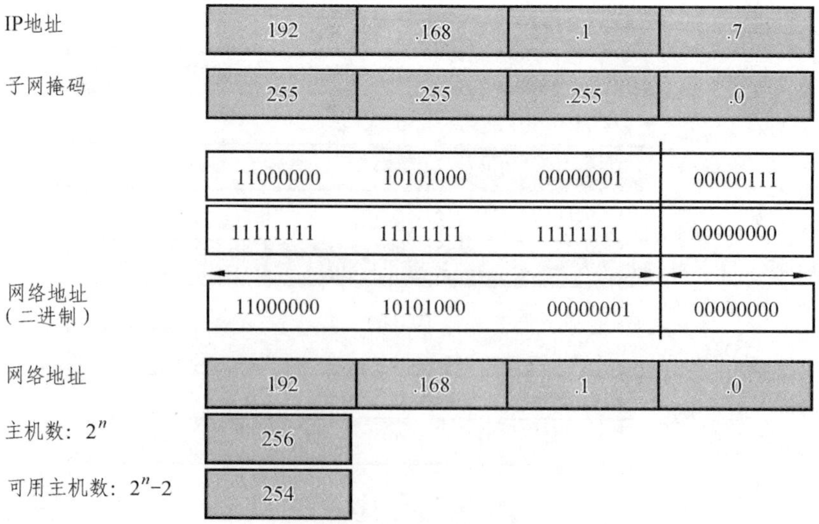

图 2-33 IP 地址的结构

2.4.5 几类特殊的 IP 地址

IP 地址用于唯一地标识一台网络设备，但并不是每一个 IP 地址都是可用的，一些特殊的 IP 地址被用于各种各样的用途，不能用于标识公用网络设备。

1. 私有 IP 地址

私有地址如表 2-2 所示，这些地址被大量用于企业内部网络中。一些宽带路由器也往往使用 192.168.1.1 作为缺省地址。私有网络由于不与外部互联，因而可以使用随意的 IP 地址。保留这样的地址供其使用是为了避免以后接入公网时引起地址混乱。使用私有地址的私有网络在接入 Internet 时，要使用地址翻译（NAT），将私有地址翻译成公用合法地址。在 Internet 上，这类地址是不能出现的。

表 2-2 A、B、C 三类私有 IP 地址

网络类别	起始地址	结束地址
A	10.0.0.0	10.255.255.255
B	172.16.0.0	172.31.255.255
C	192.168.0.0	192.168.255.255

2. 169 开头的 IP 地址

在运行 Windows 的操作系统中，如果用户采用的是自动 IP 地址分配方式，但本地网络中又没有部署用于自动 IP 地址分配的 DHCP 服务器，又或者 DHCP 服务器发生故障，或响应时间太长而超出了系统规定的时间，Windows 系统会为用户分配这样一个地址。这就是所谓的自动专用 IP 地址，其地址范围包括一个 B 类地址段——169.254.0.0。

3. 回送地址

A 类网络地址 127 是一个保留地址，用于网络软件测试以及本机进程间通信，被称为回送地址（Loop Back Address）。无论什么程序，一旦使用回送地址发送数据，协议软件立即返回，不进行任何网络传输。含网络号 127 的分组不能出现在任何网络上。

4. 全 0 地址

全“0”的 IP 地址 0.0.0.0 代表所有的主机，在路由器上用 0.0.0.0 地址指定默认路由。严格说来，0.0.0.0 已经不是一个真正意义上的 IP 地址了。它表示的是这样一个集合：所有不清楚的主机和目的网络。这里的“不清楚”是指在本机的路由表里没有特定条目指明如何到达。对本机来说，它就是一个“收容所”，将所有不认识的 IP 地址，一律送进去。如果用户在网络设置中设置了缺省网关，那么 Windows 系统会自动产生一个目的地址为 0.0.0.0 的缺省路由。

5. 全 1 地址

TCP/IP 规定，主机号全为“1”的网络地址用于广播，叫作广播地址。广播是指同时向同一子网所有主机发送报文。

6. 224.0.0.1 地址

该地址为组播地址，应注意它和广播的区别。从 224.0.0.0 到 239.255.255.255 都是这样的地址。224.0.0.1 特指所有主机，224.0.0.2 特指所有路由器。这样的地址多用于一些特定的程序以及多媒体程序。如果用户的主机开启了 IRDP（Internet 路由发现协议，使用组播功能）功能，那么用户的主机路由表中应该有这样一条路由。

任务 2.5 IP 子网与子网划分

2.5.1 子网划分的概念

根据前面内容可知，给出一个 IP 地址和子网掩码，可以推算出该 IP 地址所在的网络地址并能判断出此 IP 地址所属的 IP 分类。IP 地址在分配的时候，可以成段的分配，也可以只分配一个地址，例如，用户在用宽带上网的时候由电信公司分到了一个地址：201.135.35.48/24，这就是一个 C 类的 IP 地址。但是有些公司在申请 IP 地址的时候可以申请一个 IP 地址段，例如美国 Apple 公司就获得一个 A 类网段：17.0.0.0/8，通过计算我们可以得到这个网段可以容纳的主机数可以达到 2^{24}-2 个，如果不进行合理规划，对如此庞大的 IP 管理的难度可想而知。即便是管理一个 B 类网段也需要管理 6 万多个主机，如此多的主机都在一个网段内通信，会对网络造成很大的安全隐患也不利于组织管理。图 2-34 所示为一个无子网划分的 B 类地址应用示意图。

这种方案无法区分一个大网络内不同的网段，而只把这个大网络看成一个整体。这使得网络内所有主机都能收到广播包，会严重降低网络的性能，另外也不利于管理。因此，合理的方法是将这种大网络分为不同的小网络，按照各个子网进行管理，这就是子网划分技术。

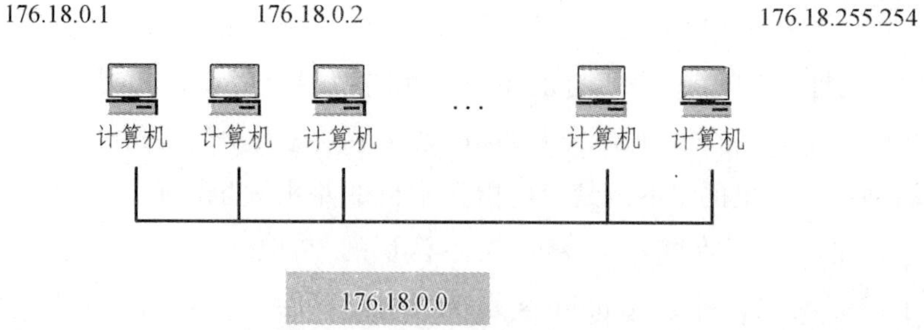

图 2-34 无子网的编址示例

在图 2-35 中，网络 176.18.0.0 被划分成了两个子网，即 176.18.1.0 和 176.18.2.0。两个子网之间通过路由器相互连接，对外作为一个整体，都是由出口路由器进行数据转发的。

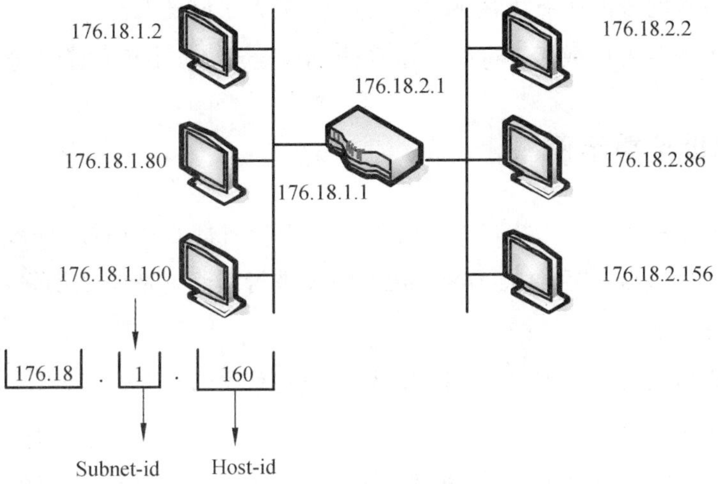

图 2-35 子网划分的编址示例

176.18.0.0 属于 B 类 IP 地址，第三个字节原本是主机号部分，现作为子网的标识用来区分不同的子网，称为子网号。子网号是从原来的主机号中“借”出的，剩下的主机号称为新的主机号，图 2-36 所示为三级 IP 地址结构。

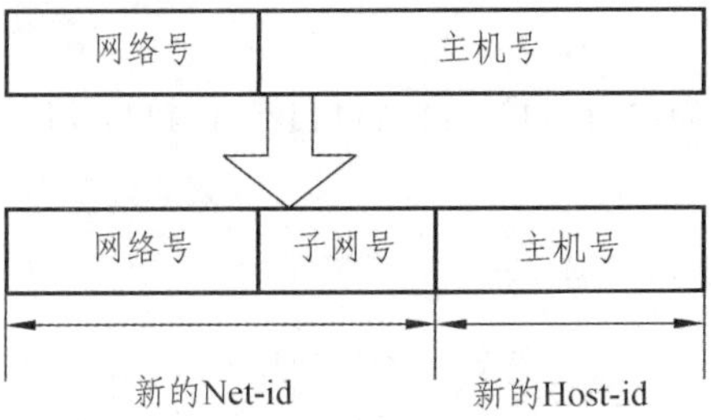

图 2-36 三级 IP 地址结构

2.5.2 子网的规划设计

在设计子网划分方案时，必须考虑以下 5 个问题：

（1）该网络将划分为几个子网，借用多少位主机位？

（2）每个子网有多少台主机，划分后子网数量是否满足需求？

（3）可用的子网地址范围？

（4）子网掩码是什么？

（5）每个子网的网络地址和广播地址？

子网数=2^m。其中 m 为子网号位数，也即借用主机位数。

每个子网主机数=2^n-2。其中 n 为剩余主机位数，减 2，即去掉不可用的网络地址和广播地址。

网络地址：是本网段内所有主机的逻辑位置，是本子网的开始。

广播地址：是本网段内所有主机的共同地址，是本子网的结束。

确定子网位数和主机位数后，将网络位和子网位全置 1，主机位全置 0 便得到子网掩码。

2.5.3 IP 地址计算示例

示例 1：一家贸易公司，一共有 6 个部门，其中销售部是使用计算机最多的部门，该部门一共 25 台计算机，如果使用 192.168.1.0/24 网段进行组网，请问该如何规划和划分子网？

解题详细步骤如下：

（1）首先判断出这是一个 C 类网络，默认子网掩码为 255.255.255.0，表示网络地址为 24 位，主机地址为 8 位。

（2）子网数=$2^m \geqslant 6$，则 $m \geqslant 3$，取 $m=3$，表示借 3 位表示子网位，子网数量为 $2^3=8$（个）。

（3）考虑划分子网借位后剩余主机位数是否够用。

由于销售部门的计算机是 25 台，借位后主机位还剩余 5 位，因为 $2^5-2 \geqslant 25$，所以借位后主机位 5 位满足要求。

因此，此次划分子网的方案是借用主机位 3 位作为网络位进行划分。

（4）写出子网掩码。

子网掩码二进制表示为 11111111.11111111.11111111.11100000，转换成十进制数为 255.255.255.224。

（5）划分各个网段，如表 2-3 所示。

表 2-3 各个网段的划分表

网段号	网络地址	广播地址	合法主机 IP 地址
1	192.168.1.0	192.168.1.31	192.168.1.1 ~ 192.168.1.30
2	192.168.1.32	192.168.1.63	192.168.1.33 ~ 192.168.1.62
3	192.168.1.64	192.168.1.95	192.168.1.65 ~ 192.168.1.94
4	192.168.1.96	192.168.1.127	192.168.1.97 ~ 192.168.1.126
5	192.168.1.128	192.168.1.159	192.168.1.129 ~ 192.168.1.158
6	192.168.1.160	192.168.1.191	192.168.1.161 ~ 192.168.1.190
7	192.168.1.192	192.168.1.223	192.168.1.193 ~ 192.168.1.222
8	192.168.1.224	192.168.1.255	192.168.1.225 ~ 192.168.1.254

要注意的是，对于第一个子网，网络地址和主网络的网络地址是重叠的，对于最后一个

子网，广播地址和主网络的广播地址也是重叠的。对于有些路由器，如果运行的路由协议不支持传输子网掩码信息的话，采用子网位全 0 和全 1 的网络地址可能会造成一定的路由问题。实际中在使用子网划分的时候，如果网址比较宽裕则可以考虑不使用这两个子网段。

示例 2：某学校内部有一 IP 地址 171.168.8.120，子网掩码为 255.255.255.192，要求计算该 IP 地址所处的子网网络地址、子网广播地址以及可用 IP 地址范围。

如图 2-37 所示，详细步骤如下：

（1）首先将 IP 地址和子网掩码转换为二进制表示。

（2）在子网掩码二进制表示的 1 与 0 之间的分界处划一条竖线，以区分网络位（包括子网位）和主机位。

	171	168	8	120	
171.168.8.120	10101011	10101000	00001000	01111000	IP地址
255.255.255.192	11111111	11111111	11111111	11000000	子网掩码
171.168.8.64	10101011	10101000	00001000	01000000	网络地址
171.168.8.127	10101011	10101000	00001000	01111111	广播地址
171.168.8.65	10101011	10101000	00001000	01000001	第一个地址
171.168.8.126	10101011	10101000	00001000	01111110	最后一个地址

图 2-37 地址计算示例

（3）将 IP 地址主机位全置 0，网络位照写，即为子网的网络地址。

（4）将 IP 地址主机位全置 1，网络位照写，即为子网的广播地址。

（5）介于子网网络地址与广播地址之间即为子网内可用 IP 地址范围。

（6）转换成十进制表示形式。

2.5.4 可变长子网掩码（VLSM）

1. VLSM 基本思想

对于传统的子网划分，子网掩码一致，主机数量平均分布，这样会导致一些 IP 地址的浪费，而且有时不能很好地满足主机分配数量的需求。假设有这样一种情况：某学校有 6 大系，信号系最大，有 55 台计算机，城市轨道交通系最小，只有 18 台计算机，其他各系都有 28 台计算机，现申请到一个 C 类地址段 192.168.1.0/24，请按要求划分子网，使每个系都满足要求且又留有一定余量。

若按照传统子网划分的思想，因为有 6 个系，所以需要划分 6 个子网，也就是说至少需要借用 3 位主机位，即 $2^2<6<2^3$，剩余主机位数为 5，那么每个子网的主机数为 $2^5-2=30$，也

就是说每个子网最多容纳 30 台主机，无法满足信号系 55 台计算机的需求。为了解决这个问题，就需要用到 VLSM 的思想。

VLSM 是为了解决在一个网络系统中使用多种层次的子网化 IP 地址的问题而发展起来的掩码技术，它允许一个组织在同一个网络地址空间中使用多个子网掩码。利用 VLSM 可以使管理员“把子网继续划分为子网”，使寻址效率达到最高。

下面我们通过例子对 VLSM 进行详细的介绍。

2. VLSM 子网划分示例

针对上面所述的问题，我们可以先借用 2 位主机位，剩余主机位数为 6，则子网数为 2^2=4，每个子网的主机数为 2^6-2=62，满足了信号系 55 台计算机的需求。具体划分情况如图 2-38 所示。

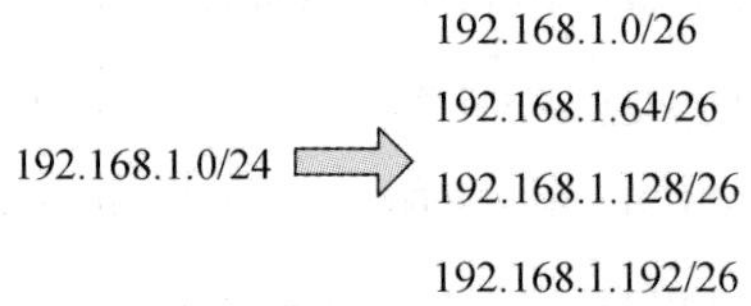

图 2-38 首次划分子网

首次子网划分后的网络地址为 192.168.1.0/26、192.168.1.64/26、192.168.1.128/26、192.168.1.192/26。假如我们把 192.168.1.192/26 用于信号系，另外 3 个子网需要进行第二次子网划分才能满足其他 5 个系的需求。

对于其余 3 个子网，我们只需再借 1 位主机数，即将每个子网再划分为 2 个子网，二次子网划分后的子网数为 6，每个子网的主机数为 2^5-2=30，满足其余 5 个系及每个系的主机需求。具体划分情况如图 2-39 所示。

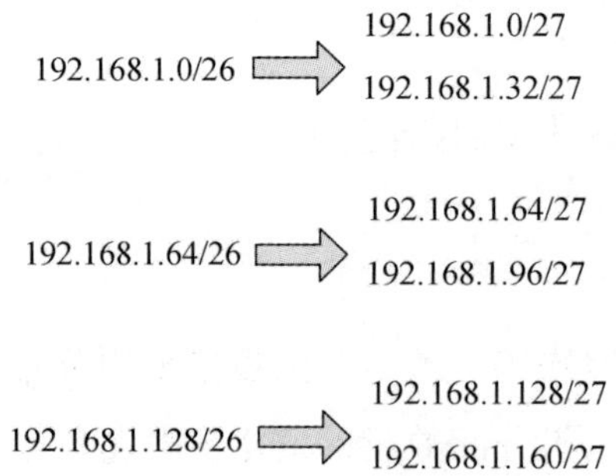

图 2-39 二次划分子网

经过两次子网划分，我们一共有 7 个子网，既满足 6 个系的主机需求，又为学校后续的发展预留了子网空间。每个子网的网络地址、广播地址、子网掩码和有效主机范围如下所示：

网络 1：192.168.1.0/27

网络地址：192.168.1.0/27　广播地址：192.168.1.31/27

子网掩码：255.255.255.224

有效主机范围：192.168.1.1/27 ~ 192.168.1.30/27

网络 2：192.168.1.32/27

网络地址：192.168.1.32/27　　广播地址：192.168.1.63/27

子网掩码：255.255.255.224

有效主机范围：192.168.1.33/27 ~ 192.168.1.62/27

网络 3：192.168.1.64/27

网络地址：192.168.1.64/27　　广播地址：192.168.1.95/27

子网掩码：255.255.255.224

有效主机范围：192.168.1.65/27 ~ 192.168.1.94/27

网络 4：192.168.1.96/27

网络地址：192.168.1.96/27　　广播地址：192.168.1.127/27

子网掩码：255.255.255.224

有效主机范围：192.168.1.97/27 ~ 192.168.1.126/27

网络 5：192.168.1.128/27

网络地址：192.168.1.128/27　　广播地址：192.168.1.159/27

子网掩码：255.255.255.224

有效主机范围：192.168.1.129/27 ~ 192.168.1.158/27

网络 6：192.168.1.160/27

网络地址：192.168.1.160/27　　广播地址：192.168.1.191/27

子网掩码：255.255.255.224

有效主机范围：192.168.1.161/27 ~ 192.168.1.190/27

网络 7：192.168.1.192/26（**信号系**）

网络地址：192.168.1.192/26　　广播地址：192.168.1.255/26

子网掩码 ：255.255.255.192

有效主机范围：192.168.1.193/26 ~ 192.168.1.254/26

2.5.5 无类别域间路由（CIDR）

VLSM 通过划分子网提高了 IPv4 地址的利用率和网络安全性，但同时也带来了一些负面影响。为了各个子网的互通，各路由器的路由表中就需要添加许多子网级的路由条目，导致整个网络的路由表变得很庞大，降低了路由表查询的实时性。

1. CIDR 基本概念

CIDR（Classless Inter-Domain Routing，无类域间路由选择），消除了传统的 A 类、B 类和 C 类地址以及划分子网的概念，可以更加有效地分配 IPv4 的地址空间。CIDR 可以把一些连续的小网络由汇聚成一个大网络路由，通过汇聚后的网络路由条目就可以实现这些子网间的路由，减少了路由表中的路由条目，减轻了 Internet 路由器的负担。

2. CIDR 工作原理

子网聚合的基本思想就是将连续多个子网或标准网络的网络地址中相同的部分保留作为新网络的网络 ID 部分，不同的部分作为新网络的主机 ID 部分，然后由新网络的网络 ID 位数可以得出聚合后新网络的子网掩码、地址范围、网络地址和广播地址。下面通过具体的例子进行介绍。

如图 2-40 所示，路由选择表中存储了如下网络：171.16.12.0/24、171.16.13.0/24、171.16.14.0/24、171.16.15.0/24。

首先将地址转换为二进制格式，并将它们对齐；然后确定地址中相同的位数，用一条竖线将相同位和不同位隔开；最后将不同位全部置 0，就可得到汇聚后的网络地址。

171.16.12.0/24=171.16.000011	00.00000000
171.16.13.0/24=171.16.000011	01.00000000
171.16.14.0/24=171.16.000011	10.00000000
171.16.15.0/24=171.16.000011	11.00000000
171.16.12.0/22=171.16.000011	00.00000000

图 2-40 CIDR 工作原理

所以，IP 地址 171.16.12.0~171.16.15.0 的汇聚路由为 172.16.12.0/22。

实作 2.1 常用网络命令的使用

一、ping 命令

ping 是 Windows、Unix 和 Linux 系统下的一个命令。ping 也属于一个通信协议，是 TCP/IP 协议的一部分。利用 ping 命令可以检查网络是否连通，可以很好地帮助我们分析和判定网络故障。

（一）ping 命令的使用

（1）首先需要打开 DOS 命令界面，通过点击开始菜单中的“运行”选项，输入“cmd”，回车即可打开，如图 2-41 所示。

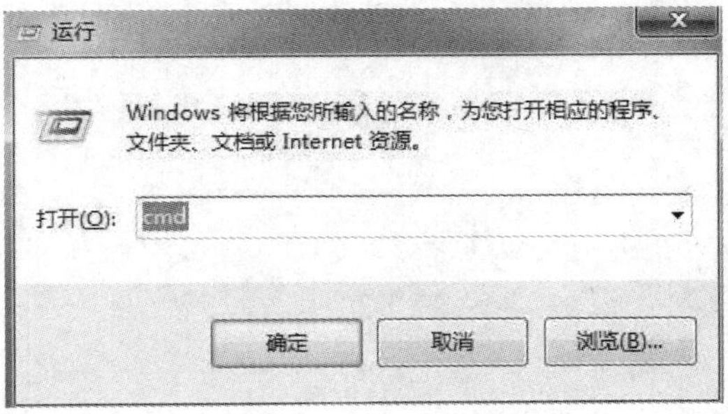

图 2-41 cmd 命令

（2）点击“确定”按钮后如图 2-42 所示。

图 2-42 DOS 命令界面

（3）输入“ping /? ”，执行结果如图 2-43 所示。

图 2-43 输入“ping /? ”执行结果

（二）测试本机到被 ping 目标主机的物理线路连通性

1. ping 127.0.0.1

目的在于验证本机 TCP/IP 协议是否安装正确，如出现图 2-44 所示结果，则表示本机 TCP/IP 协议安装正确。

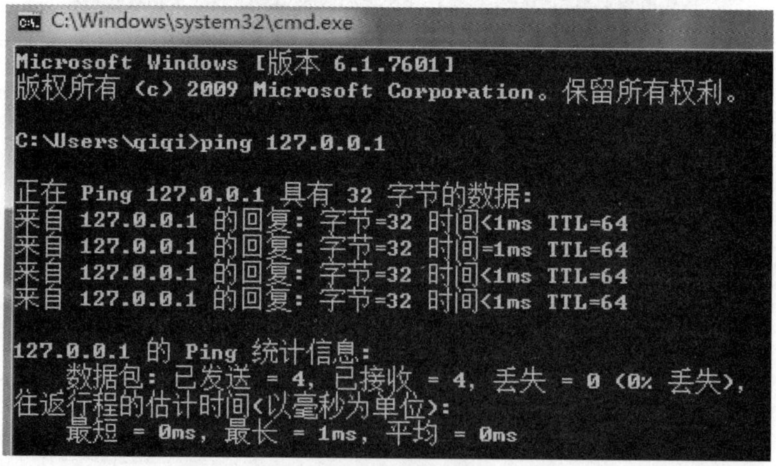

图 2-44 ping 127.0.0.1 执行结果

如出现“Request timed out.”字样，则表示本机 TCP/IP 协议安装不正确，请重新添加 TCP/IP 协议。

2. ping 本机 IP 地址

目的在于验证本机 IP 地址是否配置正确或者网卡物理属性是否完好。

例如，ping 192.168.131.118，如出现图 2-45 所示结果，则表示本机 IP 地址已配置正确且网卡物理属性完好。

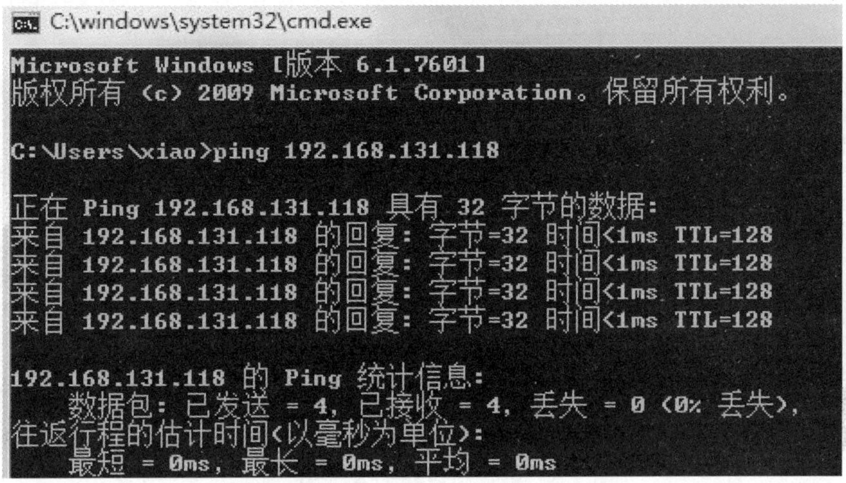

图 2-45 ping 本机 IP 地址

如出现“Request timed out.”字样，则表示本机 IP 地址未配置正确或网卡物理属性有问题，请配置好 IP 地址，如果还有问题请更换网卡或重新安装网卡驱动程序试一下。

3. ping 用户网关 IP

目的在于验证从用户主机到网关的物理线路是否连通。

例如，ping 192.168.131.254，如出现图 2-46 所示结果，则表示本机到其网关物理线路连通性完好。

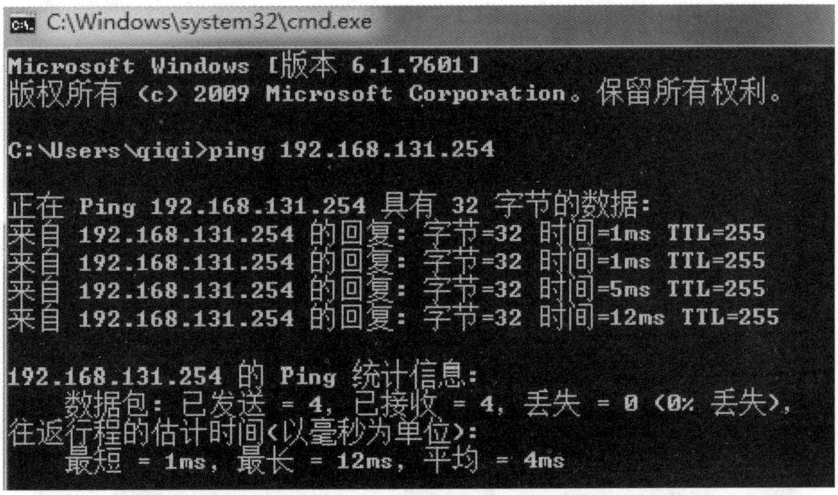

图 2-46 ping 网关 IP

如出现“Request timed out.”字样，则表示本机到其网关的物理线路有故障。

4. ping 局域网内其他 IP 地址

例如，ping 处于同一个局域网内的 IP：ping 192.168.131.198，该命令离开用户计算机，经过网卡和网络线路到达其他计算机，再返回。收到应答，表明本地网络的网卡和载体运行正确，执行结果如图 2-47 所示；若没有收到应答，则可能是子网掩码错误、网卡配置错误或网络电缆不通。

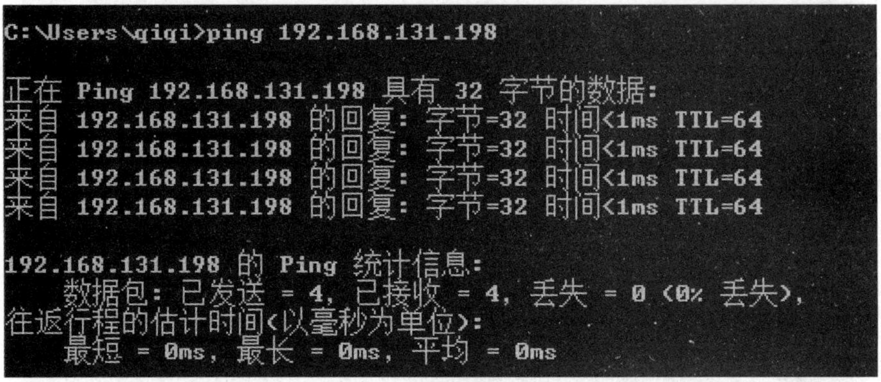

图 2-47 ping 局域网内其他 IP 地址

二、ipconfig 命令

ipconfig 命令用于显示所有当前的 TCP/IP 网络配置、刷新动态主机配置协议（DHCP）和域名系统（DNS）设置等。

（一）ipconfig 命令

显示网卡的简单配置，执行结果如图 2-48 所示。

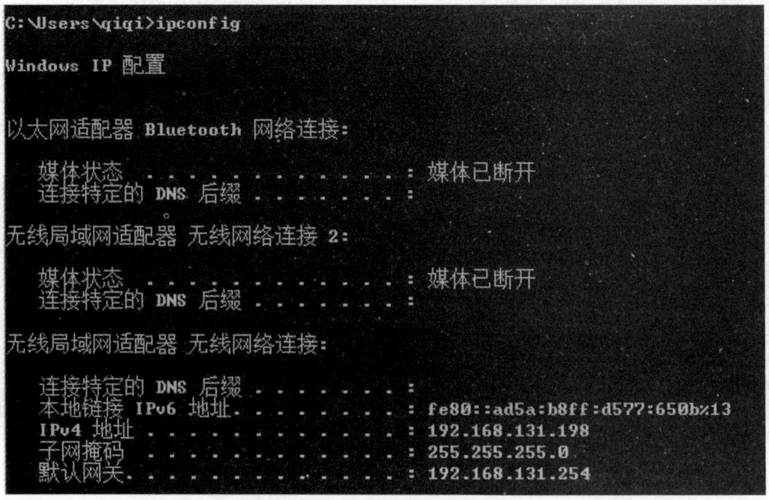

图 2-48 ipconfig 命令

（二）ipconfig/all 命令

显示网卡的详细配置，执行结果如图 2-49 所示。

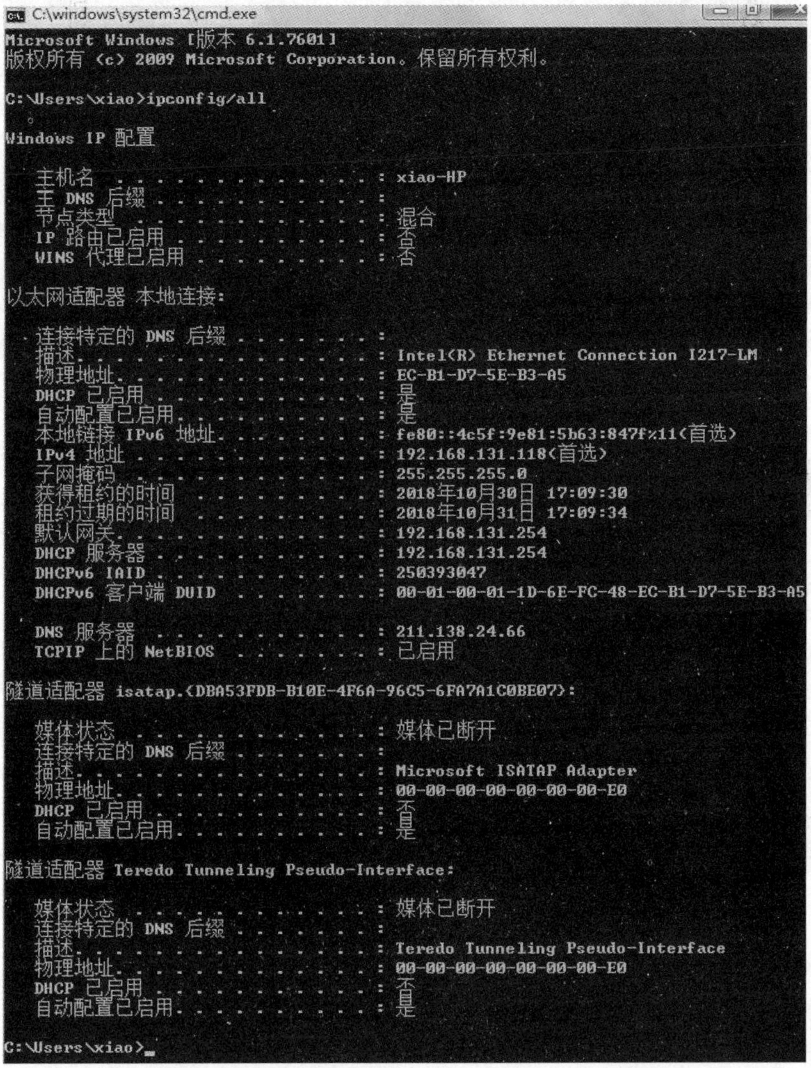

```
C:\windows\system32\cmd.exe
Microsoft Windows [版本 6.1.7601]
版权所有 (c) 2009 Microsoft Corporation。保留所有权利。

C:\Users\xiao>ipconfig/all

Windows IP 配置

   主机名  . . . . . . . . . . . . . : xiao-HP
   主 DNS 后缀 . . . . . . . . . . . :
   节点类型  . . . . . . . . . . . . : 混合
   IP 路由已启用 . . . . . . . . . . : 否
   WINS 代理已启用 . . . . . . . . . : 否

以太网适配器 本地连接:

   连接特定的 DNS 后缀 . . . . . . . :
   描述. . . . . . . . . . . . . . . : Intel(R) Ethernet Connection I217-LM
   物理地址. . . . . . . . . . . . . : EC-B1-D7-5E-B3-A5
   DHCP 已启用 . . . . . . . . . . . : 是
   自动配置已启用. . . . . . . . . . : 是
   本地链接 IPv6 地址. . . . . . . . : fe80::4c5f:9e81:5b63:847f%11(首选)
   IPv4 地址 . . . . . . . . . . . . : 192.168.131.118(首选)
   子网掩码  . . . . . . . . . . . . : 255.255.255.0
   获得租约的时间  . . . . . . . . . : 2018年10月30日 17:09:30
   租约过期的时间  . . . . . . . . . : 2018年10月31日 17:09:34
   默认网关. . . . . . . . . . . . . : 192.168.131.254
   DHCP 服务器 . . . . . . . . . . . : 192.168.131.254
   DHCPv6 IAID . . . . . . . . . . . : 250393047
   DHCPv6 客户端 DUID  . . . . . . . : 00-01-00-01-1D-6E-FC-48-EC-B1-D7-5E-B3-A5

   DNS 服务器  . . . . . . . . . . . : 211.138.24.66
   TCPIP 上的 NetBIOS  . . . . . . . : 已启用

隧道适配器 isatap.{DBA53FDB-B10E-4F6A-96C5-6FA7A1C0BE07}:

   媒体状态  . . . . . . . . . . . . : 媒体已断开
   连接特定的 DNS 后缀 . . . . . . . :
   描述. . . . . . . . . . . . . . . : Microsoft ISATAP Adapter
   物理地址. . . . . . . . . . . . . : 00-00-00-00-00-00-00-E0
   DHCP 已启用 . . . . . . . . . . . : 否
   自动配置已启用. . . . . . . . . . : 是

隧道适配器 Teredo Tunneling Pseudo-Interface:

   媒体状态  . . . . . . . . . . . . : 媒体已断开
   连接特定的 DNS 后缀 . . . . . . . :
   描述. . . . . . . . . . . . . . . : Teredo Tunneling Pseudo-Interface
   物理地址. . . . . . . . . . . . . : 00-00-00-00-00-00-00-E0
   DHCP 已启用 . . . . . . . . . . . : 否
   自动配置已启用. . . . . . . . . . : 是

C:\Users\xiao>_
```

图 2-49 ipconfig/all 命令

（三）ipconfig/release 和 ipconfig/renew 命令

这是两个附加选项命令，只能在向 DHCP 服务器租用其 IP 地址的计算机上起作用。如果用户输入 ipconfig/release，那么所有接口的租用 IP 地址便重新交付给 DHCP 服务器（归还 IP 地址）；如果用户输入 ipconfig/renew，那么本地计算机便设法与 DHCP 服务器取得联系，并租用一个 IP 地址。请注意，大多数情况下网卡将被重新赋予和以前所赋予的相同的 IP 地址。ipconfig /release 和 ipconfig /renew 命令执行结果分别如图 2-50 和 2-51 所示。

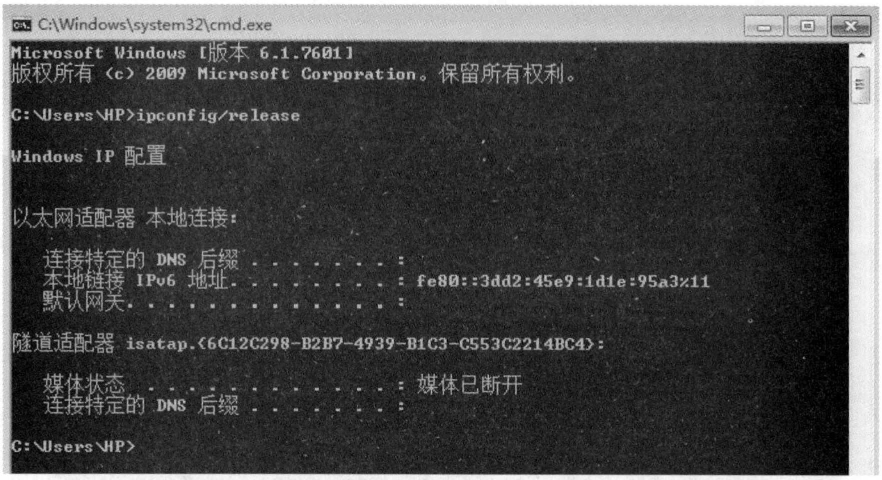

图 2-50 ipconfig /release 命令

图 2-51 ipconfig /renew 命令

（四）ipconfig/flushdns 命令

该命令用来清除 DNS 解析程序缓存。在排查 DNS 故障时，经常会用到该命令，执行结果如图 2-52 所示。

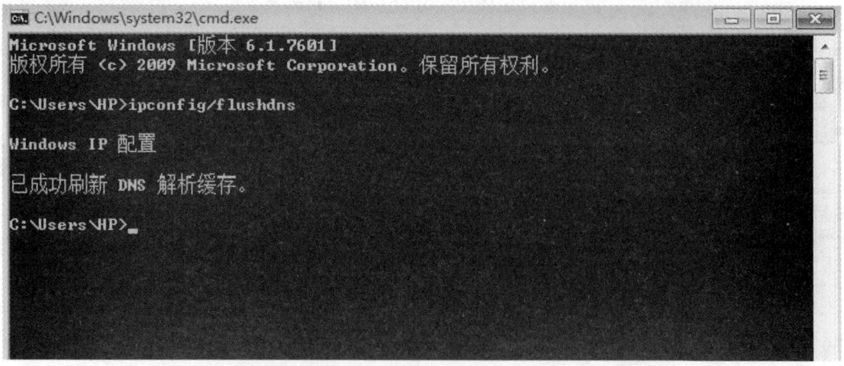

图 2-52 ipconfig/flushdns 命令

（五）ipconfig/displaydns 命令

显示 DNS 解析服务器缓存的内容，包括从本地 Hosts 文件预装载的记录以及由域名解析服务器解析的所有资源记录，执行结果如图 2-53 所示。

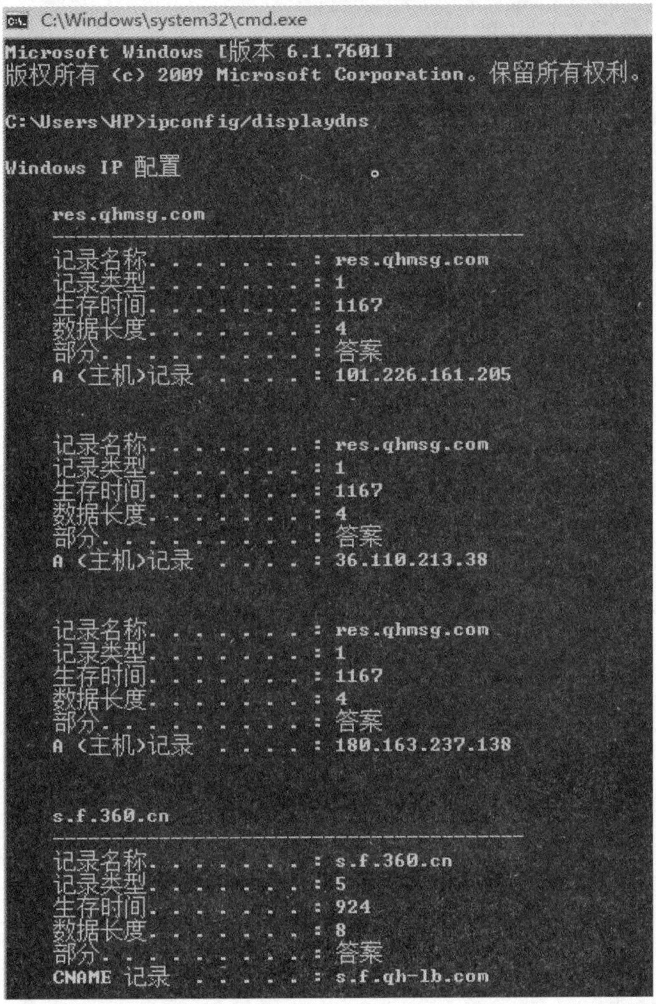

```
C:\Windows\system32\cmd.exe
Microsoft Windows [版本 6.1.7601]
版权所有 (c) 2009 Microsoft Corporation。保留所有权利。

C:\Users\HP>ipconfig/displaydns

Windows IP 配置

    res.qhmsg.com
    ----------------------------------------
    记录名称. . . . . . . : res.qhmsg.com
    记录类型. . . . . . . : 1
    生存时间. . . . . . . : 1167
    数据长度. . . . . . . : 4
    部分. . . . . . . . . : 答案
    A (主机)记录 . . . . : 101.226.161.205


    记录名称. . . . . . . : res.qhmsg.com
    记录类型. . . . . . . : 1
    生存时间. . . . . . . : 1167
    数据长度. . . . . . . : 4
    部分. . . . . . . . . : 答案
    A (主机)记录 . . . . : 36.110.213.38


    记录名称. . . . . . . : res.qhmsg.com
    记录类型. . . . . . . : 1
    生存时间. . . . . . . : 1167
    数据长度. . . . . . . : 4
    部分. . . . . . . . . : 答案
    A (主机)记录 . . . . : 180.163.237.138


    s.f.360.cn
    ----------------------------------------
    记录名称. . . . . . . : s.f.360.cn
    记录类型. . . . . . . : 5
    生存时间. . . . . . . : 924
    数据长度. . . . . . . : 8
    部分. . . . . . . . . : 答案
    CNAME 记录 . . . . . : s.f.qh-lb.com
```

图 2-53 ipconfig/displaydns 命令

任务 2.6 认识 MAC 地址

2.6.1 MAC 地址的作用

一台计算机，无论它是否连接到网络上，都有一个物理地址，这个物理地址也称为 MAC 地址，存储在网络接口卡（NIC）中。MAC 地址与网络无关，也即无论将带有这个地址的硬件（如网卡、集线器、路由器等）接入到网络的何处，MAC 地址都不会改变。MAC 地址可采用 6 字节（48 比特）或 2 字节（16 比特）这两种中的任意一种。但随着网络规模越来越大，一般都采用 6 字节的 MAC 地址。这个 48 比特有其规定的意义：前 24 位是由生产网卡的厂商向 IEEE 申请的厂商地址，后 24 位由厂商自行分配，这样的分配使得世界上任意一个拥有 48 位 MAC 地址的网卡都有唯一的标识。2 字节的 MAC 地址不用网卡厂商申请。

MAC 地址通常表示为 12 个 16 进制数，每 2 个 16 进制数之间用冒号隔开，如 08：00：20：0A：8C：6D 就是一个 MAC 地址，其中前 6 位 16 进制数 08：00：20 代表网络硬件制造商的编号，它由 IEEE 分配，而后 6 位 16 进制数 0A：8C：6D 代表该制造商所制造的某个网络产品（如网卡）的系列号。每个网络制造商必须确保它所制造的每个以太网设备都具有相同的前三个字节以及不同的后三个字节，这样就可保证世界上每个以太网设备都具有唯一的 MAC 地址。

2.6.2 IP 与 MAC 的对应

每台主机在发送数据的时候，会将目的主机的 MAC 地址封装在帧中。这个操作很重要，没有 MAC 地址，信息就不能正确地在网络上传送。当数据在网络介质上传播时，网络上每个设备的 NIC 检查数据帧中的目的物理地址是否与自己的 MAC 地址符合：如果不符，NIC 丢弃该数据帧；如果相符，目的主机的 NIC 对数据进行复制，去掉它的封装后，交给上层软件。因此，与主机 B 通信时，主机 A 仅知道主机 B 的 IP 地址还不够，还必须知道主机 B 的 MAC 地址，才能完成对主机 B 的访问。主机 A 如何通过主机 B 的 IP 地址解析得到主机 B 的 MAC 地址呢？

地址解析协议（Address Resolution Protocol，ARP）可以根据已知目的主机的 IP 地址求得目的主机的 MAC 地址。

在主机启动加入网络时，首先主动广播自己的 IP/MAC 地址，然后建立一个 ARP 表，表中存放（IP 地址，MAC 地址）对。当源主机确定了目标的 IP 地址后，为了获得目标的 MAC 地址，开始查找 ARP 表并获得目标主机的 MAC 地址。具体过程如图 2-54 所示。

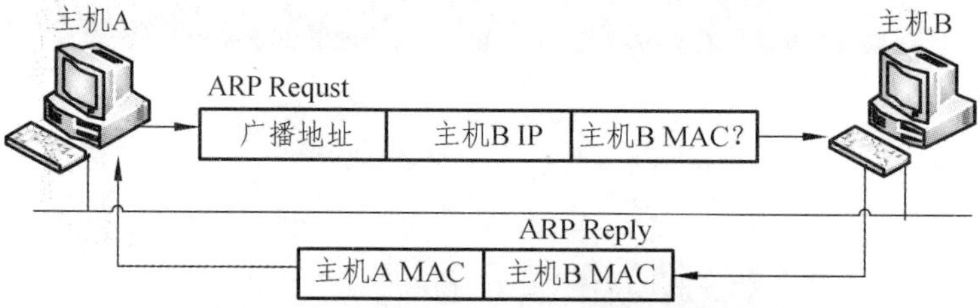

图 2-54 ARP 协议解析 IP 地址过程

（1）当主机 A 不知道主机 B 的 MAC 地址时，发送 ARP Request 广播包。

（2）主机 B 收到 ARP Request 广播包后，发现目的 IP 地址是自己，于是将自己的 MAC 地址通过 ARP Reply 包送回主机 A，同时主机 B 将广播包中主机 A 的 IP 地址和 MAC 地址对存入本地的 ARP Cache 中以备后用，网上其他主机不做响应。

（3）主机 A 收到 ARP Reply 包后将包中主机 B 的 IP 地址和 MAC 地址对存入本地 ARP Cache 中，并开始向主机 B 发送数据。

主机 A 与 B 各自建立好自己的 ARP 地址表后，再次通信就不用发广播包了，而是根据地址表的对应关系直接进行数据包的封装和发送。

复习思考题

1. 简述 IP 地址的概念和结构。

2. 简述 IPv4 地址的分类。

3. 以 C 类 IPv4 地址 192.168.1.2 为例，写出该 IP 所在网段的网络地址、主机地址、广播地址、可用主机数。

4. 子网掩码的作用是什么？

5. C 类地址的子网掩码是多少？

6. 简述回送地址的概念。

7. 简述子网划分的概念。

8. 简述子网划分的设计过程。

9. 一家公司有 4 个部门，其中市场部是计算机最多的部门，该部门有 56 台计算机，如果使用 192.168.1.0/24 网段进行组网，请问该如何划分子网？

10. 某学校有 7 个院系（语文系、数学系、英语系、物理系、化学系、计算机系、通信系），数学系最大，有计算机 60 台，化学系最小，只有 18 台计算机，其他各系都有 26 台计算机。现申请到一个 C 类地址段：192.168.1.0/24，请按要求划分子网，使每个系都满足要求，且又留有一定余量。

11. 常用的网络命令有哪些？

12. 简述 MAC 地址的作用。

项目 3

计算机网络基础

任务 3.1 计算机网络概念

计算机网络是将地理位置不同的具有独立功能的多台计算机及其外部设备通过通信线路连接起来，在网络操作系统、网络管理软件及网络通信协议的管理和协调下，实现资源共享和信息传递的计算机系统。因此，计算机网络主要由计算机系统及其终端、通信设备、通信线路、网络操作系统、网络管理软件、网络通信协议等构成。

计算机网络是一组自治计算机互联的集合。现在，计算机网络已经广泛应用在各行各业中，包括小型办公室、教育、政府和银行等行业或机构。

企业使用互联网主要用于共享打印机、文件服务器、使用 Email 实现用户间的高效协同工作等。企业的业务总是在不断地发展，对网络的需求也是在不断变化的，大型企业的网络往往跨越了多个物理区域，所以需要使用远程互联技术来连接企业总部和分支机构，使出差的员工能随时随地接入企业网络实现移动办公，以及企业的合作伙伴和客户也能够及时高效地访问企业的相应资源及工具。在实现远程互联的同时，企业还会基于数据的私密性和安全性的考虑对该技术进行选择，企业网络基本架构如图 3-1 所示。

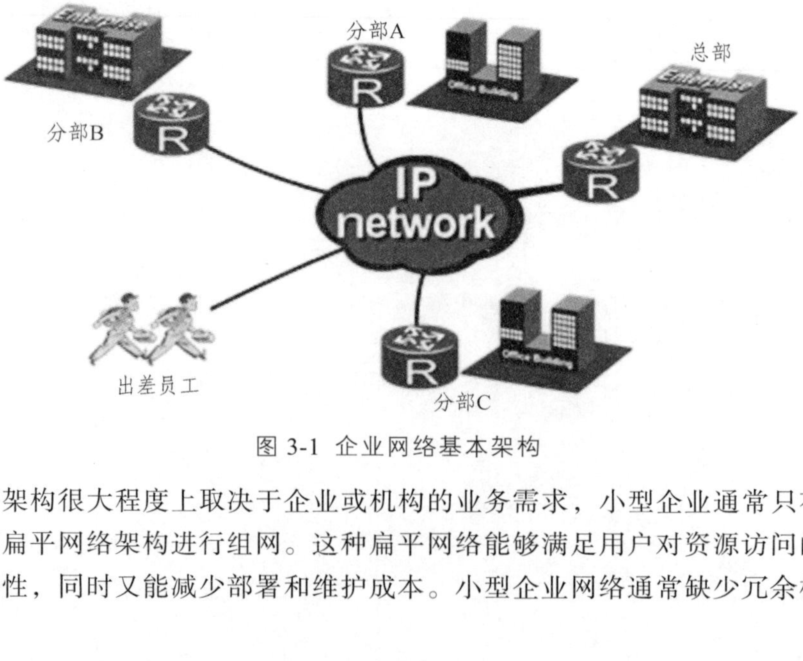

图 3-1 企业网络基本架构

企业网络架构很大程度上取决于企业或机构的业务需求，小型企业通常只有一个办公地点，一般采用扁平网络架构进行组网。这种扁平网络能够满足用户对资源访问的需求，并具有较强的灵活性，同时又能减少部署和维护成本。小型企业网络通常缺少冗余机制，可靠性不高，容易发生业务中断。

大型企业网络对业务的连续性要求很高，所以通常会通过网络冗余备份来保证网络的可用性和稳定性，从而保障企业的日常业务运营。大型企业网络也会对业务资源的访问进行控制，所以通常会采用多层网络架构来优化流量分布，并应用各种策略进行流量管理和资源访问控制，多层网络设计也使得网络易于扩展。其模块化设计能够有效实现网络隔离并简化网络维护，避免某一区域产生的故障影响到整个网络。大型企业网络架构分层结构如图 3-2 所示，其一般分为核心层、汇聚层、接入层。

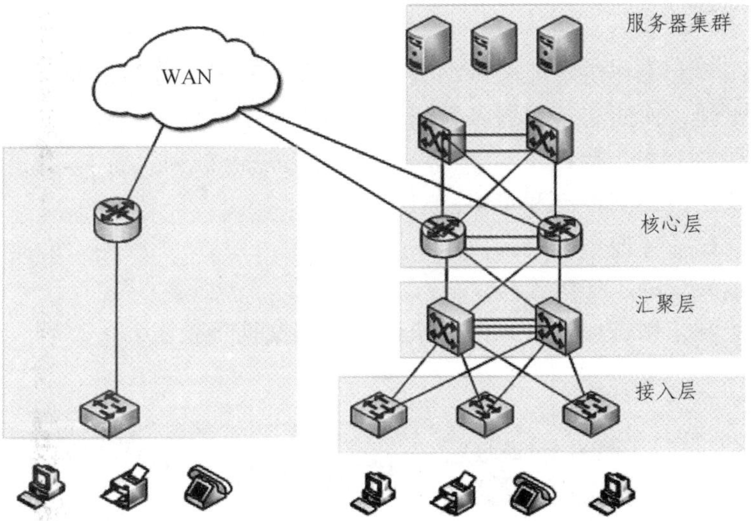

图 3-2 大型企业网络架构

3.1.1 核心层

顾名思义，核心层是网络的核心，位于层次结构顶端，负责快速而可靠地传输大量的数据流。网络核心层的唯一目标是尽可能快地交换数据流。在核心层传输的数据流是大多数用户共享的，然而用户数据是在汇聚层处理的，该层在必要时将请求转发到核心层。如果核心层出现故障，所有用户都将受影响，因此核心层容错是个大问题。穿越核心层的数据流可能很大，因此速度和延迟是重要的考虑因素。

3.1.2 汇聚层

它是接入层和核心层之间的通信点。汇聚层的主要功能是提供路由选择、过滤和 WAN 接入，以及在必要时确定如何让分组进入核心层。汇聚层必须确定处理网络服务请求的最快方式，例如如何将文件请求转发给服务器。确定最佳路径后，汇聚层将在必要时将请求转发给核心层，然后核心层将请求快速转发给正确的服务。汇聚层是实现网络策略的地方，在这里，用户可相当灵活地指定网络的运行方式。

下面几项操作通常应该在汇聚层执行：

（1）路由选择。
（2）实现工具（如访问列表）、分组过滤和排队。
（3）实现安全性和网络策略，包括地址转换和防火墙。
（4）在路由选择协议之间重分发，包括静态路由。
（5）在 VLAN 之间路由以及其他支持工作组的功能。
（6）定义广播域和组播域。

3.1.3 接入层

接入层控制用户和工作组对互联网络资源的访问，有时也称为桌面层。大多数用户需要的网络资源位于本地，而所有远程服务数据流都由汇聚层处理。

下面是接入层的一些功能：
（1）延续汇聚层的访问控制和策略。
（2）建立独立的冲突域（网络分段）。
（3）提供到汇聚层的工作组连接。
（4）接入层经常采用吉比特以太网和快速以太网交换等技术。

任务 3.2 计算机网络拓扑

计算机网络可根据实际应用需要连成多种拓扑结构，典型的拓扑结构有 5 种：总线型、环形、星形、树形、网状型。但是随着计算机技术的发展，有些组网的拓扑在计算机网络里面已经基本上不再使用，但是作为网络的基础我们有必要进行一定的了解。

3.2.1 总线型拓扑结构

总线结构通常采用广播式信道，所有站点都通过相应的硬件接口直接连到这一公共传输媒体上，该公共传输媒体称为总线。任何一个站点发送的信号都沿着传输媒体传播，而且能被所有其他站点所接收，如图 3-3 所示。

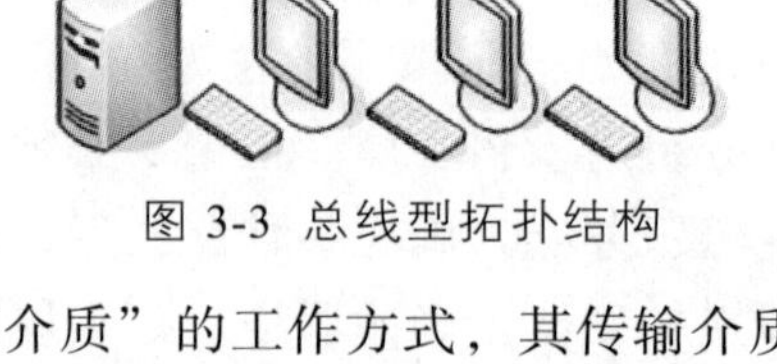

图 3-3 总线型拓扑结构

传统的局域网采用“共享介质”的工作方式，其传输介质是共享的，各节点都可以利用总线发送数据，且网中没有控制中心，若两个或多个节点同时发送数据将不可避免地产生“冲突”，如图 3-4 所示。

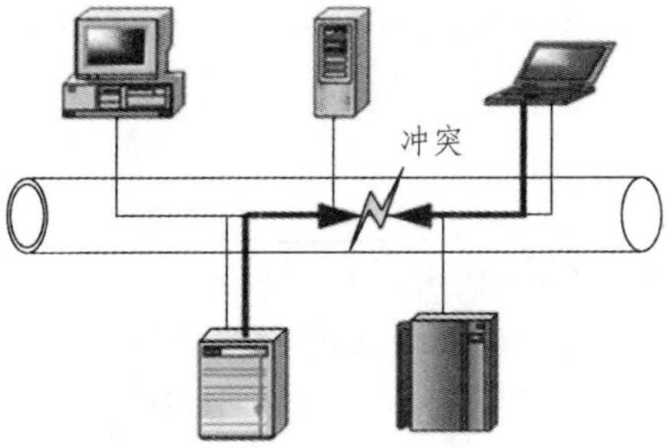

图 3-4 总线型拓扑冲突产生

为了尽量避免“冲突”的发生，解决“冲突”发生时产生的问题，网络中的所有节点都参与对共享介质的访问控制。

总线型拓扑结构的优点：①所需要的电缆数量少，成本较低；②结构简单，组网容易，网络扩展方便；③多个节点共用一条传输信道，信道利用率高。缺点：①总线型传输距离有限，通信范围受到限制；②故障的诊断和隔离比较困难；③由于信道共享，连接的节点不宜过多，总线自身的故障可以导致系统的崩溃。

适用场合：对实时性要求不高的环境，组网成本要求极低的场景。

3.2.2 环形拓扑结构

环形拓扑结构以一个共享的环形信道连接所有设备。在环形拓扑中，信号会沿着环形信道按一个方向传播，并通过每台计算机，而每台计算机会对信号进行放大后传给下一台计算机。环路上任何节点均可以请求发送信息，请求一旦被批准，便可以向环路发送信息。环形网中的数据可以是单向也可是双向传输，如图 3-5 所示。

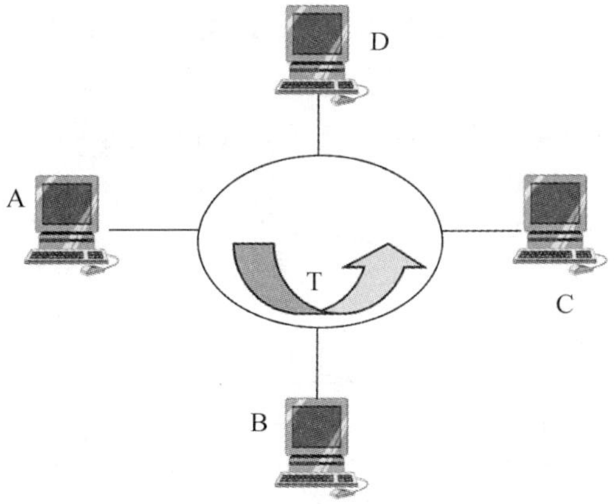

图 3-5 环形拓扑结构

环形拓扑结构的优点：①电缆长度短；②扩充方便，增减节点容易；③可使用光纤，光纤的传输速率很高，十分适合环形拓扑的单方向传输；④传输信息的时间是固定的，从而便于实时控制。缺点：①节点的故障会引起全网故障；②故障检测困难，因为不是集中控制，故障检测需在环上各个节点进行；③节点过多时，影响传输效率。

环形拓扑典型的应用有：令牌环网、FDDI（Fiber Distributed Data Interface，光纤分布式数据接口网）。

1. 令牌环网

令牌环网是 IBM 公司于 20 世纪 70 年代开展的，现在已很少使用。在老式的令牌环网中，数据传输速度为 4 Mb/s 或 16 Mb/s，新型的快速令牌环网速度可达 100 Mb/s。

令牌环网的媒体接入控制机制采用的是分布式控制模式的循环方法。在令牌环网中有一个令牌（Token）沿着环形总线在入网节点计算机间依次传递，如图 3-6 所示。

令牌实际上是一个特殊格式的帧，本身并不包含信息，仅控制信道的使用，确保在同一时刻只有一个节点能够独占信道。当环网上节点都空闲时，令牌绕环网行进。节点计算机只有取得令牌后才能发送数据帧，因此不会发生碰撞。由于令牌在环网上是按顺序依次传递的，因此对所有入网计算机而言，访问权是公平的。

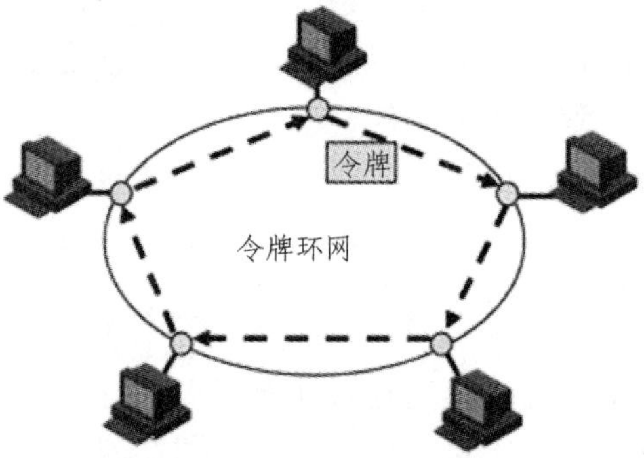

图 3-6 令牌环网原理

2. FDDI 光环网

由光纤构成的 FDDI 网，其基本结构为逆向双环。一个环为主环，另一个环为备用环；一个顺时针传送信息，另一个逆时针传送信息。当主环上的设备失效或光缆发生故障时，通过从主环向备用环的切换可继续维持 FDDI 的正常工作，这种故障容错能力是其他网络所没有的，图 3-7 所示为 FDDI 光环网示意图。

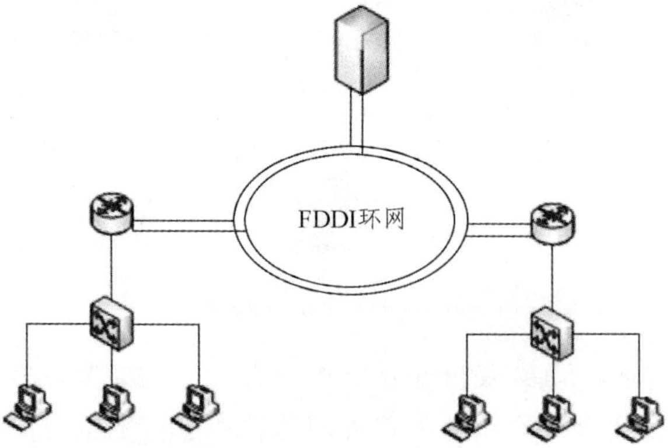

图 3-7 FDDI 光环网

FDDI 使用了比令牌环更复杂的方法访问网络。和令牌环一样，其也需在环内传递一个令牌，而且允许令牌的持有者发送 FDDI 帧。和令牌环不同，FDDI 网络可在环内传送几个帧。这可能是由于令牌持有者同时发出了多个帧，而非在等到第一个帧完成环内的一圈循环后再发出第二个帧。

令牌接受了传送数据帧的任务以后，FDDI 令牌持有者可以立即释放令牌，把它传给环内的下一个站点，无须等待数据帧完成在环内的全部循环。这意味着，第一个站点发出的数据帧仍在环内循环的时候，下一个站点可以立即开始发送自己的数据。FDDI 用得最多的是作为校园环境的主干网，这种环境的特点是站点分布在多个建筑物中。FDDI 也常常被划分在城域网（MAN）的范围。

3. 星形拓扑结构

星形拓扑结构是目前应用最广泛、实用性最好的一种拓扑结构，它容易实现网络的扩展和维护，现在大量应用于以太局域网中。

每个节点都由一个单独的通信线路连接到中心节点上，中心节点控制全网的通信，任何两台计算机之间的通信都要通过中心节点来转接。因此，中心节点是网络的瓶颈。如图 3-8 所示为典型的星形拓扑结构，中心节点为交换机。要注意的是如果中心节点采用 Hub（集线器）来组网的话，那么网络拓扑应该是物理上为星形结构但逻辑上为总线结构，如图 3-9 所示。

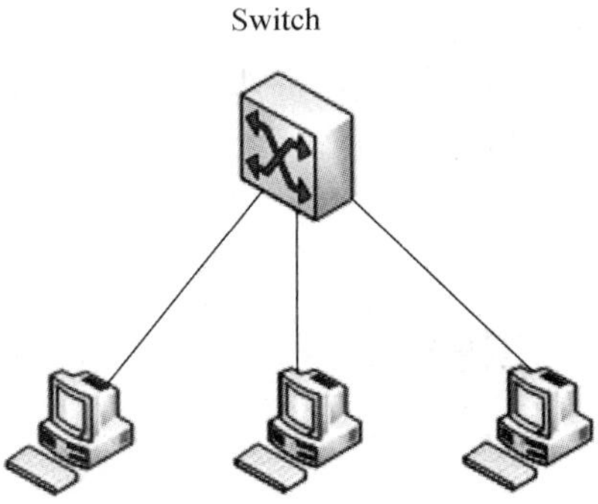

图 3-8 星形拓扑结构

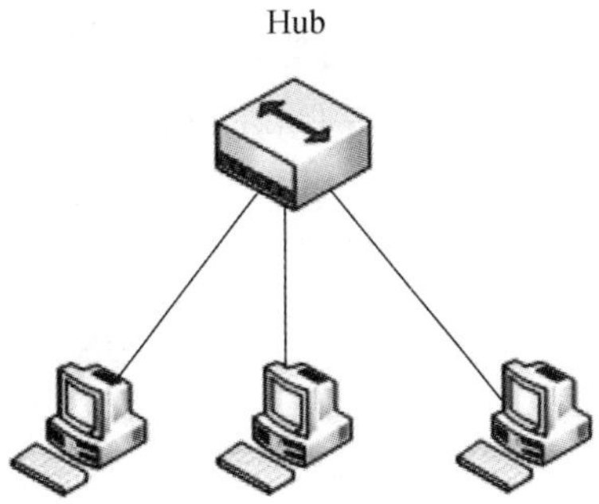

图 3-9 采用 Hub 的星形网

星形拓扑结构的优点：①结构简单，便于管理和维护，而且扩展性强；②网络延迟时间较小，传输误差低；③在同一网段内支持多种传输介质；④除非中央节点故障，否则网络不会轻易瘫痪；⑤每个节点直接连到中央节点，故障容易检测和隔离。缺点：①安装和维护的费用较高；②共享资源的能力较差；③一条通信线路只被该线路上的中央节点和边缘节点使用，通信线路利用率不高；④对中央节点要求相当高，一旦中央节点出现故障，则整个网络将瘫痪。因此，为了增强网络可靠性，应采用容错系统，设立热备用中心节点。

4. 树形拓扑结构

树形拓扑可以认为是由多级星形结构组成的，只不过这种多级星形结构自上而下呈三角形分布的。树的最下端相当于网络中的边缘层，树的中间部分相当于网络中的汇聚层，而树的顶端则相当于网络中的核心层。它采用分级的集中控制方式，其传输介质可有多条分支，但不形成闭合回路，每条通信线路都必须支持双向传输，如图 3-10 所示。

树形拓扑的优点：①易于扩展，这种结构可以延伸出很多分支和子分支，这些新节点和新分支都能容易地加入网内；②故障隔离较容易，如果某一分支的节点或线路发生故障，很容易将故障分支与整个系统隔离开来。树形拓扑的缺点：各个节点对根的依赖性太大，如果根发生故障，则全网不能正常工作。

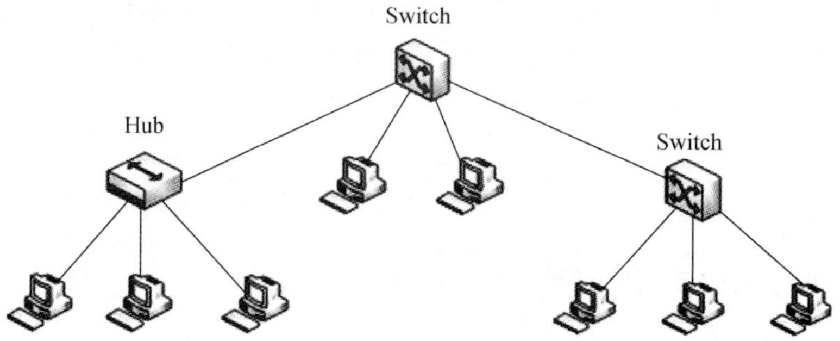

图 3-10 树形拓扑结构

5. 网状型拓扑结构

网状型拓扑结构的特点是节点的用户数据可以选择多条路由通过网络，如图 3-11 所示。这种结构在大型网络的核心层有一定应用，但在网络的接入层一般很少出现。它的优点是不受瓶颈问题和失效问题的影响，原因在于节点之间有许多条路径相连，可以为数据流的传输选择适当的路由，从而绕过失效的节点或过忙的节点。虽然这种结构比较复杂，成本也比较高，提供上述功能的网络协议也较复杂，但由于它的可靠性高仍然受到用户的欢迎。

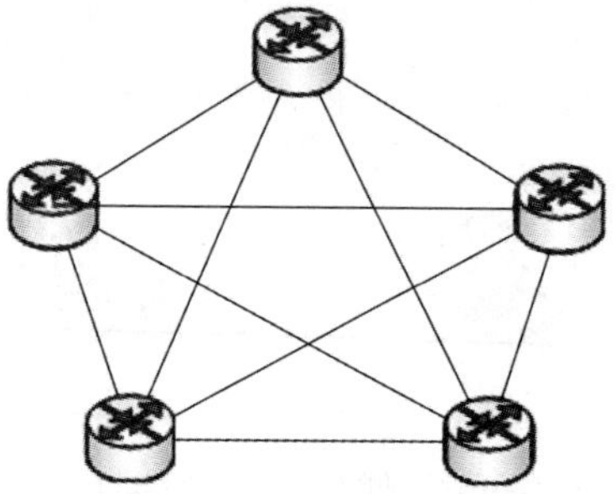

图 3-11 网状型拓扑结构示意图

任务 3.3 计算机网络分类

计算机网络就是通信线路和通信设备将分布在不同地点的具有独立功能的多个计算机系统互相连接起来，在网络软件的支持下实现彼此之间的数据通信和资源共享的系统。

3.3.1 按地理范围分类

通常根据网络覆盖范围和计算机之间互联的距离将计算机网络分为三类：局域网、城域网、广域网。

局域网是一种在有限的地理范围内构成的规模相对较小的计算机网络，其覆盖范围通常小于 20 km。例如一座大楼或者一个校园网都属于局域网。局域网的特点：计算机之间分布距离近、组网成本低、组网方便灵活、数据间传输灵活且可靠性高等。

城域网是介于局域网和广域网之间的一种大范围高速网络。其覆盖范围一般是在一个城市或一个地区，距离从几十千米到上百千米。它通常包括若干个彼此互联的局域网，以便于在更大范围内进行信息的传输与共享。

广域网也叫作远程网，它的作用范围最大，一般可以从几十千米至几万千米。一个国家或国际范围建立的网络都是广域网。

3.3.2 按拓扑结构分类

按拓扑结构，计算机网络可分为总线型、星形、树形、环形、网状型 5 种拓扑结构的网络。

3.3.3 按传输介质分类

目前常用的传输介质有同轴电缆、双绞线、光纤、卫星、微波等有线传输和无线传输介质，相应的网络就分别称为同轴电缆网、双绞线网、光纤网、卫星网、无线网等。

3.3.4 按通信协议分类

通信协议是通信双方共同遵守的规则或约定。不同的网络采用不同的通信协议，例如，局域网中的以太网采用 CSMA/CD 协议，令牌环网采用令牌环协议；广域网中的分组交换网采用 X.25 协议，Internet 网则采用 TCP/IP 协议。

3.3.5 按带宽速率分类

根据传输速率可分为低速网、中速网和高速网。根据网络的带宽可分为基带网（窄带网）和宽带网。

3.3.6 按交换方式分类

按交换方式可分为线路交换网络（Circuit Switching）、报文交换网络（Message Switching）和分组交换网络（Packet Switching）。

线路交换最早出现在电话系统中，早期的计算机网络就是采用此方式来传输数据的，数字信号经过变换成为模拟信号后才能在线路上传输。

报文交换是一种数字化网络。当通信开始时，源主机发出的一个报文被存储在交换器里，交换器根据报文的目的地址选择合适的路径发送报文，这种方式称为存储-转发方式。

分组交换也采用报文传输，但它不是以不定长的报文作为传输的基本单位，而是将一个长的报文划分为许多定长的报文分组，以分组作为传输的基本单位。这不仅大大简化了对计算机存储器的管理，而且也加速了信息在网络中的传播速度。

实作 3.1 认识计算机机房的网络

一、实作目的

（1）认识常见的计算机机房网络设备并了解其功能。

（2）认识计算机机房的网络拓扑结构。

（3）认识计算机机房的传输介质。

二、实作环境

某学校计算机机房示意图如图 3-12 所示，图 3-13 所示为交换机端口示意图。

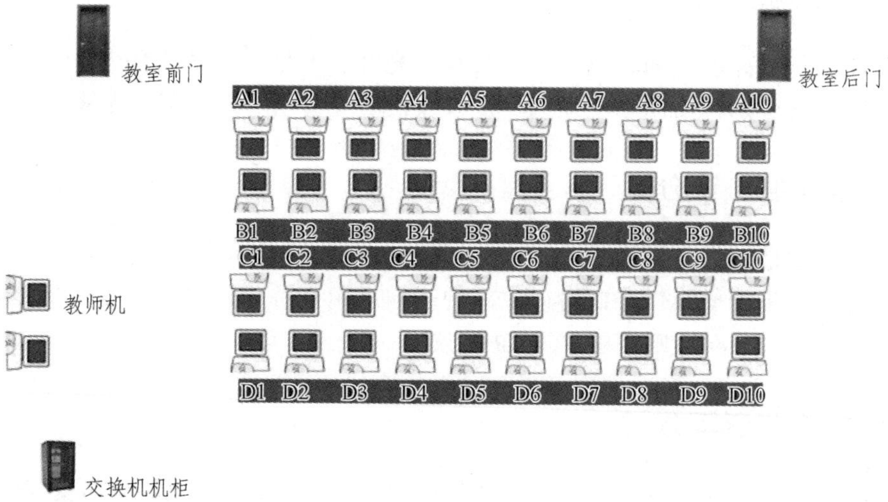

图 3-12 计算机机房示意图

图 3-13 交换机端口示意图

注：①交换机共有 48 个端口。

②交换机端口对应字符代表的是相对应计算机编号所在网口。

③交换机的 44 口与 43 口是老师用教师机的网口，47 口是主网线网口。

④交换机的 48 口用于和其他交换机互联。

三、实作步骤

（一）计算机机房拓扑结构

计算机机房的拓扑结构如图 3-14 所示。

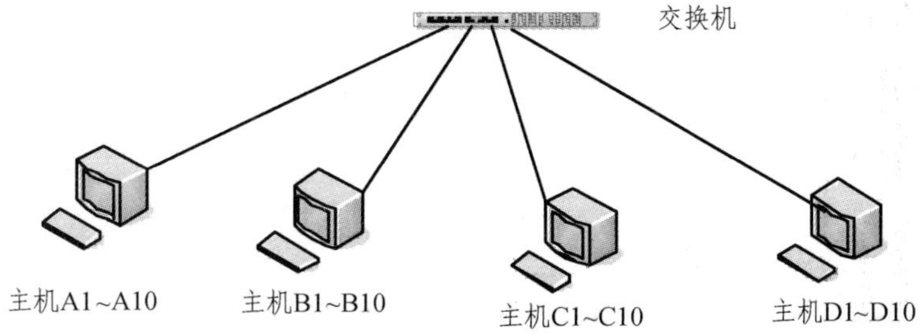

图 3-14 计算机机房拓扑图

该机房通过交换机将所有的计算机连接起来，交换机是所有计算机的中心，属于星形拓扑结构。

（二）计算机机房中的网络设备

1.交换机

它是一种基于 MAC 地址（网卡的硬件标志）识别，能够在通信系统中完成信息交换功能的设备。其工作原理可以简单地描述为“存储转发”四个字，其每一个端口都可视为独立的网段，连接在其上的网络设备独自享有全部的带宽，无须同其他设备竞争使用。

2.网络适配器

网络适配器即网卡（Network Interface Card，NIC），它是构成计算机局域网络系统中最基本的、最重要的以及必不可少的连接设备。计算机主要通过网卡接入局域网络，网卡的接口类型有 RJ-45、BNC、AUI、SC、ST 等。

3.教师机、学生机

通常为 PC 机。

（三）传输介质

双绞线：构建计算机网络常用的介质，分为屏蔽双绞线和非屏蔽双绞线，机房一般采用非屏蔽双绞线。

四、问题与思考

（1）一个计算机机房由哪些网络设备构成？
（2）计算机机房一般采用什么拓扑结构？
（3）计算机和交换机之间采用什么传输介质？

实作 3.2 认识校园网络

一、实作目的

（1）认识校园网络设备，了解各种网络设备的用途。
（2）认识校园网的拓扑结构。

二、实作内容

（1）学习各设备的用途。
（2）画出校园网络拓扑结构图，理解网络连接情况。

三、实作步骤

（一）校园网拓扑结构

某校园网拓扑结构如图 3-15 所示。

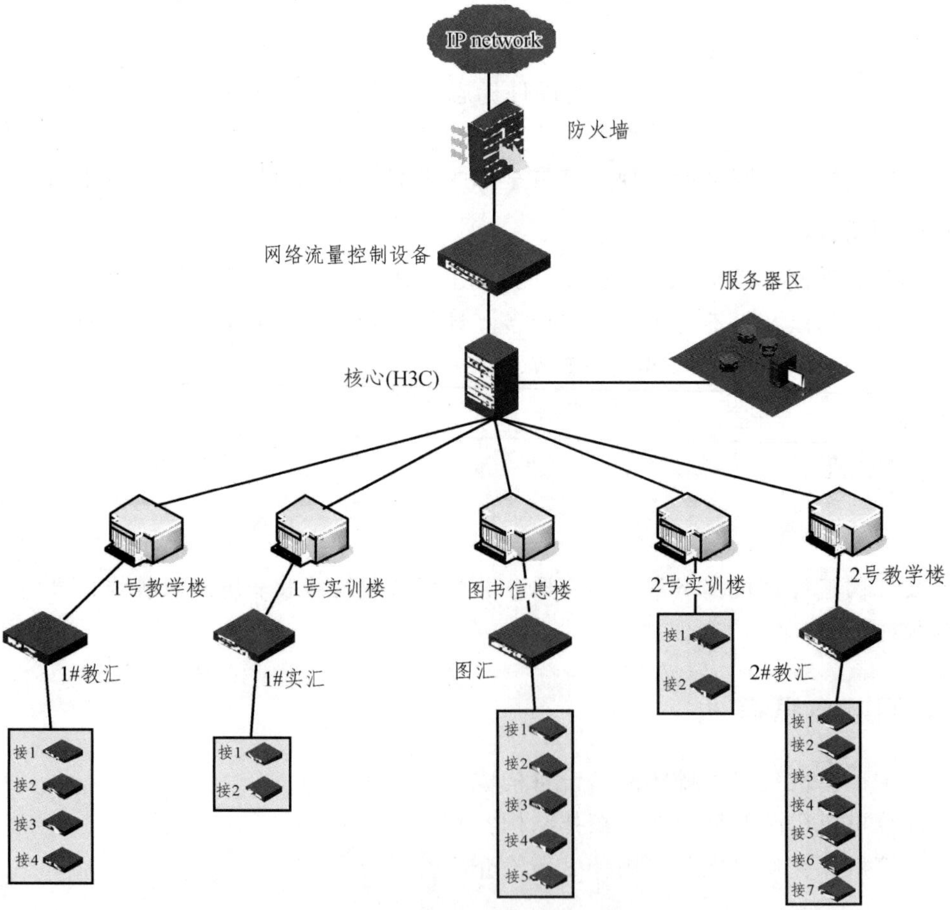

图 3-15 某学校校园网拓扑图

该校校园网拓扑结构采用树形拓扑结构，各接口交换机通过汇聚交换机连接到核心交换机，各计算机通过接口交换机接入网络。

（二）校园网网络设备

1.服务器

服务器是整个校园网络系统的核心，它通过运行网络操作系统及在网络环境下运行相应的应用软件，为网络用户提供共享信息资源和各种服务并管理整个网络。

2.交换机

交换机是校园网中完成信息交换功能的设备。

通常将网络中直接面向用户连接或访问网络的部分称为接入层，将位于接入层和核心层之间的部分称为分布层或汇聚层。接入交换机一般用于直接连接 PC，汇聚交换机一般用于楼宇间。汇聚相当于一个局部或重要的中转站，核心相当于一个出口或汇总。

（1）接入层的目的是允许终端用户连接到网络，因此接入层交换机具有低成本和高端口密度特性。接入交换机是最常见的交换机，它直接与主机联系，使用最广泛，尤其是在一般办公室、小型机房和业务受理较为集中的业务部门、多媒体制作中心、网站管理中心等部门。在传输速度上，现代接入交换机大都提供多个具有 10M/100M/1000M 自适应能力的端口。

（2）汇聚层交换机是多台接入层交换机的汇聚点，它必须能够处理来自接入层设备的所有通信量，并提供到核心层的上行链路，因此汇聚层交换机与接入层交换机相比较，需要更高的性能、更少的接口和更高的交换速率。

（3）核心层交换机的主要目的在于通过高速转发数据，提供可靠的骨干传输结构，因此核心层交换机应拥有更高的可靠性、性能和吞吐量。

3.防火墙

一种高级访问控制设备，是置于不同网络安全域之间的一系列部件的组合，作为不同网络安全域间通信流的唯一通道，能根据企业有关的安全政策控制（允许、拒绝、监视、记录）进出网络的访问行为。

4.网络流量控制设备

其又叫作带宽管理器，基本功能非常简单，就是根据应用和用户进行带宽的分配与监控。

四、问题与思考

（1）校园网采用的交换机分为哪些层次，各层的作用是什么？

（2）一个最小型的校园网必须有哪些网络设备？

任务 3.4 网络中的传输介质

传输介质是通信网络中发送方和接收方之间的物理通路，计算机网络中的传输介质可分为有线传输介质和无线传输介质两大类。

3.4.1 有线传输介质

有线传输介质按介质种类可分为三种：双绞线、同轴电缆、光纤。

1. 双绞线

双绞线是把两条互相绝缘的铜导线扭绞起来组成的一条通信线路，它既可以减小流过电流所辐射的能量，也可以防止来自其他通信线路上信号的干扰。双绞线的线路损耗较大、传输速率低，但价格便宜、容易安装，常用于对通信速率要求不高的网络连接中。

双绞线可分为屏蔽双绞线（Shielded Twisted Pair，STP）和非屏蔽双绞线（Unshielded Twisted Pair，UTP），实物如图 3-16 所示。屏蔽双绞线在双绞线与外层绝缘封套之间有一个金属屏蔽层，可以屏蔽电磁干扰。双绞线有很多种类型，不同类型的双绞线所支持的传输速率一般也不相同。例如，3 类双绞线支持 10 Mb/s 传输速率；5 类双绞线支持 100 Mb/s 传输速率，满足快速以太网标准；超 5 类双绞线及更高级别的双绞线支持千兆以太网传输。双绞线使用 RJ-45 接头连接网络设备，为保证终端能够正确收发数据，RJ-45 接头中的针脚必须按照一定的线序排列。

（a）屏蔽双绞线

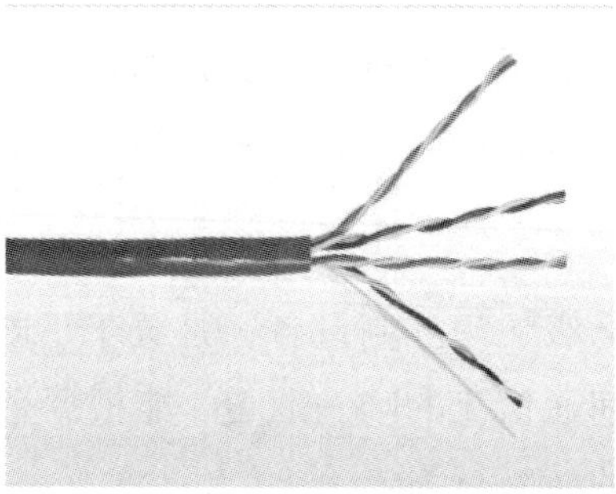

（b）非屏蔽双绞线

图 3-16 双绞线

双绞线技术标准是由美国通信工业协会的 EIA/TIA-568A 或 EIA/TIA-568B 定义的，具体内容如表 3-1 所示。类线数字越大，版本越新，带宽越大，性能越好，当然价格更贵。

表 3-1 EIA/TIA-568A 标准

线缆类别	标准名称	带宽	传输速率	用途
1 类线	568A			电话语音通信
2 类线	568A/ISO2 类 A 级	1 MHz	4 Mb/s	令牌总线网

续表

线缆类别	标准名称	带宽	传输速率	用途
3 类线	568A/ISO3 类 B 级	16 MHz	10 Mb/s	10Base-T 以太网（UTP）
4 类线	568A/ISO4 类 C 级	20 MHz	16 Mb/s	令牌环网（UTP）
5 类线	568A/ISO5 类 D 级	100 MHz	100 Mb/s	快速以太网
超 5 类线	568A/ISO5 类 D 级	100 MHz	100 Mb/s	快速以太网
6 类线	568A/ISO6 类 E 级	200~500 MHz	1000 Mb/s	千兆以太网
7 类线	568A/ISO7 类 F 级	500 MHz	10 Gb/s	万兆以太网（STP）

568A 的线序排列从左到右依次为：白绿、绿、白橙、蓝、白蓝、橙、白棕、棕；568B 的线序排列从左到右依次为：白橙、橙、白绿、蓝、白蓝、绿、白棕、棕，如图 3-17 所示。利用 568A 和 568B 可以制作两类双绞线，分别是直通线和交叉线。交叉线是指一端是 568A 标准，另一端是 568B 标准的双绞线。直通线则是两端都是 568A 或都是 568B 标准的双绞线。

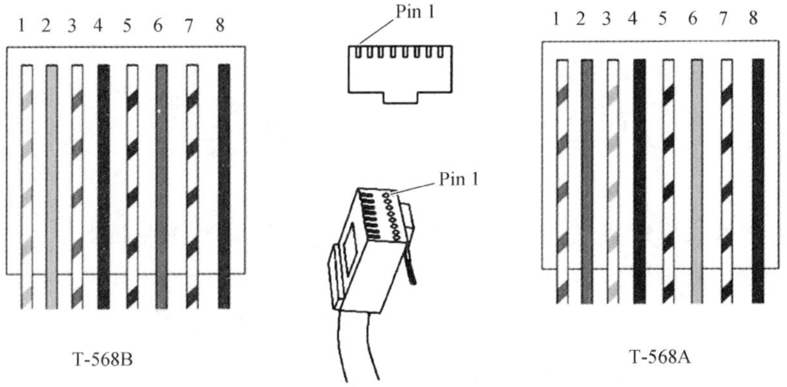

图 3-17 568A、568B 线序

选择使用直通线还是交叉线，取决于连接设备的情况。同种设备间用交叉线，异种设备间用直通线。例如，PC 与 PC、交换机与交换机是通过交叉线来连接的；PC 与交换机、交换机与路由器、PC 与路由器是通过直通线来连接的。

不过现在的网络设备都支持自动适配接口类型功能，所以不管是直通线还是交叉线，都可以正常使用。目前一般的网络设备和终端连接两头都是用的 T568B 规范来制作网线，T568A 只用在某些特殊场合（如两台计算机网卡互联，需要制作一头 T568A，一头 T568B 的交叉联机线）。

2. 同轴电缆

同轴电缆由四层介质组成。最内层的中心导体层是铜，导体层的外层是绝缘层，再向外一层是起屏蔽作用的导体网，最外一层是表面的保护皮。同轴电缆频带宽、损耗小，具有比双绞线更强的抗干扰能力和更好的传输性能，但布线要求技术较高，成本较贵。按特性阻抗值不同，同轴电缆可分为基带（用于传输单路信号，50 Ω）和宽带（用于同时传输多路信号，75 Ω）两种。同轴电缆是目前 LAN 局域网与有线电视网中普遍采用的比较理想的传输介质，其结构如图 3-18 所示。

图 3-18　同轴电缆

3. 光纤

目前在计算机网络中十分流行使用易弯曲的石英玻璃纤维作为传输介质，它以介质中传播的光波（光脉冲信号）为信息载体，因此，我们称之为光导纤维（Optical Fiber），简称光纤。光纤的内部结构如图 3-19 所示。

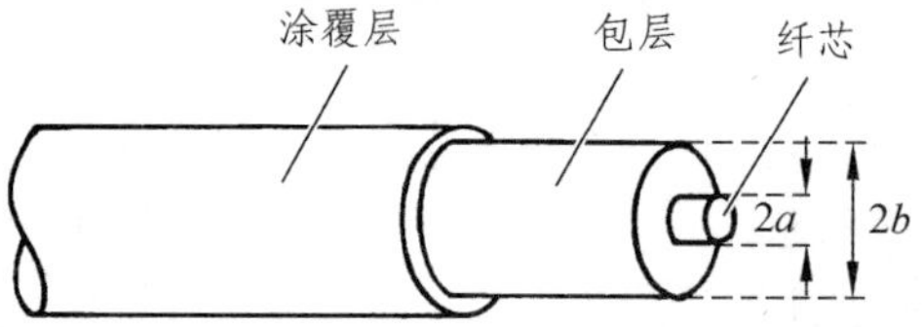

图 3-19 光纤基本结构图

虽然光纤的基本结构形式都如图 3-19 所示，但光纤的分类标准非常多，主要可以从工作波长、折射率分布、传输模式、原材料和制造方法进行，下面介绍两类主要的分类标准。

1）按传输模式分类

根据传输模式，光纤可分为单模光纤和多模光纤两类。单模光纤的纤芯直径较小，约为 8~ 10μm，只用来传输一种模式光，波长通常为 1.33μm 或 1.55μm。由于单模光纤只传输基模，从而完全避免了模式色散，使传输带宽大大加宽，因此它适用于大容量、长距离的光纤通信。多模光纤可以同时传输几种模式的光信号，纤芯直径较粗（50μm 或 62.5μm）。由于模式色散的存在使多模光纤的带宽变窄，损耗较大，主要适合于短距离传输。但多模光纤制造、耦合、连接过程都比单模光纤容易。

2）按纤芯折射率分类

按照纤芯折射率，光纤可分为阶跃型光纤和渐变型光纤。

4. 光缆

光缆是由一定数量的光纤按照一定方式组成缆芯，外包有护套，有的还包覆外护层，即由光纤经过一定的工艺而形成的线缆。光缆一般由缆芯、加强钢丝、填充物和护套等几部分组成，另外，根据需要还有防水层、缓冲层、绝缘金属导线等构件。光缆实物外观如图 3-20 所示。

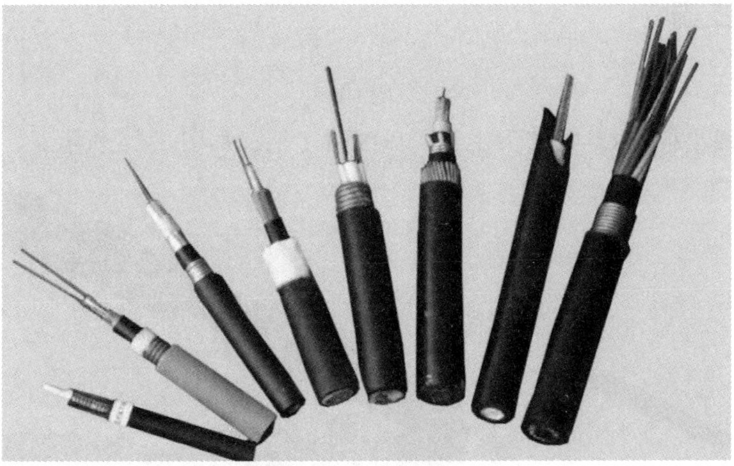

图 3-20 光缆实物图

3.4.2 无线传输介质

无线传输介质不使用物理导体来传输信号，而是将信号以电磁波形式在空间中传播。无线传输介质主要有无线电波、红外线、微波、卫星等。在局域网中通常使用无线电波和红外线作为传输介质。

无线传输的优点在于安装、移动以及变更都较容易，不会受到环境的限制。但信号在传输过程中容易受到干扰且容易被窃取而导致安全性不高，而且初期的安装费用较高。

实作 3.3 非屏蔽双绞线的制作与测试

一、实作目的

（1）掌握 T568A、T568B 标准规定的线序。

（2）掌握直通线与交叉线的制作。

（3）掌握网线测试的简单方法。

二、实作器材

非屏蔽双绞线、RJ-45 水晶头、压线钳、电缆测试仪。

三、实作内容

（1）在非屏蔽双绞线上压制 RJ-45 接头。

（2）制作直通线和交叉线。

（3）使用电缆测试仪测试网线的连通性。

四、实作步骤

（一）准备工作

非屏蔽双绞线 1 根，RJ-45 接头 1 个，压线钳 1 把，如图 3-21 所示。

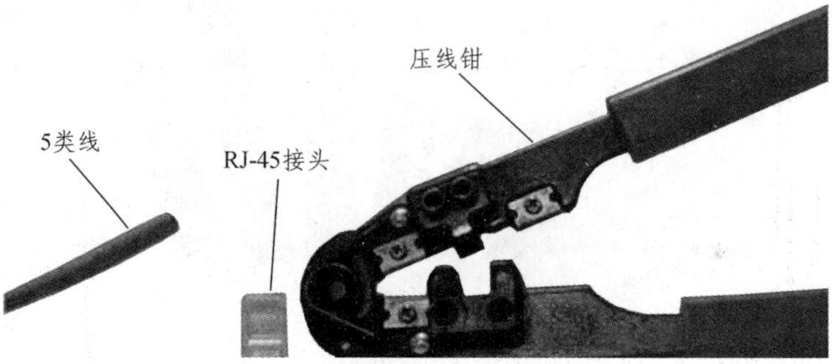

图 3-21　准备工作

（二）剥线

利用压线钳在电缆一端将其外皮剥去约 2 ~ 3 cm，露出里面的 4 个线对。注意剥线时要控制力度，不要伤到里面的线对。其次不要将外皮剥去过多，满足要求即可，如图 3-22 所示.

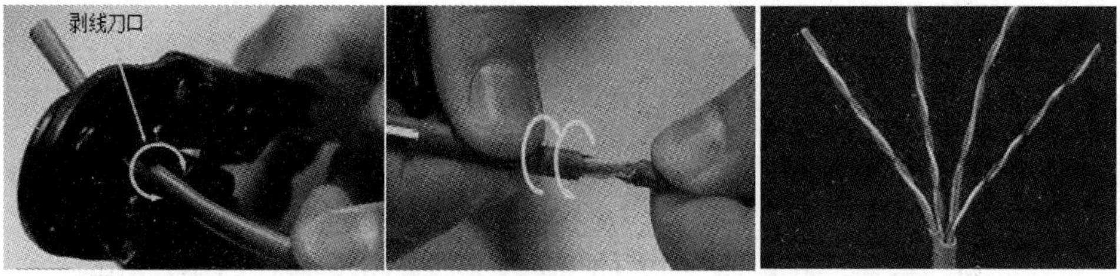

图 3-22　剥线过程

（三）按标准线序排列

将 4 对线对分离，依次解开缠绕的线对，并将其弄平直，按照 T568A 或 T568B 标准线序排列整齐，图 3-23 所示为 T568B 线序。

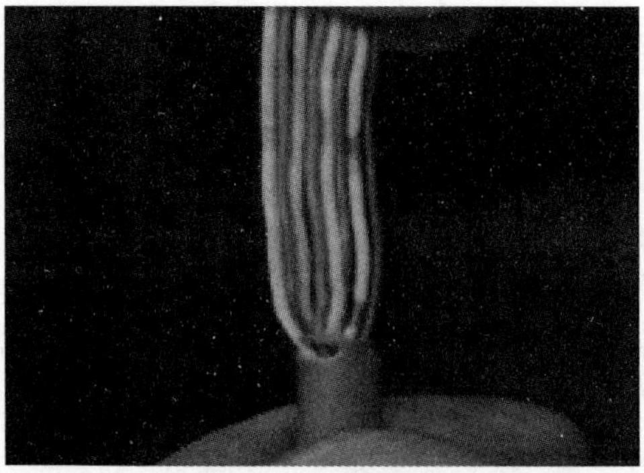

图 3-23　按 568B 线序排列

（四）剪齐线头

将 8 条线排成一排后，保持电缆的线序和平整性，用压线钳的切线口剪齐线头，并注意留下约 1.4 cm 的平整电缆，如图 3-24 所示。

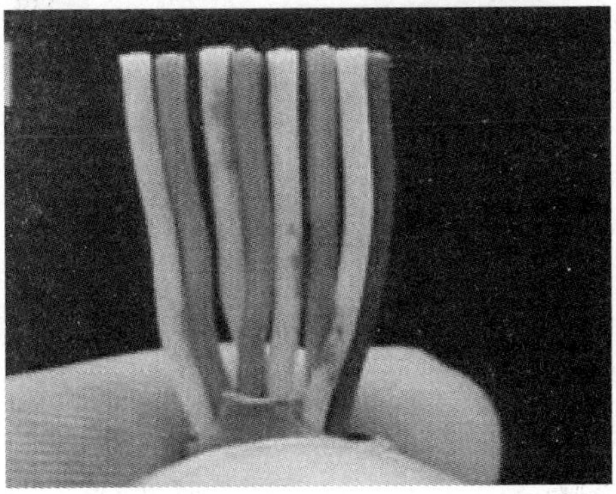

图 3-24　剪齐线头

（五）插入 RJ-45 接头

将并拢的双绞线插入 RJ-45 接头中，并小心推送到接头的顶端，推送的过程中一定要保证线序不变，如图 3-25 所示。

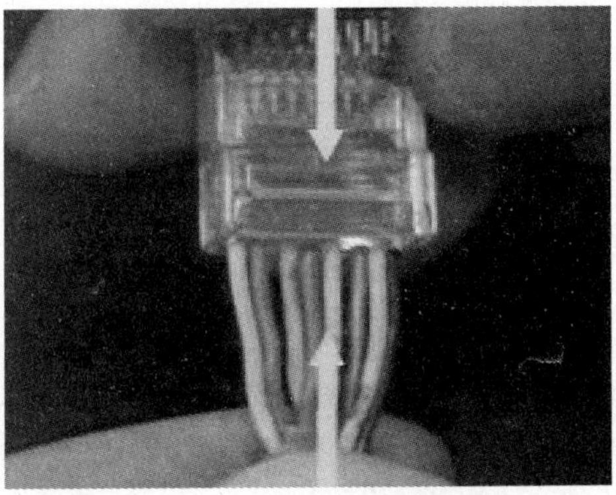

图 3-25　插入 RJ-45 接头

（六）放入压线钳的压接槽

将放入双绞线的 RJ-45 接头放入压线钳的压接槽中，通过缆线将接头推到压接槽的顶端并顶住，如图 3-26 所示。

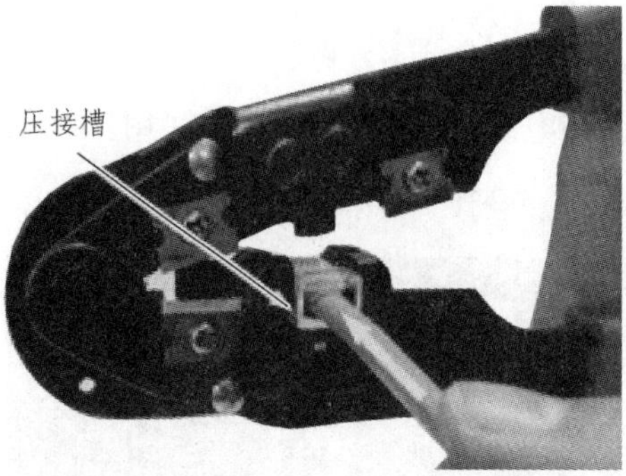

图 3-26　放入压线钳的压接槽

（七）将压线钳夹紧

用力将压线钳夹紧，并保持约 3s 的时间，然后将压线钳松开并取出 RJ-45 接头，此时可看到 RJ-45 接头的 8 只金属脚已全部插入到双绞线的 8 根线芯中，而接头的根部也有一个压块压住线缆的外皮。至此，双绞线一端的 RJ-45 接头就压制完毕，如图 3-27 所示。

用同样的方法制作另一个 RJ-45 接头，注意区分直通线和交叉线。

（八）用电缆测试仪测试电缆的连通性

1. 直通线的测试

将双绞线的一端和另外一端分别插入电缆测试仪的主模块和另一模块，检查主模块与另一模块的 8 个指示灯是否按 1-1、2-2、3-3、4-4、5-5、6-6、7-7、8-8 顺序轮流发光，如果指示灯显示正常，则直通线制作成功，否则直通线制作失败。电缆测试仪外观如图 3-28 所示。

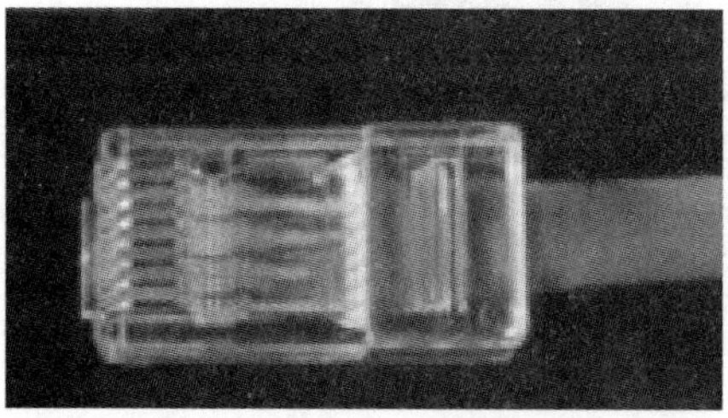

图 3-27　双绞线一端的 RJ-45 接头

图 3-28　电缆测试仪

2. 交叉线的测试

将双绞线的一端和另外一端分别插入电缆测试仪的主模块和另一模块，检查主模块与另一模块的指示灯是否按 1-3、2-6、3-1、4-4、5-5、6-2、7-7、8-8 顺序轮流发光，如果指示灯显示正常，则交叉线制作成功，否则交叉线制作失败。

五、实作检查标准

（1）直通线和交叉线是否制作合格。

（2）直通线和交叉线的测试方法是否掌握。

实作 3.4 组建小型办公室网络

一、实作情景

李某是某所职业学校的网络管理员，负责学校网络组建与维护。最近学校从老校区搬迁到新校区，基于工作的紧迫性，小李需要尽快将他们办公室的网络组建起来。该办公室共有 6 台计算机，现要将所有计算机连接成办公用网，实现办公室内计算机的相互通信，以便大家协同工作，提高工作效率。

二、拓扑分析

项目实作中涉及的计算机数量相对较少，而且需要集中控制和管理，同时考虑到未来网络的扩充，所以采用星形拓扑结构。为了避免广播干扰和数据碰撞，提高网络性能，使用交换机作为中央节点，每台计算机通过双绞线与交换机相连，具体拓扑结构如图 3-29 所示。

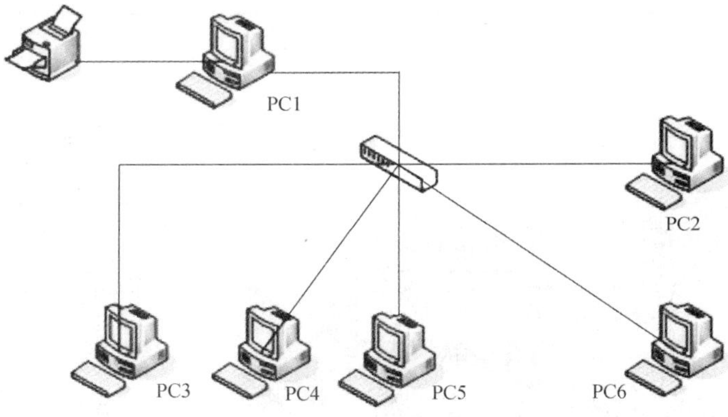

图 3-29 办公室网络拓扑图

三、实作实施

（一）连接设备

按图 3-29 所示的网络拓扑图连接设备并组建网络，注意设备连接的接口标识，计算机与交换机之间采用直通线连接，实验设备和线缆如图 3-30 所示。

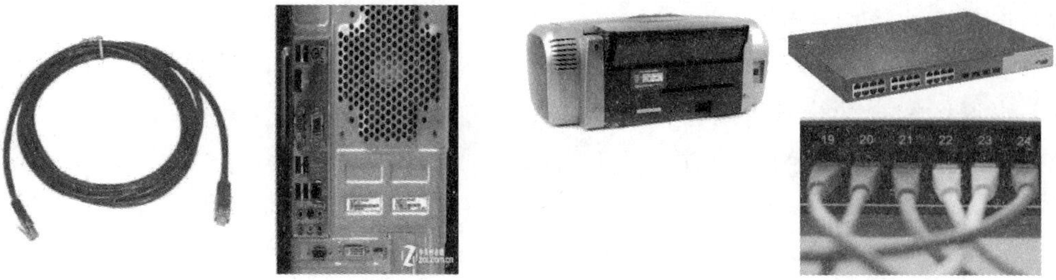

图 3-30　实验设备和线缆

（二）IP 地址规划与设置

根据部门内 IP 地址规划原则，办公室中计算机地址规划信息如表 3-2 所示。IP 地址范围：192.168.1.1 ~ 192.168.1.253，子网掩码：255.255.255.0，网关：192.168.1.254。

表 3-2　办公室中计算机地址规划信息

设备	IP 地址	子网掩码	网关	接口
PC1	192.168.1.1	255.255.255.0	192.168.1.254	E0/0/19
PC2	192.168.1.2	255.255.255.0	192.168.1.254	E0/0/20
PC3	192.168.1.3	255.255.255.0	192.168.1.254	E0/0/21
PC4	192.168.1.4	255.255.255.0	192.168.1.254	E0/0/22
PC5	192.168.1.5	255.255.255.0	192.168.1.254	E0/0/23
PC6	192.168.1.6	255.255.255.0	192.168.1.254	E0/0/24
……	……	……	……	……

（三）任务测试

（1）按照表 3-2 中的地址规划方案，分别给办公室的 6 台计算机配置 IP 地址，下面以 PC1 为例配置网络参数：

①右键单击“网上邻居”，在弹出的菜单中选择“属性”命令，如图 3-31 所示。

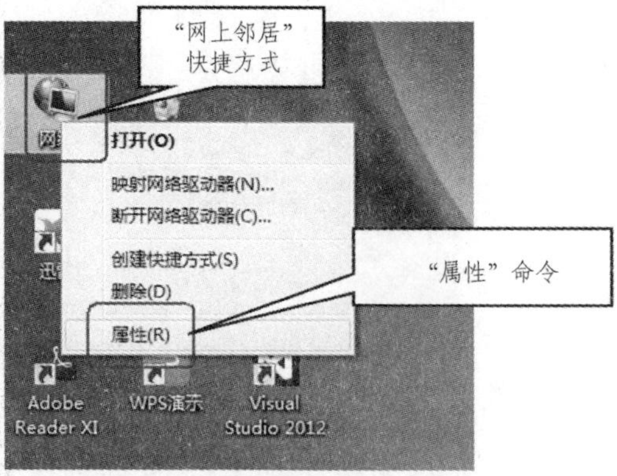

图 3-31　选择“属性”

②选择“本地连接”图标，如图 3-32 所示，单击鼠标右键，在弹出的快捷菜单中选择“属性”命令，在本地连接属性对话框中选择“Internet 协议版本 4（TCP/IPv4）”复选框，如图 3-33 所示。

图 3-32 选择本地连接

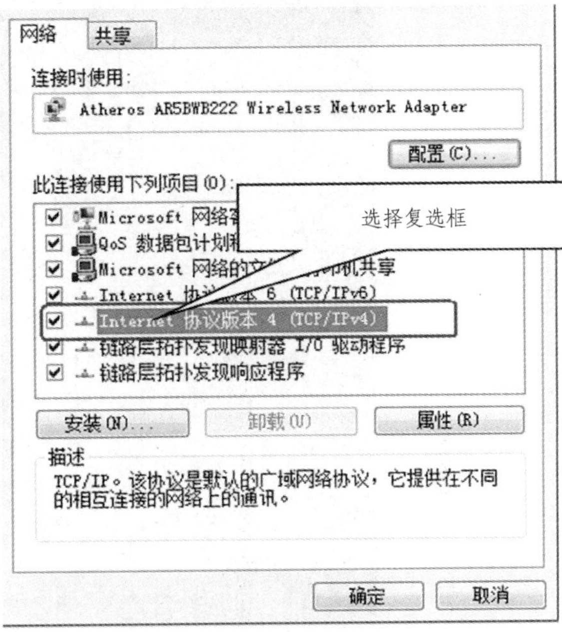

图 3-33 选择“Internet 协议版本 4（TCP/IPv4）”

③点击“属性”按钮，在“Internet 协议版本 4（TCP/IPv4）属性”对话框中设置主机 IP 地址、网关和子网掩码等参数，单击“确定”按钮，保存设置的参数，如图 3-34 所示。

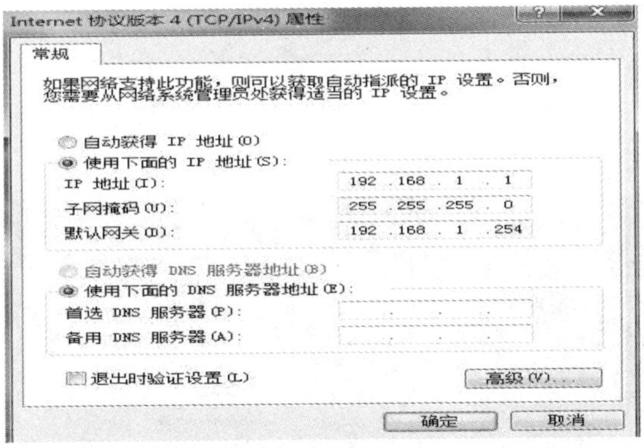

图 3-34 配置 IP 地址、网关、子网掩码

④按照同样的方法为其余 5 台计算机配置参数，IP 地址按照表 3-2 来选取。

（2）使用“ping”命令测试 PC1 与办公室中其他计算机的连通情况。

①查看 PC1 网络参数配置情况，在 PC1 的命令窗口执行命令 ipconfig/all，显示结果如图 3-35 所示。

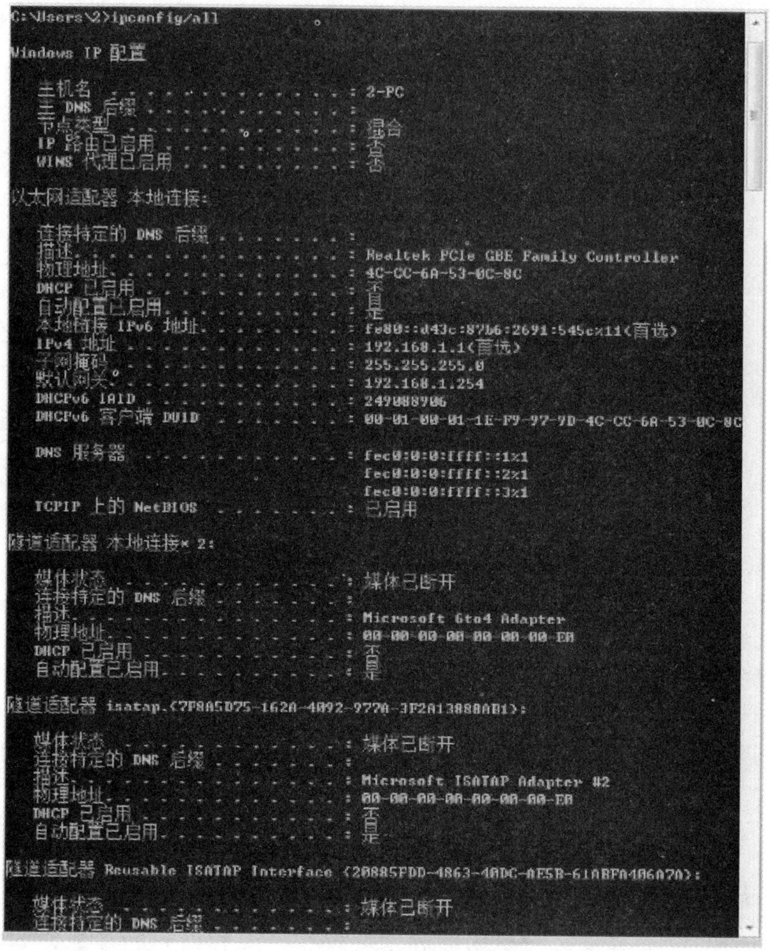

图 3-35　PC1 网络参数配置情况

②测试 PC1 到 PC2 间网络的连通性，在 PC1 的命令行窗口输入 ping 192.168.1.2 命令，结果如图 3-36 所示，表明网络连通状态良好。如果出现 Request timed out，则表示网络连接不通。其他主机之间网络连通性测试方法相同。

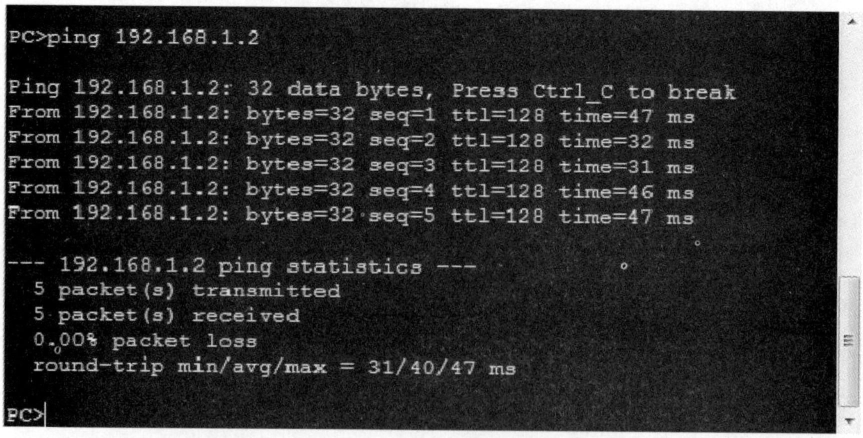

图 3-36　测试 PC1 与 PC2 之间的连通性

复习思考题

1. 简述大型企业网络架构的分层结构。
2. 计算机网络拓扑结构的概念是什么?
3. 典型的网络拓扑结构有哪些，简述其各自优缺点。
4. 简述环形拓扑结构的应用。
5. 计算机网络按照地理范围分类是什么?
6. 计算机网络按照交换方式分类是什么?
7. 简述计算机机房的网络设备及功能。
8. 简述校园网络设备及功能。
9. 有线传输介质按照其种类分类是什么?
10. 简述直通线和交叉线的区别和联系。
11. 写出 568A、568B 线序规则。
12. 简述非屏蔽双绞线的制作与测试的步骤。

交换式局域网组建

任务 4.1 了解以太网组网技术

以太网是一种计算机局域网技术。IEEE 组织的 IEEE 802.3 标准制定了以太网的技术标准，它规定了物理层的连线、电子信号和介质访问层协议的内容等。以太网是目前应用最普遍的局域网技术，取代了其他局域网技术，如令牌环、FDDI 等网络标准。

想要了解以太网组网技术，首先需要了解交换机的组网标准以及工作方式。交换机按照组网标准不同可以分为标准以太网、快速以太网、千兆以太网等类型；交换机按照工作方式不同可以分为共享介质式和交换式两种类型。

4.1.1 按照组网标准

1. 标准以太网

最开始以太网只有 10 Mb/s 的吞吐量，它使用 CSMA/CD（带冲突检测的载波监听多路访问）作为访问控制方法。

所有的以太网都遵循 IEEE802.3 标准，前面的数字表示传输速率，单位符号是“Mb/s”，最后一个数字表示单端网线的长度（基准单位 100 m），Base 表示基带，Broad 表示宽带。

1）10Base-5 和 10Base-2 组网技术

10Base-5 和 10Base-2 这两个规范都是应用于阻抗为 50Ω同轴电缆作为传输介质的总线型拓扑结构网络中，均采用基带传输模式。两者的主要区别在于 10Base-5 使用粗同轴电缆，单端电缆的最大传输距离是 500 m，其连接器为插入式分接头（又称为 AUI 接口），如图 4-1（a）所示；10Base-2 使用细同轴电缆，单端电缆的最大传输距离是 185 m，其 MDI（媒体相关接口）为 BNC 连接器，如图 4-1（b）所示。目前，这两种以太网已基本被淘汰，企业网中也几乎不再使用它们。

（a）AUI 连接器

（b）BNC 连接器

图 4-1 10Base-5 和 10Base-2 的 MDI 连接器

2）10Base-T 组网技术

10Base-T 规范应用于使用双绞线作为传输介质的星形拓扑结构以太网络中，是标准以太网中应用最广泛的介质规范。它采用基带传输模式，单端电缆的最大传输距离为 100 m。双绞线以太网的 MDI 为 RJ-45 接口，如图 4-2 所示。图 4-2（a）、（b）、（c）分别为 RJ-45 接头、RJ-45 连接器、RJ-45 面板接口。

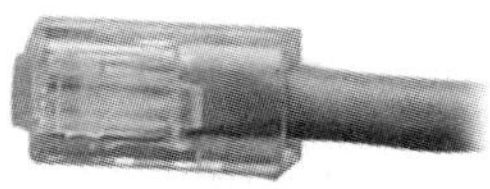

（a）RJ-45 接头

（b）RJ-45 连接器

（c）RJ-45 面板接口

图 4-2 双绞线缆的 MDI 及相关组件

双绞线以太网是以太网技术进步的重要标志。此前的以太网都是使用同轴电缆，后来双绞线正式取代同轴电缆走上了历史舞台。10base-T 以太网具有成本低、配置灵活且易于管理等特点。

3）10Broad-36 组网技术

10Broad-36 是 IEEE802.3 中唯一针对宽带系统（如有线电视网络、广播）的规范而设计的，采用阻抗为 75 Ω的同轴电缆，总线型拓扑结构仍采用基带传输模式，单端电缆最大传输距离为 3.6 km，现在基本被淘汰。

4）10Base-F 组网技术

10Base-F 规范使用光纤作为传输介质，包括 10Base-FL、10Base-FB 和 10Base-FP 三种子规范，均采用基带传输模块，但它们的应用场合不相同，光纤以太网的常见连接器有 ST 连接器[见图 4-3（a）]和 SC 等连接器[见图 4-3（b）]两种。

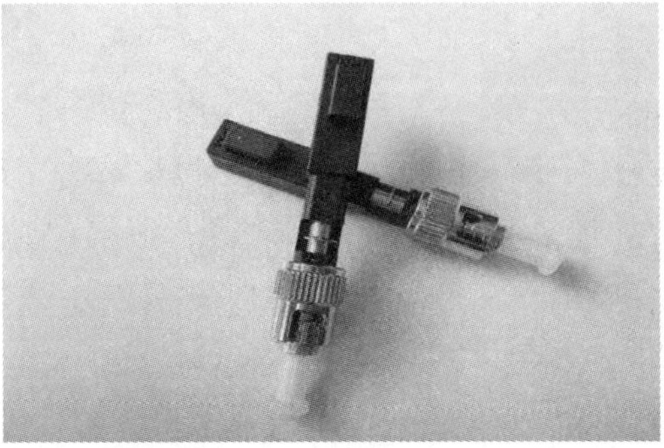

（a）ST 光纤连接器

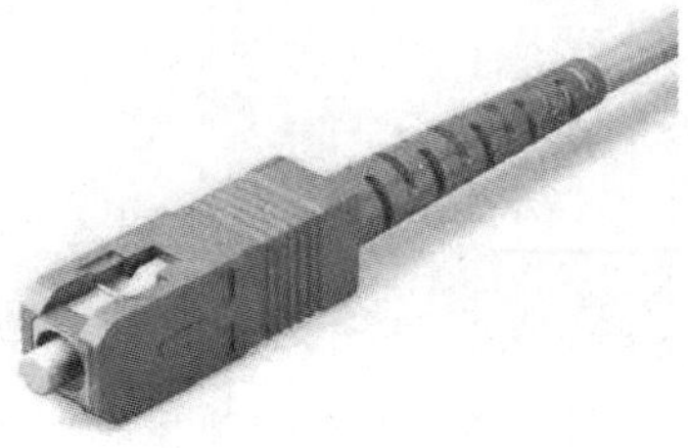

（b）SC 光纤连接器

图 4-3 光纤以太网的连接器

光纤连接器是光纤与光纤之间进行可拆卸（活动）连接的器件，通常为两根，一根负责发送，一根负责接收。

2. 快速以太网

随着计算机图形处理、CAD 设计和实时视频技术等方面的应用不断增多，人们对于局域网的传输速率提出了越来越高的要求，快速以太网应运而生。传输速率在 100 Mb/s 及其以上的以太网称为快速以太网。

IEEE 于 1995 年通过了 100 Mb/s 快速以太网的 100Base-T 标准，并正式命名为 IEEE802.3u 标准，作为对 IEEE802.3 标准的补充，在物理层，快速以太网采用与 10Base-T 一样的星形拓扑结构，但包含三种介质选项：100Base-TX、100Base-FX 和 100Base-T4。与传统以太网相比，快速以太网的帧格式没有变化，仍采用 CSMA/CD 作为介质访问控制方法。不同的是，传输速率提高 10 倍，冲突域减小 10 倍。

1）100Base-TX

100Base-TX 采用两对（4 根）芯线的 5 类（含超 5 类）非屏蔽双绞线或者屏蔽双绞线作为传输介质。

2）100Base-FX

100Base-FX 使用的传输介质是两根光纤，一根用作从节点到 hub（交换机）的传输信道，另一根则用作从 HUB（交换机）到节点的传输信道，节点和 hub（交换机）之间的最大距离可达 2000 m。

3）100Base-T4

100Base-T4 机制的设计初衷就是想避免重新布线的麻烦。它使用了 4 对（8 根）非屏蔽双绞线（3、4、5 类，含超 5 类）作为传输介质。其中两对是可以双向传输的，另外两对只能单向传输。也就是说，不论在哪个方向上都有 3 对电缆可以传输数据。

3. 千兆以太网

千兆以太网的数据传输速率达到了 1 000 Mb/s，即 1 Gb/s，又称为吉比特以太网。千兆以太网基本保留了原有以太网的帧结构，同时也支持 CSMA/CD 介质访问控制方法，所以向下与标准以太网和快速以太网完全兼容，原有的标准以太网或快速以太网可以方便地升级到千兆以太网。

千兆以太网技术有两个标准：IEEE802.3z 和 IEEE802.3ab。IEEE802.3z 制定了光纤和短程铜线连接方案的标准，IEEE802.3ab 制定了五类双绞线较长距离连接方案的标准。其中包括 1000Base-SX、1000Base-LX、1000Base-CX 和 1000Base-T，除此之外还有其他规范有实际的广泛应用。

（1）1000Base-SX：只支持多模光纤，采用直径为 62.5 μm 或 50 μm 的多模光纤，工作波长为 770 ~ 860 nm，传输距离为 220 ~ 550 m。

（2）1000Base-LX：可采用直径为 62.5 μm 或 50 μm 的多模光纤，工作波长为 1 270 ~ 1 355 nm，传输距离为 550 m。也可采用直径为 9 μm 或 10 μm 的单模光纤，工作波长范围为 1 270 ~ 1 355 nm，传输距离为 5 km 左右。

（3）1000Base-CX：采用 150 Ω屏蔽双绞线（STP），传输距离为 25 m。

（4）1000Base-T：可以采用 5 类以上的全部四对芯线作为传输介质，最大传输距离为 100 m，对应标准为 IEEE802.3ab，是目前在企业局域网中最常用的一种千兆以太网标准。

4. 万兆以太网

在 10 Gb/s 以太网中，最显著的改变就是只能与全双工交换机连接，不再支持半双工连接，也不支持 CSMA/CD。

万兆以太网的标准和规范都比较多，在标准方面有 IEEE802.3ae、IEEE802.3ak、IEEE802.3an、IEEE802.3aq 以及 IEEE802.3ap。另外十多种规范可以分为三类：一是基于光纤的局域万兆以太网规范，如 10GBase-SR、10GBase-LR 等；二是基于双绞线的局域万兆以太网规范，如 10GBase-CX4、10GBase-T 等；三是基于光纤的广域万兆以太网规范。

表 4-1 综合了 10 Gb/s 以太网规范，在实际的网络系统设计中，可以针对具体的节点环境和网络需求进行选择。当然，目前 10 Gb/s 以太网主要是在骨干网络中采用，在一般的企业局域网中很少见到。

表 4-1 万兆以太网规范比较

万兆以太网规范	传输介质	有效距离	应用领域
10GBase-SR	850 nm 多模光纤，50μm 的 OM3 光纤	300 m	局域网
10GBase-LR	1 310 nm 单模光纤	10 km	
10GBase-LRM	62.5 μm 多模光纤，OM3 光纤	260 km	

续表

万兆以太网规范	传输介质	有效距离	应用领域
10GBase-ER	1 550 nm 单模光纤	40 km	
10GBase-ZR	1 550 nm 单模光纤	80 km	
10GBase-LX4	1 300 nm 单模或多模光纤	300 m（多模），10 km（单模）	
10GBase-CX4	屏蔽双绞线	15 m	
10GBase-T	6 类、6a 类双绞线	55 m（6 类），100 m（6a 类）	
10GBase-KX4	铜线（并行接口）	1 m	背板以太网
10GBase-KR	铜线（串行接口）	1 m	
10GBase-SW	850 nm 多模光纤，50 μm 的 OM3 光纤	300 m	SDH/SONET 广域网
10GBase-LW	1 310 nm 单模光纤	10 km	
10GBase-EW	1 550 nm 单模光纤	40 km	
10GBase-ZW	1 550 nm 单模光纤	80 km	

4.1.2 按照交换机的工作方式

1. 共享式以太网

共享式以太网中，所有的终端主机都处于同一个冲突域中，局域网中的所有接入终端共享总线的带宽。共享式网络中，不同的主机同时发送数据时，就会产生信号冲突的问题，解决这一问题的方法一般是采用载波侦听多路访问/冲突检测技术（Carrier Sense Multiple Access/Collision Detection，CSMA/CD）。

CSMA/CD 的基本工作过程如下：

终端设备不停地检测共享线路的状态。如果线路空闲，则可以发送数据；如果线路不空闲，则等待一段时间后继续检测（延时时间由退避算法决定）。

如果有另外一个设备同时发送数据，两个设备发送的数据会产生冲突。

终端设备检测到冲突之后，马上停止发送自己的数据，并发送特殊阻塞信息，以强化冲突信号，使线路上其他站点能够尽早检测到冲突。

终端设备检测到冲突后，等待一段时间之后再进行数据发送（延时时间由退避算法决定），如图 4-4 所示。

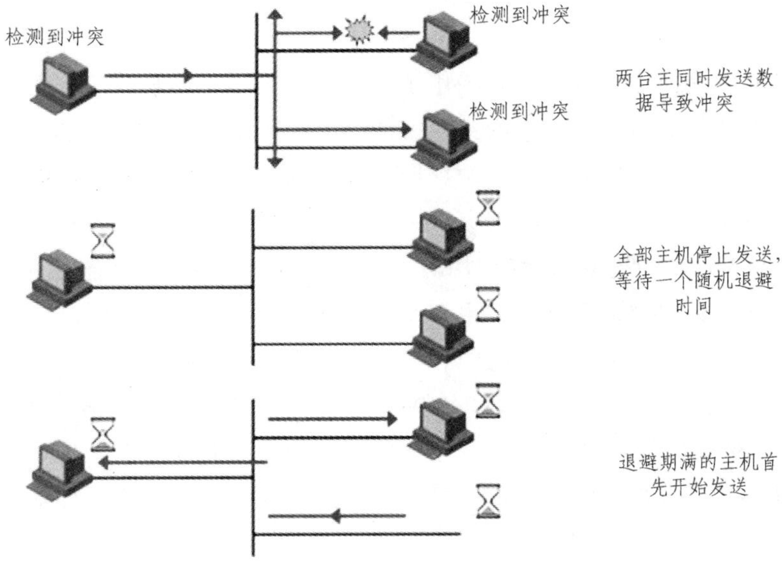

图 4-4 冲突处理过程

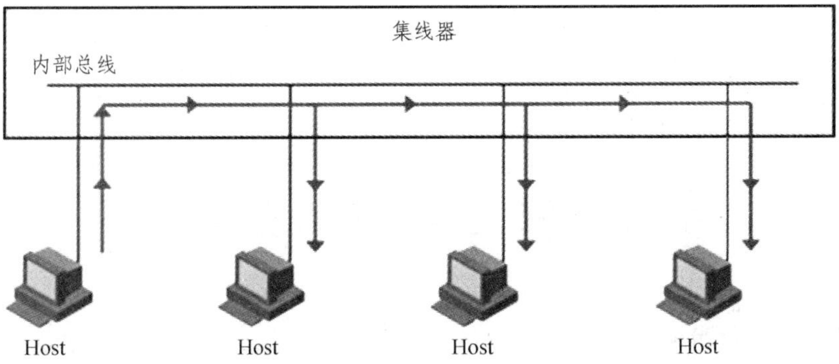

图 4-5 集线器工作方式

集线器与主机构成物理星形拓扑，集线器内部采用总线结构，任意时间只有一台主机能占用总线，如图 4-5 所示。

集线器通常称为 Hub，按其使用的技术可分为被动式与主动式集线器。前者只提供简单的集中网线转发数据的工作，后者可对数据做一定的处理。集线器按端口的传输速率（俗称带宽）来分，有 10 Mb/s 和 100 Mb/s 的。通常所说的集线器指的是共享式集线器，其带宽是所有端口共享的。例如一台 16 端口的 100 Mb/s 的集线器，当全部端口都使用时，每一端口的带宽就只有 100 Mb/s 的 1/16。由集线器作中心设备的局域网（以及总线型拓扑的局域网）称为共享式局域网。

集线器的全部端口属于同一个冲突域，集线器在端口之间转发数据帧时采用向所用端口广播的方式进行，因此其全部端口又属于同一个广播域。单一的冲突域和广播域使网络在通信繁忙时容易产生阻塞和广播风暴。可以将多台集线器级联或堆叠起来以增加总的端口数，但不能用此方法来延伸网络的距离。随着交换机价位的降低，共享式集线器正逐渐淡出局域网领域。

2. 交换式以太网

交换机也被称为交换式集线器。它采用了许多新的技术，如其端口之间的通信可全双工进行，能实现数据的线速转发等。它的最显著的特点在于端口带宽的独享。交换机工作在数据链路层，它有效地隔离了以太网中的冲突域，极大地提升了以太网的性能。在交换式以太网中，交换机的每个端口处于独立的冲突域中，终端主机独占端口的带宽。

例如一台 100 Mb/s 的交换机，在使用时每一对端口之间的数据传输速率都是 100 Mb/s，不会随着使用的端口数的增加而减少，也就是说，其端口带宽是独享的。

应当注意的是，只有网卡和交换机两者的带宽都为同一值时，才能实现以该速率传输数据。否则，只能按二者中较小的一个速率传输。例如，只有网卡和交换机都是 1 000 Mb/s 的，才能实现 1 000 Mb/s 的传输速率。而且，使用的传输介质还必须支持该传输速率。这一特性称为带宽的自动协商或者带宽的自适应。光纤能支持 1 000 Mb/s 以上的传输速率，但使用光纤的网络未必都是千兆位以太网，最初的光纤以太网就是 10 Mb/s 的。通常把由交换机作为中心设备的局域网称为交换式局域网，交换机的每一个端口都是一个冲突域，故不会因端口的使用数增加而降低端口的传输带宽。不过，交换机的所有端口仍属于同一个广播域，当网络中的广播信息增多时，也会导致网络传输效率的降低。

任务 4.2　交换机的工作特点

4.2.1 交换机的外观与组成

在以太网络中，交换机起着信息中转站的作用，它把从某个端口接收到的数据从其他端口转发出去。不同厂家、不同型号的以太网交换机，其外观和内部组成都有一定的差异，但其共性是主要的。下面介绍交换机的外观与内部组成。

1. 交换机的外观

图 4-6 所示的是 Cisco Catalyst 2900 交换机的外观图。前面板上的多个 RJ-45 接口是以太网口，用来连接计算机或其他交换机。后面板或前面板上的串口是交换机的配置口，用串口线缆将其与计算机的串口连接起来，可实现对交换机的配置操作。面板上有若干指示灯，其亮、灭或闪烁可以反映交换机的工作状态是否正常。此外还有电源插口、电源开关等。

图 4-6　交换机

2. 交换机的内部组成

（1）CPU（中央处理器）：交换机使用特殊用途集成电路芯片 ASIC，以实现高速的数据传输。

（2）RAM/DRAM：主存储器，存储运行配置。

（3）NVRAM（非易失性 RAM）：存储备份配置文件等。

（4）FlashROM（快闪存储器）：存储系统软件映像文件等，是可擦可编程的 ROM。

（5）ROM：存储开机诊断程序、引导程序和操作系统软件。

（6）接口电路：交换机各端口的内部电路。

3. 交换机与集线器的区别

1）工作层次不同

交换机和集线器在 OSI / RM 开放体系模型中对应的层次是不一样的，集线器是同时工作在第一层（物理层）和第二层（数据链路层），而交换机至少是工作在第二层，更高级的交换机甚至可以工作在第三层（网络层）和第四层（传输层）。

2）交换机的数据传输方式不同

集线器的数据传输方式是广播（broadcast）方式，而交换机的数据传输是有目的的，数据只对目的节点发送，只是在自己的 MAC 地址表中找不到目的地址的情况下才第一次使用广播方式发送。因为交换机具有 MAC 地址学习功能，第二次以后就不再是广播发送了，又变为有目的地发送。这样做的好处是提高数据传输效率，避免出现广播风暴，在安全性方面也不会出现其他节点侦听的现象。

3）带宽占用方式不同

在带宽占用方面，集线器所有端口是共享集线器的总带宽，而交换机的每个端口都具有自己的带宽，交换机实际上每个端口的带宽比集线器端口可用带宽要高许多，也就决定了交换机的传输速度比集线器要快许多。

4）传输模式不同

集线器只能采用半双工方式进行传输，因为集线器是共享传输介质的，这样在上行通道上集线器一次只能传输一个任务，要么是接收数据，要么是发送数据。而交换机采用的是全双工方式进行传输。

4.2.2 交换机的简单分类

1. 按交换机的配置可否改变分类

按交换机的配置可否改变，可把交换机分为模块式和固定配置式。

模块式交换机的模块可以拔插，其通常是 100 Mb/s 或 1 000 Mb/s 光纤接口模块，或 1 000 Mb/s RJ-45 接口模块，或者是堆叠模块，交换机上有相应的插槽。使用时将模块插入插槽之中即可。模块式交换机配置灵活，模块可按需要购买。一般说来，模块式交换机的档次较高，模块插槽结构可最大限度地保护用户的投资。固定配置式交换机的接口固定，硬件不可升级。

2. 按交换机工作在 OSI 参考模型的相应层次分类

按交换机工作在 OSI 参考模型的相应层次，交换机可分为三个层次的交换机，其中大量商品化的是第二层和第三层交换机。

第二层交换机工作在 OSI 参考模型的第二层，它的每个端口拥有自己的冲突域。如果该二层交换机具有虚拟局域网（VLAN）功能，则每一个 VLAN 成为一个广播域。

第三层交换机根据目的 IP 地址转发数据报，与后面要讨论的路由器一样，它也必须创建和动态维护路由表。但是，第三层交换机能做到“一次路由，多次交换”。也就是说，第三层交换机能够把报文转发到不同的子网，并在后续的通信中实现比路由更快的交换。

3. 按以太网交换机的端口分类

交换机的端口分类在前面已经有介绍，此处简单总结：交换机端口通常有 10Base-T，10Base-F，100Base-TX，100Base-T4，100Base-FX，1000Base-T，1000Base-FX 及 1000Base-CX 等类型。其中 Base 指的是采用基带传输技术，10、100 和 1 000 分别代表传输速率为 10 Mb/s、100 Mb/s 和 1 000 Mb/s，通常把对应的技术分别称为以太网、快速以太网和千兆位以太网，各参数的含义如表 4-2 所示。

表 4-2　交换机的各种端口

<table>
<tr><th colspan="2">标准类型</th><th>传输速率/（Mb/s）</th><th>接口标准</th><th>传输介质</th><th>传输距离/m</th><th>备注</th></tr>
<tr><td colspan="2">10Base-T</td><td>10</td><td>RJ45</td><td>UTP（非屏蔽双绞线）</td><td>100</td><td></td></tr>
<tr><td colspan="2">10Base-F</td><td>10</td><td>光纤接口</td><td>62.5/125MMF（多模光纤）</td><td>2000</td><td></td></tr>
<tr><td colspan="2">100Base-TX</td><td>100</td><td>RJ45</td><td>UTP</td><td>100</td><td></td></tr>
<tr><td colspan="2">100Base-T4</td><td>100</td><td>RJ45</td><td>UTP（4 对芯线）</td><td></td><td></td></tr>
<tr><td colspan="2" rowspan="3">100Base-FX</td><td rowspan="3">100</td><td rowspan="3">光纤接口</td><td>62.5/125MMF</td><td>412</td><td>半双工</td></tr>
<tr><td>62.5/125MMF</td><td>2 000</td><td rowspan="2">全双工</td></tr>
<tr><td>9/125SMF（单模光纤）</td><td>10 000</td></tr>
<tr><td colspan="2">1000Base-CX</td><td>1 000</td><td>RJ45</td><td>STP（屏蔽双绞线）</td><td>25</td><td></td></tr>
<tr><td colspan="2">1000Base-T</td><td>1 000</td><td>RJ45</td><td>UTP（4 对芯线）</td><td>100</td><td></td></tr>
<tr><td rowspan="5">1000Base-FX</td><td rowspan="2">SX（780 nm 短波）</td><td rowspan="5">1 000</td><td rowspan="5">光纤接口</td><td>62.5/125MMF</td><td>260</td><td rowspan="5">不同公司的产品实际支持的距离可能不同</td></tr>
<tr><td>50/125MMF</td><td>525</td></tr>
<tr><td rowspan="3">LX（1 300 nm 长波）</td><td>62.5/125MMF</td><td>550</td></tr>
<tr><td>50/125MMF</td><td>550</td></tr>
<tr><td>9/125SMF</td><td>3 000 ~ 10 000</td></tr>
</table>

4.2.3 交换机数据转发

1. 交换机 MAC 地址表

交换机中有一个 MAC 地址表，里面存放了 MAC 地址与交换机端口的映射关系。MAC 地址表也称为 CAM（Content Addressable Memory，内容可寻址存储器）表。

MAC 地址是固化在网卡内部用于唯一确定网卡身份的标识，是网卡在生产时被永久写入芯片的固定值。全球的网卡生产厂商按照申请购买的 MAC 地址范围制造网卡，因此不会有两块相同 MAC 地址的网卡。因此，MAC 地址就可用作唯一标识设备的地址。第二层交换过程是通过使用 MAC 地址在低层实现通信寻址的，网络中的数据包最终也是通过 MAC 地址找到目标的。

在交换式网络中，各主机的 MAC 地址是存储在交换机的 MAC 地址表（也称 MAC 地址数据库）中的。MAC 地址表记录的是各主机 MAC 和对应的交换机的端口编号，故有时也称为 MAC 地址-端口表。交换机在工作过程中，会向 MAC 地址表不断写入新学到的 MAC 地址。一旦交换机掉电或重新上电后，其内部的 MAC 地址表会被自动清空或清空后又重新建立。

2. 广播域

广播域为接收同样广播消息的节点的集合。该集合中的任何一个节点传输一个广播帧，则所有其他节点都能收到这个帧。由于许多设备都极易产生广播，所以如果不维护，就会消耗大量的带宽，降低网络的效率。Hub，交换机等第一、二层设备连接的节点被认为都是在同一个广播域。虽然交换机基于 MAC 地址过滤大多数帧，但是它们不过滤广播帧。网络上的其他交换机如需获得广播帧，交换机必须转发广播帧。相连交换机的集合构成了一个广播域。而路由器、三层交换机则可以划分广播域，即可以连接不同的广播域。如图 4-7 所示，两个交换机分别构成了各自的广播域。

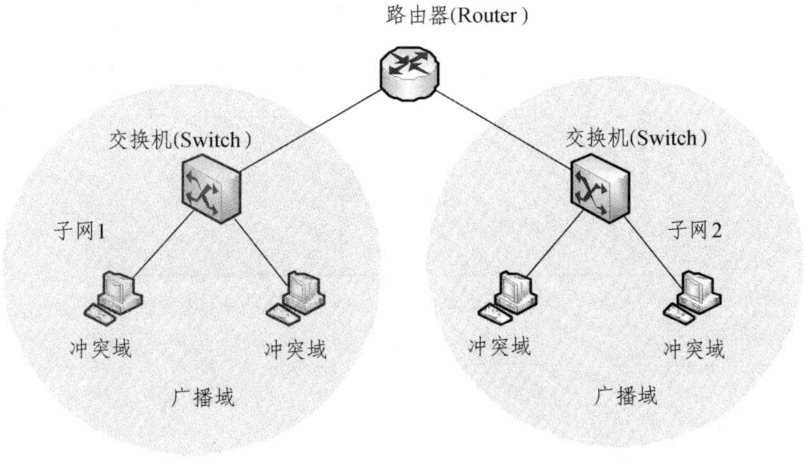

图 4-7 交换机构成广播域

3. 交换机帧的转发

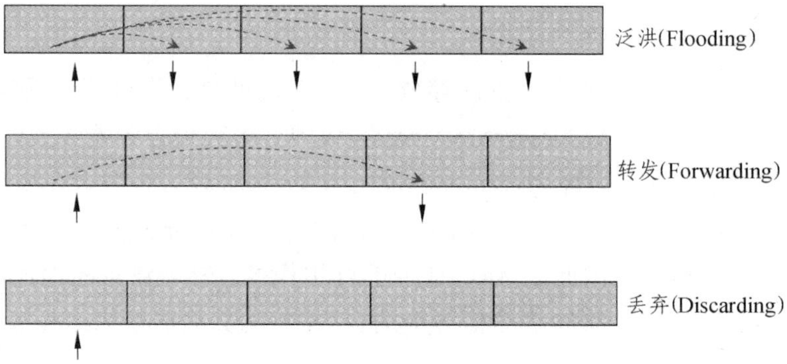

图 4-8 交换机帧的转发

如图 4-8 所示，交换机对帧的转发操作行为一共有三种：泛洪（Flooding）、转发（Forwarding）、丢弃（Discarding）。其中泛洪对应的数据帧称为广播帧，转发对应的数据帧称为单播帧。

泛洪：交换机把从某一端口进来的帧通过所有其他的端口转发出去（注意，“所有其他的端口”是指除了这个帧进入交换机的那个端口以外的所有端口）。

转发：交换机把从某一端口进来的帧通过另一个端口转发出去（注意，“另一个端口”不能是这个帧进入交换机的那个端口）。

丢弃：交换机把从某一端口进来的帧直接丢弃。

数据帧进入交换机后，交换机会去自己的 MAC 地址表中查找这个帧的目的 MAC 地址。

（1）如果查不到这个 MAC 地址，则交换机执行泛洪操作。交换机泛洪的操作是发送广播帧，如图 4-9 所示。广播帧的目的 MAC 地址为十六进制的 FF：FF：FF：FF：FF：FF，所有收到该广播帧的主机都要接收并处理这个帧。广播方式会产生大量流量，导致带宽利用率降低，进而影响整个网络的性能。

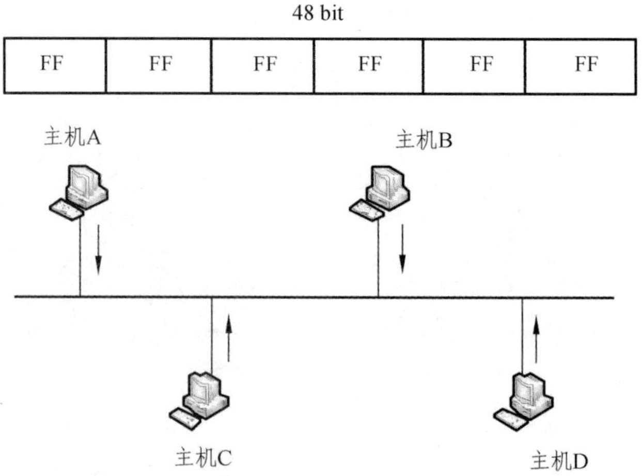

图 4-9 广播帧结构

（2）如果查到了这个 MAC 地址，在地址表中查找相应的端口，如表中有与这个目的 MAC 地址对应的端口，就把数据包直接复制到这端口上执行数据单播转发操作。

（3）如果查到目的 MAC 地址是这个帧进入交换机的那个端口，交换机则执行丢弃操作。

4.2.4 交换机 MAC 地址表工作机制

连接在交换机端口上的主机通过地址解析协议 ARP 相互查询对方网卡的物理地址（MAC 地址），以便进行相互间的数据帧的传输。

初始状态下，交换机并不知道所连接主机的 MAC 地址，所以 MAC 地址表为空。本例中，SWA 为初始状态，在收到主机 A 发送的数据帧之前，MAC 地址表中没有任何表项，如图 4-10 所示。

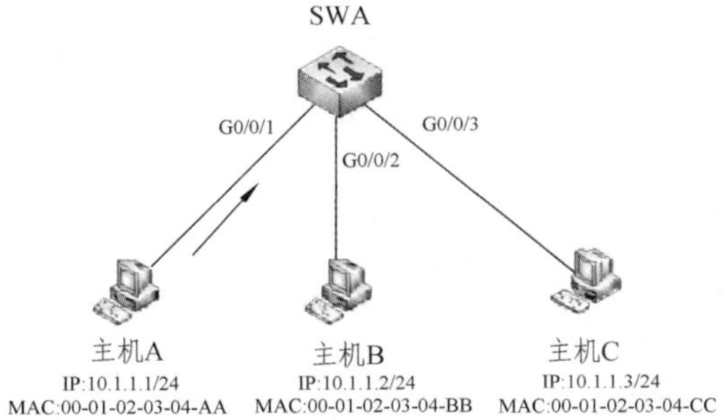

（a）交换机

MAC	接口

（b）空表

图 4-10 初始 MAC 地址表

主机 A 发送数据给主机 C 时，一般会首先发送 ARP 请求来获取主机 C 的 MAC 地址，此 ARP 请求帧中的目的 MAC 地址是广播地址，源 MAC 地址是自己的 MAC 地址。SWA 收到该帧后，会将源 MAC 地址和接收端口的映射关系添加到 MAC 地址表中，如图 4-11 所示。缺省情况下，交换机学习到的 MAC 地址表项的老化时间为 300s。如果在老化时间内再次收到主机 A 发送的数据帧，SWA 中保存的主机 A 的 MAC 地址和 G0/0/1 的映射的老化时间会被刷新。此后，如果交换机收到目标 MAC 地址为 00-01-02-03-04-AA 的数据帧时，都将通过 G0/0/1 端口转发。

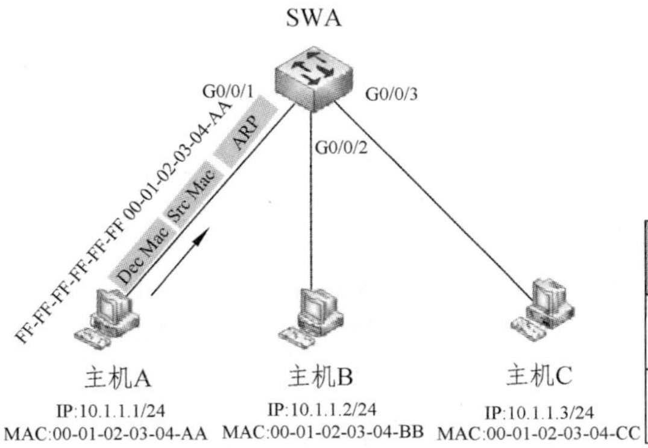

（a）主机 A 发出 ARP 请求

MAC	接口
00-01-02-03-04-AA	G0/0/1

（b）Mac 地址表

图 4-11 MAC 地址表中添加映射关系

当数据帧的目的 MAC 地址不在 MAC 地址表中，或者目的 MAC 地址为广播地址时，交换机会泛洪该帧，如图 4-12 所示。本例中主机 A 发送的数据帧的目的 MAC 地址为广播地址，所以交换机会将此数据帧通过 G0/0/2 和 G0/0/3 端口广播到主机 B 和主机 C。

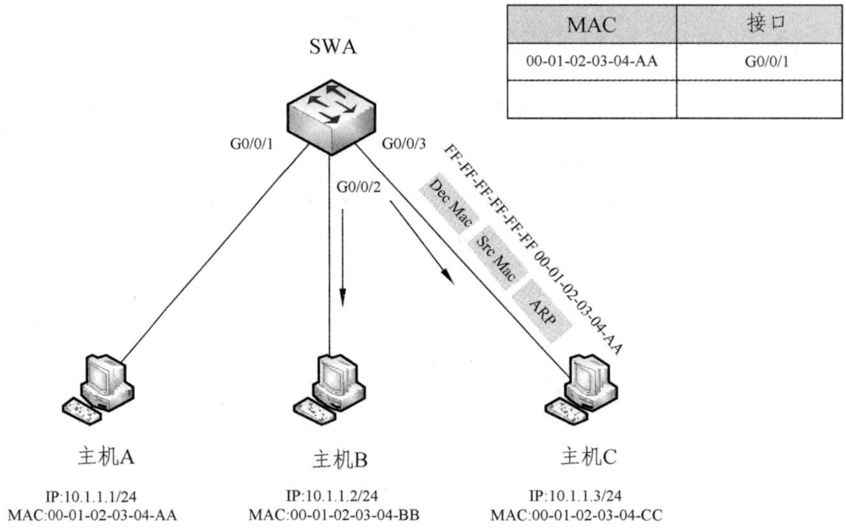

图 4-12 交换机泛洪广播帧

主机 B 和主机 C 接收到此数据帧后，都会查看该 ARP 数据帧。但是主机 B 不会回复该帧，主机 C 会处理该帧并发送 ARP 回应，此回复数据帧的目的 MAC 地址为主机 A 的 MAC 地址，源 MAC 地址为主机 C 的 MAC 地址。SWA 收到回复数据帧时，会将该帧的源 MAC 地址和接口的映射关系添加到 MAC 地址表中，如图 4-13 所示。如果此映射关系在 MAC 地址表已经存在，则会被刷新。然后 SWA 查询 MAC 地址表，根据帧的目的 MAC 地址找到对应的转发端口后，从 G0/0/1 转发此数据帧。

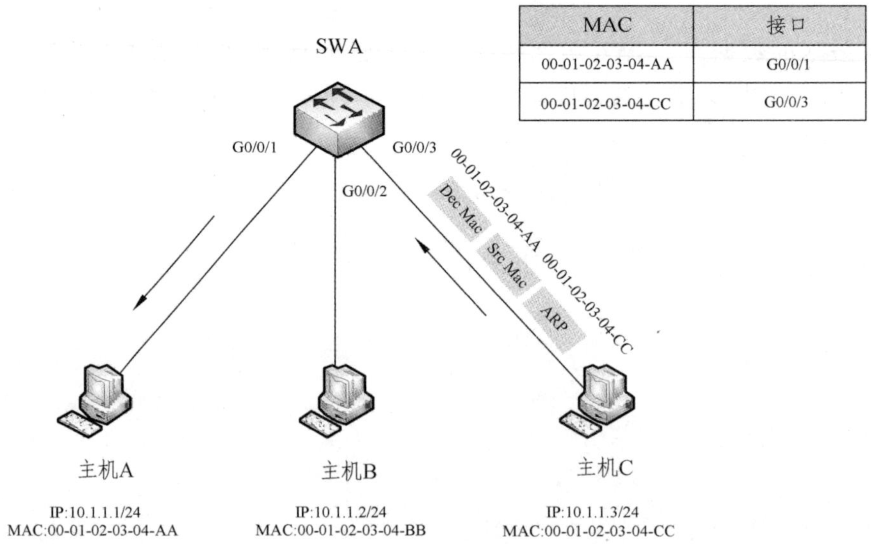

图 4-13 交换机添加 MAC 纪录

4.2.5 交换机常用配置

1. 几种配置命令模式

switch> //表示是在用户命令模式，只能使用一些查看命令

switch# //表示是在特权命令模式

switch（config）# //表示是全局配置模式

switch（config-if）# //端口配置命令模式

2. 检查、查看命令

通常是以 show（sh）为开始的命令。

show version //查看 IOS 的版本

show flash //查看 flash 内存使用状况

show mac-address-table //查看 MAC 地址列表

3. 密码设置命令

Cisco 交换机、路由器中有很多密码，设置好这些密码可以有效地提高设备的安全性。例如：

switch（config）#enable password //设置进入特权模式进的密码

switch（config-line） //可以设置通过 Console 端口连接设备及 Telnet 远程登录时所需//要的密码

4. 配置 IP 地址及默认网关的命令

interface vlan1 //进入 vlan1

ip address 192.168.1.2 255.255.255.0 //配置 vlan1 的 IP 地址

ip default-gateway 192.168.1.1 //配置 vlan1 的默认网关

5. 管理 MAC 地址表的命令

switch#show mac-address-table //显示 MAC 地址列表

switch#clear mac-address-table dynamic //清除动态 MAC 地址列表

实作 4.1 交换机的基本配置

一、实作目的

掌握交换机的基本配置。

二、实作网络拓扑结构

网络拓扑结构如图 4-14 所示。

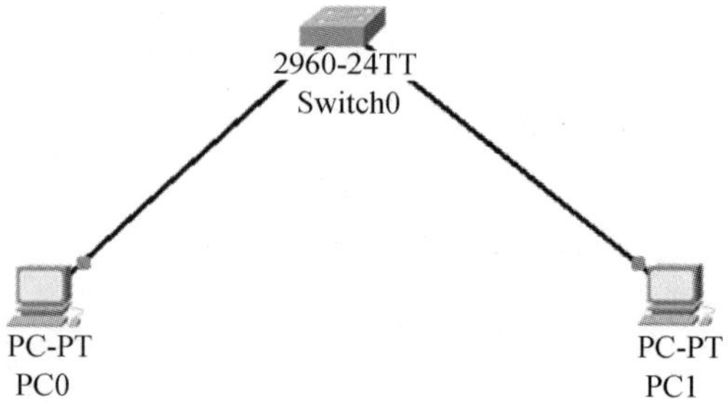

图 4-14 交换机基本配置

三、配置主要命令

```
hostname SW0
!
interface FastEthernet0/1
description Switch0
!
interface FastEthernet0/2
description link pc0
switchport mode access
switchport port-security
switchport port-security maximum 4
switchport port-security mac-address 00D0.BAC8.AD07
!
interface FastEthernet0/3
description link pc1
switchport mode access
switchport port-security
!
interface Vlan1
ip address 192.168.1.2 255.255.255.0
No shutdown
!
ip default-gateway 192.168.1.1
!
```

四、测试连通性

PC 上设置 IP 地址，测试交换机端口是否正常通信，如图 4-15、图 4-16 所示。

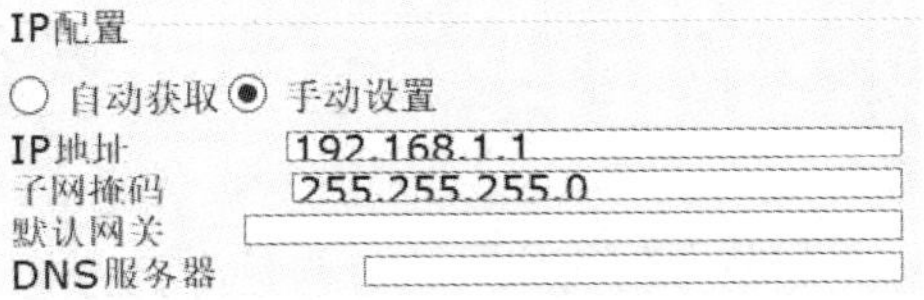

图 4-15 PC 上设置 IP 地址

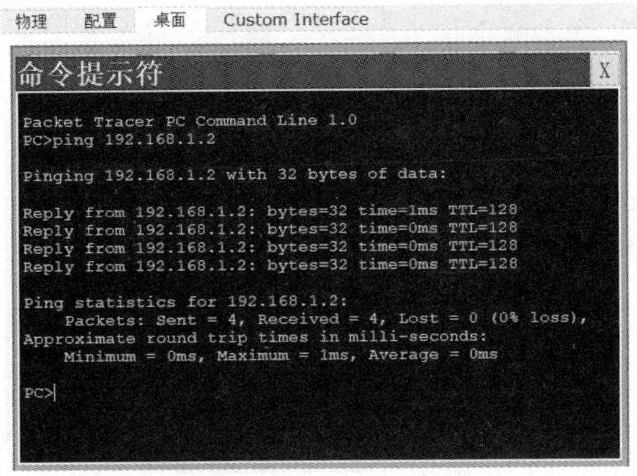

图 4-16 测试交换机端口

表 4-3 交换机常用显示配置命令

命令格式	命令含义
show interface[interface-id]	显示交换机上单个或全部可用接口的接口状态和配置
show startup-config	显示启动配置的内容
show running-config	显示当前运行配置
show flash:	显示关于 flash:文件系统的信息
show version	显示系统硬件和软件状态
show history	显示会话命令历史记录
show ip {interface/http/arp}	显示 IP 信息。 Interface 选项显示 IP 接口状态和配置。 http 选项显示有关正在交换机上运行的设备管理器的 HTTP 信息。 arp 选项显示 IP ARP 表
show mac-address-table	显示 MAC 转发表
Switch（config）#interface type mod /startport-endport	选择多个连续端口
Switch（config-if）#speed [10/100/auto]	设置端口通信速度
Switch（config-if）#duplex [half/full/auto]	设置端口单双工模式

五、技术要点

交换机的管理方式基本分为两种：带内管理和带外管理。

通过交换机的 Console 端口管理交换机属于带外管理，这种管理方式不占用交换机的网络端口，第一次配置交换机必须利用 Console 端口进行配置。

通过 Telnet、拨号等方式属于带内管理。

交换机端口常用显示配置命令行如表 4-3 所示。常用命令行有：

hostname X　　//修改交换机名称

speed，duplex　　//配置交换机端口参数

Switch（config）# interface type mod/port；　　//选择某个端口 type 表示端口类型，通常有 ethernet、Fastethernet、Gigabitethernet；mod 表示端口所在的模块；port 表示在该模块中的编号，例如 interface Fastethernet0/1。

实作 4.2　管理 MAC 地址转发表

一、实作网络拓扑图

网络拓扑结构如图 4-17 所示。

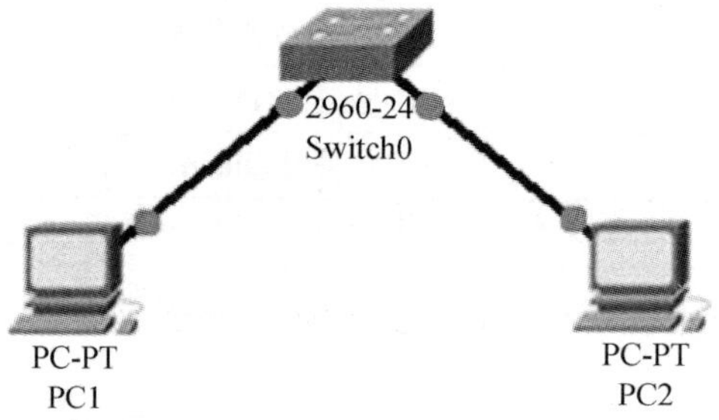

图 4-17　实作网络拓扑图

PC1 的 IP 地址：　192.168.1.1/24　（f0/1）；

PC2 的 IP 地址：　192.168.1.2/24　（f0/2）。

二、实作要求

（1）了解交换机的作用。

（2）通过管理 MAC 地址转发表，理解交换机的基于 MAC 地址转发表的工作过程。

（3）掌握添加静态 MAC 地址的方法。

三、实作步骤

（1）在发生通信前查看 MAC 地址转发表，结果为空，如图 4-18 所示。

```
Switch#show mac-address-table
          Mac Address Table
-------------------------------------------

Vlan    Mac Address       Type        Ports
----    -----------       --------    -----
Switch#
```

图 4-18 初始 MAC 地址表

（2）在 PC1 计算机命令提示符下，使用命令“ipconfig /all”查看网卡的 MAC 地址，如图 4-19 所示。

```
PC>ipconfig /all

Physical Address................: 00D0.D3D8.0159
IP Address......................: 192.168.1.1
Subnet Mask.....................: 255.255.255.0
Default Gateway.................: 0.0.0.0
DNS Servers.....................: 0.0.0.0
```

图 4-19 PC1 MAC 地址查询

（3）在 PC2 计算机命令提示符下，用命令“ipconfig /all”查看网卡的 MAC 地址，如图 4-20 所示。

```
PC>ipconfig /all

Physical Address................: 0006.2AE1.E4D9
IP Address......................: 192.168.1.2
Subnet Mask.....................: 255.255.255.0
Default Gateway.................: 0.0.0.0
DNS Servers.....................: 0.0.0.0
```

图 4-20 PC1 MAC 地址查询

（4）在主机 PC1 上使用 ping 命令对主机 PC2 发送信息后，再查看 MAC 地址转发表，如图 4-21 所示。

```
Switch#show mac-address-table
          Mac Address Table
-------------------------------------------

Vlan    Mac Address       Type        Ports
----    -----------       --------    -----

   1    0006.2ae1.e4d9    DYNAMIC     Fa0/2
   1    00d0.d3d8.0159    DYNAMIC     Fa0/1
Switch#
```

图 4-21 发生通信后 MAC 地址表

这是一个自学习数据帧源地址的过程。用 ping 命令对主机 PC2 发送信息时，由于转发表为空，没有任何匹配信息，所以交换机向除源端口外的所有端口广播此帧，最终 PC2 会收到该数据帧。交换机学习到了该帧的源地址（00d0.d3d8.0159），则将 00d0.d3d8.0159 → Fa0/1 这样一条映射关系列入转发表中。PC2 响应 PC1 时也是同样的过程。

（5）设置静态 MAC 地址，命令如图 4-22 所示。

```
Switch#config t
Switch(config)#mac-address-table static 0006.2ae1.e4d9 vlan 1 interface f0/2
```

图 4-22 设置静态 MAC 地址

（6）查看 MAC 地址转发表，显示信息如图 4-23 所示。

```
Switch#show mac-address-table
          Mac Address Table
-------------------------------------------

Vlan    Mac Address       Type        Ports
----    -----------       --------    -----

   1    0006.2ae1.e4d9    STATIC      Fa0/2
   1    00d0.d3d8.0159    DYNAMIC     Fa0/1
Switch#2
```

图 4-23 查看 MAC 地址表

需要注意的是，即使将对应该静态 MAC 地址的设备 PC2 拆除了，目的地址为 0006.2ae1.e4d9 的数据帧依然会被转发至端口 Fa0/2。

（7）取消静态 MAC 地址，命令如图 4-24 所示。

```
Switch#config t
Switch(config)#no mac-address-table static 0006.2ae1.e4d9 vlan 1 interface f0/2
```

图 4-24 取消静态 MAC 地址

四、实作思考

如果在交换机设置静态 MAC 地址，把 PC2 的 MAC 地址设置在 F0/2 接口，但 PC2 实际连接是 F0/4 接口，这样 PC1 能 ping 通 PC2 吗？如果不通，请说明原因。

如果在交换机设置静态 MAC 地址，把 PC2 的 MAC 地址设置在 F0/2 接口，而 PC2 不连接此接口，此时有其他 PC（如 PC3）占用了该接口，这样 PC1 跟 PC3 能 ping 通吗？

五、实作报告

按照实作报告的格式要求书写实作报告。

任务 4.3 交换机 VLAN 的建立

4.3.1 什么是 VLAN

早期的局域网 LAN 技术是基于总线型结构的，它存在以下主要问题：

（1）若某时刻有多个节点同时试图发送消息，那么它们将产生冲突。

（2）从任意节点发出的消息都会被发送到其他节点，形成广播。

（3）所有主机共享一条传输通道，无法控制网络中的信息安全。

这种网络构成了一个冲突域，网络中计算机数量越多，冲突越严重，网络效率越低。同时，该网络也是一个广播域，当网络中发送信息的计算机数量越多时，广播流量将会耗费大量带宽。因此，传统局域网不仅面临冲突域太大和广播域太大两大难题，而且无法保障传输信息的安全。

在交换机组成的网络中，虽然交换机速度快，能提高数据交换速度，但是由于所有主机都在一个广播域，也就是说，一台主机向外发送的广播包对其他所有主机来说都能收到，如果网络规模较大，网络中的大量广播包会占用很大的网络资源，严重影响了网络性能，也影响了交换网络的发展。为了扩展传统 LAN，以接入更多计算机，同时避免冲突的恶化，出现了网桥和二层交换机，它们能有效隔离冲突域。网桥和二层交换机采用交换方式将来自入端口的信息转发到出端口上，克服了共享网络中的冲突问题。但是，采用交换机进行组网时，广播域和信息安全问题依旧存在。

为限制广播域的范围，减少广播流量，需要在没有二层互访需求的主机之间进行隔离。路由器是基于三层 IP 地址信息来选择路由和转发数据的，其连接两个网段时可以有效抑制广播报文的转发，但成本较高。因此，人们设想在物理局域网上构建多个逻辑局域网，即 VLAN（虚拟局域网）。

VLAN 技术可以将一个物理局域网在逻辑上划分成多个广播域，也就是多个 VLAN。VLAN 技术部署在数据链路层，用于隔离二层流量。同一个 VLAN 内的主机共享同一个广播域，它们之间可以直接进行二层通信。而 VLAN 间的主机属于不同的广播域，不能直接实现二层互通。这样，广播报文就被限制在各个相应的 VLAN 内，同时也提高了网络安全性。VLAN 技术很好地解决了交换网络中划分广播域的问题，运用 VLAN 技术可以对交换网络进行隔离划分，划分到同一 VLAN 的主机属于一个广播域，这样划分出来的网络是逻辑网络，并且划分出来的 VLAN 端口不受地理位置限制，就是说不同交换机上的端口可以划分到一个 VLAN 中来。VLAN 划分的种类有很多，如基于端口的划分、基于协议的划分、基于 MAC 地址的划分等，目前应用较多的是基于端口的划分，因为这种划分方法简单易用。如图 4-25 所示，原本属于同一广播域的主机被划分到了两个 VLAN 中，即 VLAN1 和 VLAN2。VLAN 内部的主机可以直接在二层互相通信，VLAN1 和 VLAN2 之间的主机无法直接实现二层通信。

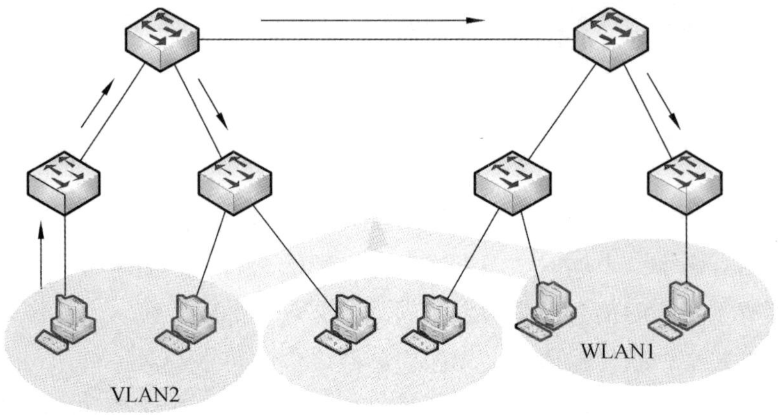

图 4-25 两个 VLAN 的局域网

4.3.2 VLAN 成员类型

基于端口划分的 VLAN 有两种类型，即 Port VLAN 和 Tag VLAN。被设置为 Port VLAN 的端口叫 Access 端口，只能属于一个 VLAN，通常用来连接主机；被设置为 Tag VLAN 的端口叫 Trunk 端口，属于所有 VLAN，能够转发所有 VLAN 的帧，通常用来连接需要通信的不同 VLAN，实现不同 VLAN 间的通信。

接入链路（Access Link）：连接用户主机和交换机的链路称为接入链路。图 4-26 中主机和交换机之间的链路都是接入链路。

干道链路（Trunk Link）：连接交换机和交换机的链路称为干道链路。图 4-26 中交换机之间的链路都是干道链路。干道链路上通过的帧一般为带 Tag 的 VLAN 帧。

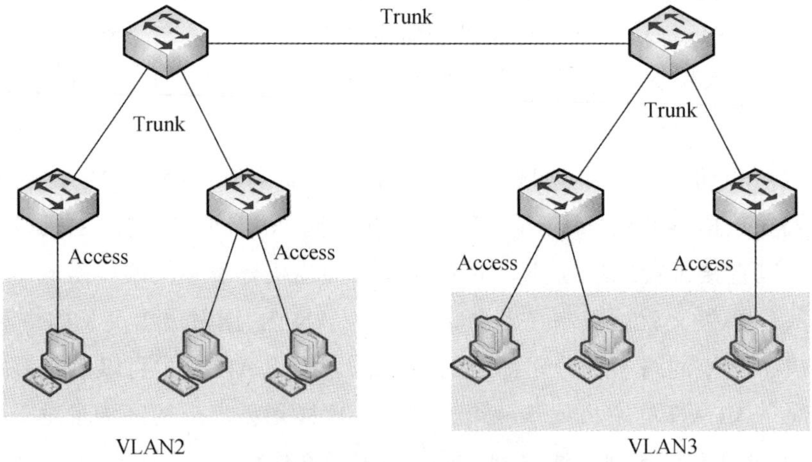

图 4-26 VLAN 两种链路

PVID 即 Port VLAN ID，代表端口的缺省 VLAN。交换机从对端设备收到的帧有可能是 Untagged 的数据帧，但所有以太网帧在交换机中都是以 Tagged 的形式来被处理和转发的，因此交换机必须给端口收到的 Untagged 数据帧添加上 Tag。为了实现此目的，必须为交换机配置端口的缺省 VLAN。当该端口收到 Untagged 数据帧时，交换机将给它加上该缺省 VLAN 的 VLAN Tag。

Access 端口是交换机上用来连接用户主机的端口，它只能连接接入链路，并且只能允许唯一的 VLAN ID 通过本端口。Access 端口收发数据帧的规则是：

如果该端口收到对端设备发送的帧是 untagged（不带 VLAN 标签），交换机将强制加上该端口的 PVID。如果该端口收到对端设备发送的帧是 tagged（带 VLAN 标签），交换机会检查该标签内的 VLAN ID。当 VLAN ID 与该端口的 PVID 相同时，接收该报文。当 VLAN ID 与该端口的 PVID 不同时，丢弃该报文。

Access 端口发送数据帧时，总是先剥离帧的 Tag，然后再发送。Access 端口发往对端设备的以太网帧永远是不带标签的帧。在如图 4-27 所示的例子中，交换机的 G0/0/1，G0/0/2，G0/0/3 端口分别连接三台主机，都配置为 Access 端口。主机 A 把数据帧（未加标签）发送到交换机的 G0/0/1 端口，再由交换机发往其他目的地。收到数据帧之后，交换机根据端口的 PVID 给数据帧打上 VLAN 标签 10，然后决定从 G0/0/3 端口转发数据帧。G0/0/3 端口的 PVID 也是 10，与 VLAN 标签中的 VLAN ID 相同，交换机移除标签，把数据帧发送到主机 C。连接主机 B 的端口的 PVID 是 2，与 VLAN10 不属于同一个 VLAN，因此该端口不会接收到 VLAN10 的数据帧。

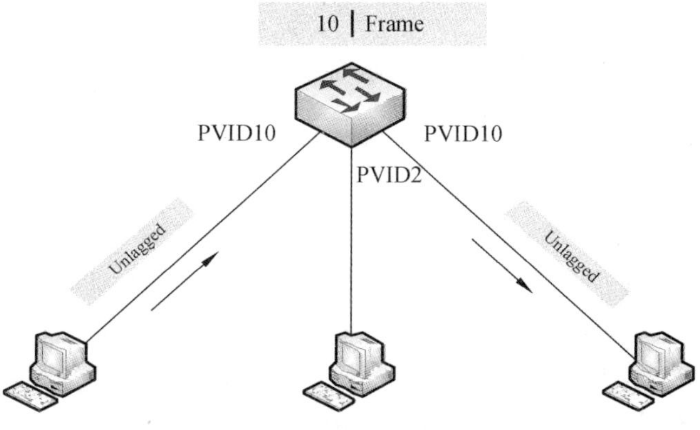

图 4-27 交换机的端口 PVID

Trunk 端口是交换机上用来和其他交换机连接的端口，它只能连接干道链路。Trunk 端口允许多个 VLAN 的帧（带 Tag 标记）通过。Trunk 是将一个或多个以太网交换机接口和其他网络设备（如路由器或交换机）连接的点对点链路，一个 Trunk 可以在一条链路上传输多个 VLAN 的流量。Trunk 端口收发数据帧的规则如下：

当接收到对端设备发送的不带 Tag 的数据帧时，会添加该端口的 PVID，如果 PVID 在允许通过的 VLAN ID 列表中，则接收该报文，否则丢弃该报文。当接收到对端设备发送的带 Tag 的数据帧时，检查 VLAN ID 是否在允许通过的 VLAN ID 列表中。如果 VLAN ID 在接口允许通过的 VLAN ID 列表中，则接收该报文，否则丢弃该报文。

实作 4.3　单交换机 VLAN 划分

一、实作目的

掌握单交换机 VLAN 划分。

二、实作需求

某公司部门欲通过将交换机划分成几个 VLAN，使得每个部门的主机在一个相同 VLAN 内。具体划分为：财务部（PC101、PC102）在 VLAN100 中，VLAN100 包括 Fa0/1 ~ Fa0/8 端口；计划部（PC201、PC202）在 VLAN200 中，VLAN200 包括 Fa0/9 ~ Fa0/16 端口；销售部（PC301）在 VLAN300 中，VLAN300 包括 Fa0/17 ~ Fa0/24 端口。这样，在同一 VLAN 内的主机可以相互访问，不同 VLAN 内的主机不能相互访问，满足公司要求。拓扑图如图 4-28 所示。

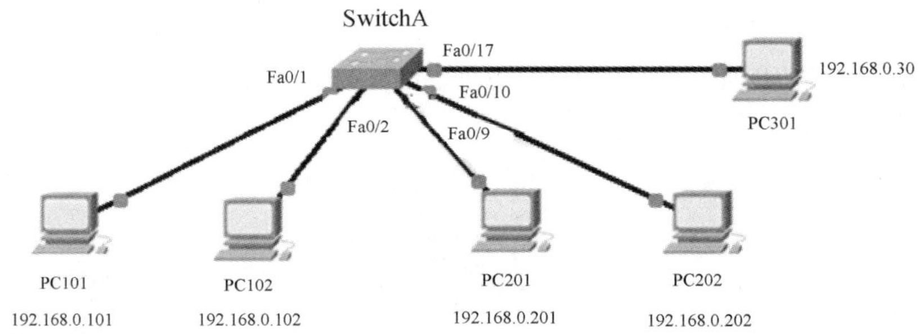

图 4-28　单交换机 VLAN 划分

三、实作实施步骤

（一）配置 PC 机的 IP 地址

在 Packet Tracer 中单击 PC101，在弹出的窗口中单击“桌面”选项卡下的“IP 地址配置”选项，在该窗口下配置 PC101 的 IP 地址。按照同样方法，分别配置好其他 PC 机的 IP 地址。由于所有计算机在同一网络地址内，因此这里没有配置网关地址。

（二）在交换机上创建 VLAN 并分配端口

配置的主要代码如下：

```
switchA>enable
switchA#configure terminal
switchA（config）#vlan 100
switchA（config-vlan）#vlan 200
switchA（config-vlan）#vlan 300
```

switchA（config-vlan）#exit
switchA（config）#int range fastEthernet 0/1-8
switchA（config-if-range）#switchport mode access
switchA（config-if-range）#switchport access vlan 100
switchA（config-if-range）#exit
switchA（config）#interface range fastEthernet 0/9-16
switchA（config-if-range）#switchport mode access
switchA（config-if-range）#switchport access vlan 200
switchA（config-if-range）#exit
switchA（config）#interface range fastEthernet 0/17-24
switchA（config-if-range）#switchport mode access
switchA（config-if-range）#switchport access vlan 300
switchA（config-if-range）#exit
switchA（config）#exit

（三）通过终端计算机进行测试

测试结果如图 4-29、4-30 所示。其中，PC101 与 PC102 在同一 VLAN 内，能够 ping 通；PC102 与 PC202 不在同一 VLAN 内，不能 ping 通。

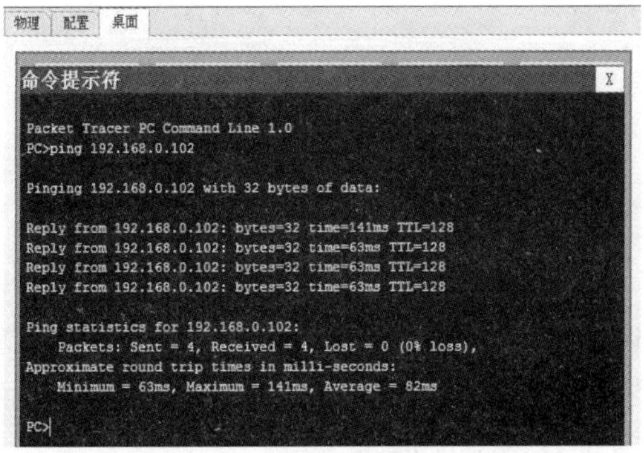

图 4-29 测试结果 1

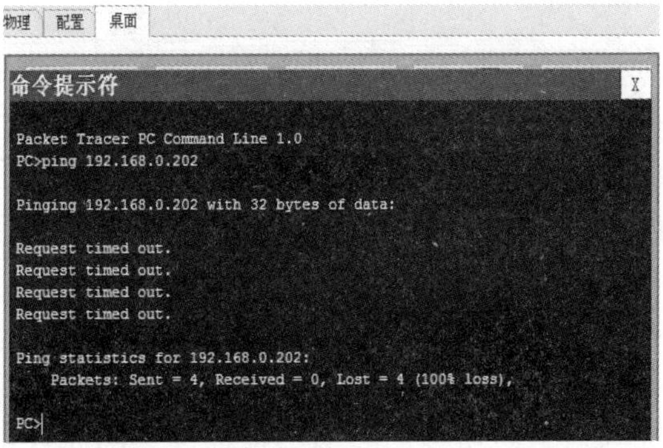

图 4-30 测试结果 2

实作 4.4 跨交换机 VLAN 间通信

一、实作目的

掌握多交换机 VLAN 技术。

二、实作需求

为了实现部门之间安全有效的互访，我们将交换机划分成几个 VLAN，使每个部门的主机在一个相同 VLAN 内。具体划分为：财务部（PC101）在 VLAN100 中，VLAN100 包括 Fa0/1 ~ Fa 0/7 端口；计划部（PC201）在 VLAN200 中，VLAN200 包括 Fa0/8 ~ Fa0/16 端口；销售部（PC301、PC302）的计算机在不同交换机上的 VLAN300 中，VLAN300 包括 Fa0/17 ~ Fa0/20 端口，并且两交换机相连的接口 Fa0/24 设为 Trunk 类型，所以 VLAN 数据都可以通过 Trunk 口从一台交换机某一 VLAN 到达另一台交换机同一 VLAN，这样，在同一 VLAN 内的主机可以相互访问，不同部门的计算机不在一个 VLAN 内，不能互访。

三、网络拓扑

网络拓扑如图 4-31 所示。

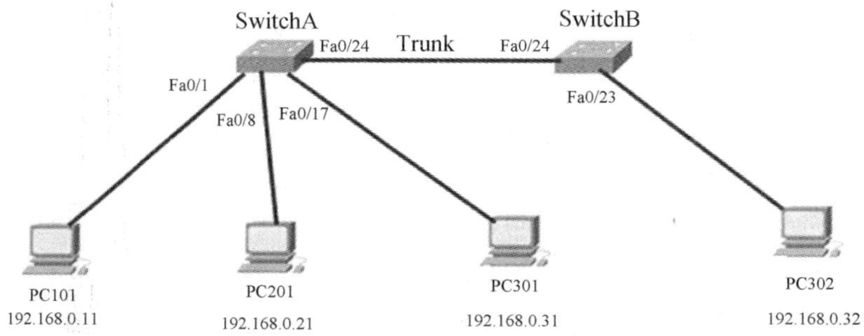

图 4-31 跨交换机 VLAN

四、实作实施步骤

（一）配置各个 PC 机的 IP 地址

在 Packet Tracer 中单击 PC101，在弹出的窗口中单击“桌面”选项卡下的“IP 地址配置”选项，在该窗口下配置 PC101 的 IP 地址。按照同样方法，分别配置好其他 PC 机的 IP 地址。由于所有计算机在同一网络地址内，因此这里没有配置网关地址。

（二）交换机创建 VLAN 并分配端口

Switch A 主要配置步骤如下：

第一步：进入全局配置模式。

```
SwitchA>
SwitchA>enable
SwitchA#config terminal
```

第二步：创建 VLAN 并分配端口。

```
SwitchA（config）#vlan 100
SwitchA（config-vlan）#vlan 200
```

```
SwitchA（config-vlan）#vlan 300
SwitchA（config-vlan）#exit
SwitchA（config）#interface range fastEthernet 0/1-7
SwitchA（config-if-range）#switchport mode access
SwitchA（config-if-range）#switchport access vlan 100
SwitchA（config-if-range）#interface range fastEthernet 0/8-16
SwitchA（config-if-range）#switchport mode access
SwitchA（config-if-range）#switchport access vlan 200
SwitchA（config-if-range）#interface range fastEthernet 0/17-20
SwitchA（config-if-range）#switchport mode access
SwitchA（config-if-range）#switchport access vlan 300
SwitchA（config-if-range）#exit
SwitchA（config-if）#interface fastEthernet 0/24
SwitchA（config-if）#switchport mode trunk
SwitchA（config-if）#no shutdown
```

交换机 Switch B 主要配置步骤如下：

第一步：进入全局配置模式。

```
SwitchB>
SwitchB#enable
SwitchB#config terminal
```

第二步：创建 VLAN 并分配端口。

```
SwitchB（config）#vlan 300
SwitchB（config-vlan）#exit
SwitchB（config）#interface fastEthernet 0/23
SwitchB（config-if）#switchport mode access
SwitchB（config-if）#switchport access vlan 300
SwitchB（config-if）#exit
SwitchB（config）#interface fastEthernet 0/24
SwitchB（config-if）#switchport mode trunk
SwitchB（config-if）#no shutdown
```

查看 VLAN 及接口配置情况：

```
SwitchB#show running-config
interface FastEthernet0/23
switchport access vlan 300
switchport mode access
interface FastEthernet0/24
switchport mode trunk
```

（三）测试

在 PacketTracer 中单击 PC301，在弹出的窗口中单击“桌面”选项卡下“命令提示符”，输入 ping 192.168.0.32，如果配置正确则 PC301 与 PC302 能够 ping 通。

任务 4.4 STP 原理与配置

4.4.1 环路的影响

随着局域网规模的不断扩大，越来越多的交换机被用来实现主机之间的互联。如果交换机之间仅使用一条链路互联，则可能会出现单点故障，导致业务中断。为了解决此类问题，交换机在互联时一般都会使用冗余链路来实现备份。

冗余链路虽然增强了网络的可靠性，但是也会产生环路，而环路会带来一系列的问题，继而导致通信质量下降和通信业务中断，甚至导致广播风暴以及 MAC 地址表不稳定等问题，影响到用户的通信质量。如图 4-32 所示，环路会引起广播风暴，网络中的主机会收到重复的数据帧。

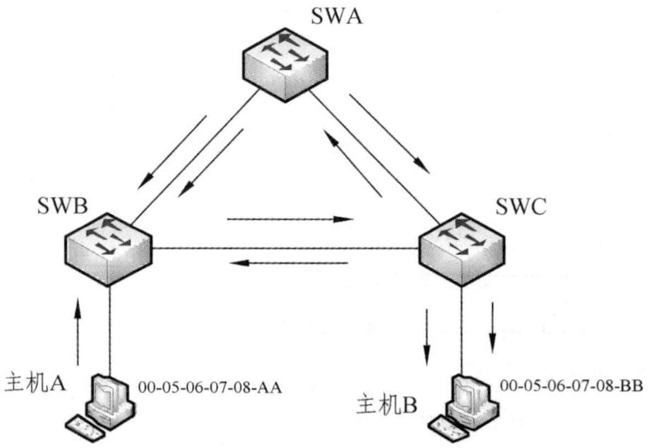

图 4-32 交换机环路引起数据帧重复接收

根据交换机的转发原则，如果交换机从一个端口上接收到的是一个广播帧，或者是一个目的 MAC 地址未知的单播帧，则会将这个帧向除源端口之外的所有其他端口转发。如果交换网络中有环路，则这个帧会被无限转发，此时便会形成广播风暴，网络中也会充斥着重复的数据帧。

图 4-32 中，主机 A 向外发送了一个单播帧，假设此单播帧的目的 MAC 地址在网络中所有交换机的 MAC 地址表中都暂时不存在。SWB 接收到此帧后，将其转发到 SWA 和 SWC，SWA 和 SWC 也会将此帧转发到除了接收此帧的其他所有端口，结果此帧又会被再次转发给

SWB，这种循环会一直持续，于是便产生了广播风暴。交换机性能会因此急速下降，并会导致业务中断。为解决交换网络中的环路问题，提出了 STP（生成树协议），其通过阻塞端口来消除环路，并能够实现链路备份的目的。STP 的主要作用：

（1）消除环路：通过阻断冗余链路来消除网络中可能存在的环路。

（2）链路备份：当活动路径发生故障时，激活备份链路，及时恢复网络连通性。

4.4.2 STP 运行的原理

1. STP 协议中的名词

根桥（Root Bridge）：是整个生成树的根节点，所有网桥中优先级最高的桥。每个 STP 网络中，都会存在一个根桥，其他交换机为非根桥。根桥或者根交换机位于整个逻辑树的根部，是 STP 网络的逻辑中心，非根桥是根桥的下游设备。

桥 ID（Bridge ID）：每一个运行 STP 协议的网桥都会有一个桥 ID，用于在网络中唯一标识一个桥，由桥优先级和桥 MAC 地址组成。桥优先级占 2 字节，桥 MAC 地址占 6 个字节。桥优先级只能是 4 096 的整数倍，最大为 61 440，默认为 32 768。

路径开销（Path Cost）：STP 中每条链路都具有开销值，默认的开销值取决于链路的带宽，带宽越大，开销越小。例如 IEEE 标准的开销，链路速度为 10 Gb/s 时开销为 2，速度为 100 Mb/s 时开销为 19，速度为 10 Mb/s 时开销为 100。

BPDU（Bridge Protocol Data Unit，桥协议数据单元）：用于网桥之间传递 BPDU 来交互协议信息。BPDU 分为配置 BPDU 和 TCN BPDU。配置 BPDU 是用来进行生成树的计算和维护生成树拓扑的报文。TCN BPDU 是当拓扑结构改变的时候，用来通知相关桥设备网络拓扑结构发生变化的报文。

2. STP 协议的端口角色

根端口（Root Port）：是非根交换机去往根桥路径最优的端口。在一个运行 STP 协议的交换机上最多只有一个根端口，但根桥上没有根端口。

指定端口（Designate Port）：是交换机向所连网段转发配置 BPDU 的端口，每个网段有且只能有一个指定端口。一般情况下，根桥的每个端口总是指定端口。

阻塞端口（Alternate Port）：如果一个端口既不是指定端口也不是根端口，则此端口为阻塞端口（也称为预备端口），此端口将被阻塞。

3. STP 运行过程

（1）选举一个根桥。

（2）每个非根交换机选举一个根端口。

（3）每个网段选举一个指定端口。

（4）阻塞非根、非指定端口。

具体过程如下：

1）根桥选举

STP 中根桥的选举依据的是桥 ID，STP 中的每个交换机都会有一个桥 ID（Bridge ID）。桥 ID 由 16 位的桥优先级（Bridge Priority）和 48 位的 MAC 地址构成。在 STP 网络中，桥优先级是可以配置的，取值范围是 0～65 535，默认值为 32 768。优先级最高的设备（桥 ID 最小）会被选举为根桥。如果优先级相同，则会比较 MAC 地址，MAC 地址越小则越优先。

交换机启动后就自动开始进行生成树收敛计算。默认情况下，所有交换机启动时都认为自己是根桥，自己的所有端口都为指定端口，这样 BPDU 报文就可以通过所有端口转发。对端交换机收到 BPDU 报文后，会比较 BPDU 中的根桥 ID 和自己的桥 ID。如果收到的 BPDU 报文中的桥 ID 优先级低，接收交换机会继续通告自己的配置 BPDU 报文给邻居交换机。如果收到的 BPDU 报文中的桥 ID 优先级高，则交换机会修改自己的 BPDU 报文的根桥 ID 字段，宣告新的根桥。如图 4-33 所示，SWA 被选举为根桥，则可以推断 SWA 的桥优先级最高。

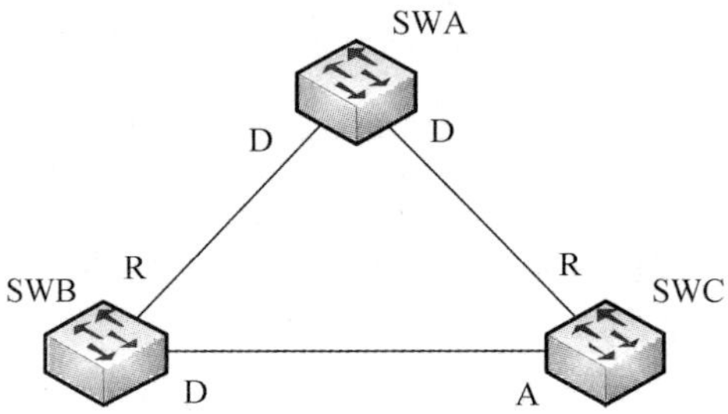

图 4-33　根桥选举

2）根端口选举

交换机的每个端口都有一个端口开销（Port Cost）参数，此参数表示该端口发送数据时的开销值，即出端口的开销。STP 认为从一个端口接收数据是没有开销的。端口的开销和端口的带宽有关，带宽越高，开销越小。从一个非根桥到达根桥的路径可能有多条，每一条路径都有一个总的开销值，此开销值是该路径上所有出端口的端口开销总和，即根路径开销（Root Path Cost，RPC）。非根桥根据根路径开销来确定到达根桥的最短路径，并生成无环树状网络。根桥的根路径开销是 0。

每个非根桥都要选举一个根端口。根端口是距离根桥最近的端口，这个最近的衡量标准是靠累计根路径开销来判定的，即累计根路径开销最小的端口就是根端口。如图 4-34 所示，SWB 的 G0/0/1 端口被选为根端口，则可以推断 SWB 的 G0/0/1 端口相比较 G0/0/2 端口的 RPC 值较小。

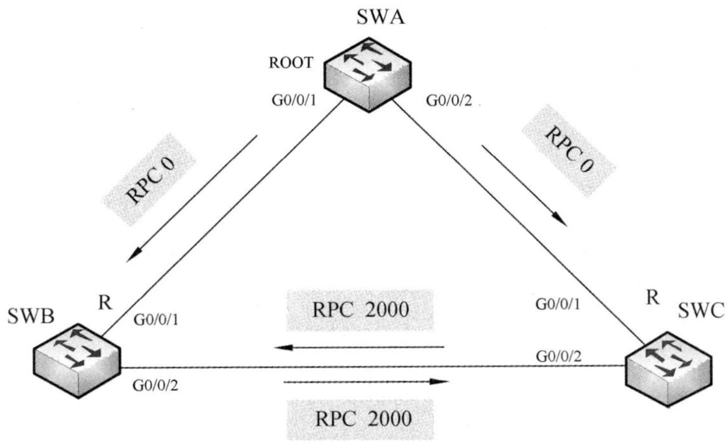

图 4-34 交换机根端口选举

3）指定端口选举

指定端口的选举也是先比较累计根路径开销，累计根路径开销最小的端口就是指定端口。如果累计根路径开销相同，则比较端口所在交换机的桥 ID，所在桥 ID 最小的端口被选举为指定端口。如果通过累计根路径开销和所在桥 ID 选举不出来，则比较端口 ID，端口 ID 最小的被选举为指定端口。每个网段都应该有一个指定端口，根桥的所有端口都是指定端口（除非根桥在物理上存在环路）。如图 4-35 所示，SWB 的 G0/0/2 端口及 SWC 的 G0/0/2 端口所在的网段要选举 D 端口，虽然 SWB 的 G0/0/2 端口的 RPC 与 SWC 的 G0/0/2 端口的 RPC 值相同，但是由于 SWB 的桥 ID 值优先，故 SWB 的 G0/0/2 端口被选为 D 端口。

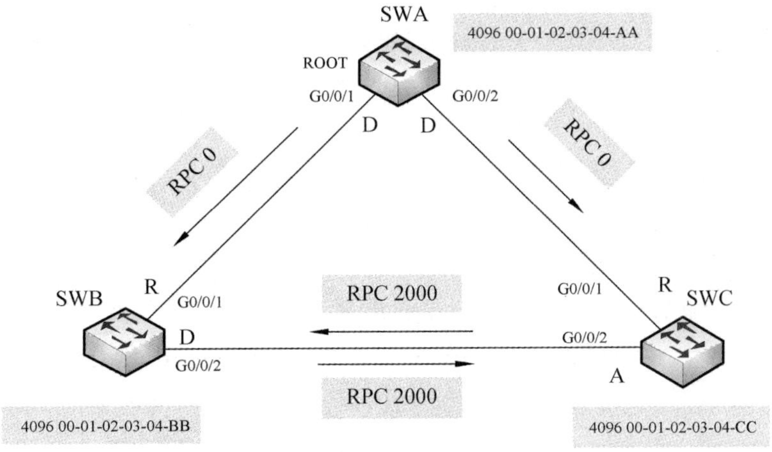

图 4-35 交换机指定端口选举

4）阻塞端口的选举

经过前面步骤的运行可以看出，SWC 的 G0/0/2 端口既不是根端口也不是指定端口，则此端口被选为阻塞端口。

4. 端口状态转换

图 4-36 所示为 STP 的端口状态迁移机制，运行 STP 协议的设备上端口状态有 5 种。

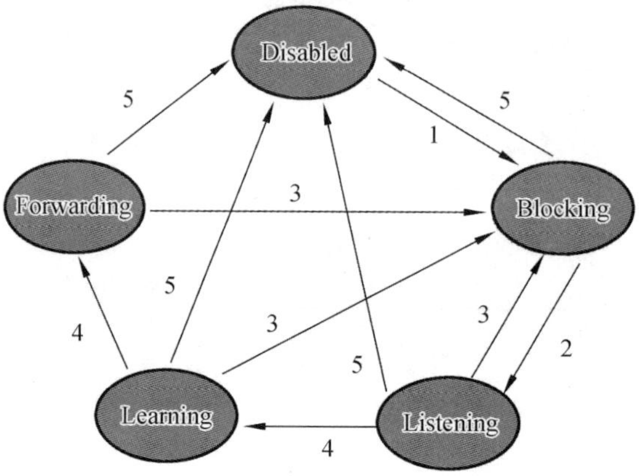

图 4-36 STP 协议端口状态转换

Forwarding：转发状态。端口既可转发用户流量也可转发 BPDU 报文，只有根端口或指定端口才能进入 Forwarding 状态。

Learning：学习状态。端口可根据收到的用户流量构建 MAC 地址表，但不转发用户流量。增加 Learning 状态是为了防止临时环路。

Listening：侦听状态。端口可以转发 BPDU 报文，但不能转发用户流量。

Blocking：阻塞状态。端口仅仅能接收并处理 BPDU，不能转发 BPDU，也不能转发用户流量。此状态是预备端口的最终状态。

Disabled：禁用状态。端口既不处理和转发 BPDU 报文，也不转发用户流量。

网络收敛后，只有指定端口和根端口可以转发数据。其他端口为阻塞端口，不能转发数据，只能够从所接入网段的指定交换机接收到 BPDU 报文，并以此来监视链路的状态。

4.4.3 RSTP 原理与配置

1. RSTP 的特性

STP 协议虽然能够解决环路问题，但是收敛速度慢，影响了用户通信质量。如果 STP 网络的拓扑结构频繁变化，网络也会频繁失去连通性，从而导致用户通信频繁中断。IEEE 于 2001 年发布的 802.1w 标准定义了快速生成树协议（Rapid Spanning-Tree Protocol，RSTP），其在 STP 基础上进行了改进，减少了端口的状态，增加了端口的角色，通过 P/A 机制实现了网络拓扑快速收敛。

2. RSTP 的快速收敛机制

1）Proposal/Agreement 机制

当一个端口被选举为指定端口之后，在 STP 中，该端口需要等待较长一段时间才能迁移到转发状态。而在 RSTP 中，端口通过 P/A 机制可以快速进入转发状态。

RSTP 使用了 P/A 机制保证链路及时协商，由于每个步骤不需要依赖定时器来保证网络拓扑无环才去转发，因此进入转发状态很快（一般都是秒级），P/A 过程可以从根桥向下游级联传递，如图 4-37 所示。在 STP 中网络全部收敛完毕需要 30~50 s，在 RSTP 中有了 P/A 机制，网络只需要极短的时间，非堵塞端口就可进入转发状态。

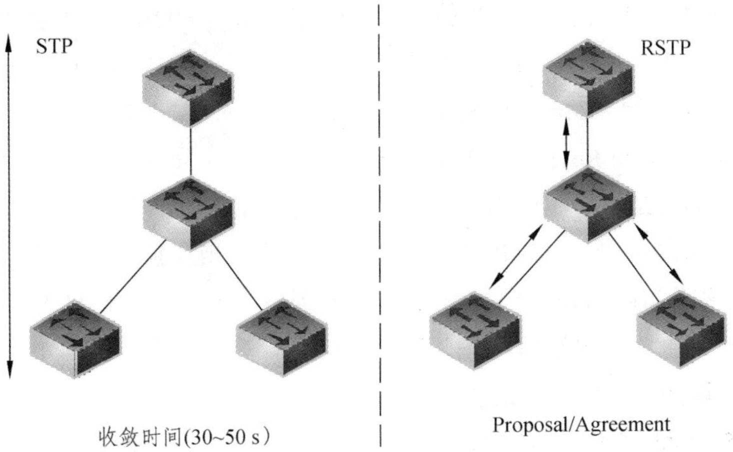

图 4-37 RSTP 协议

2）根端口快速切换机制

如果网络中一个非根桥的根端口失效，那么原来的 AP 端口会立刻成为新的根端口并立即进入转发状态。如图 4-38 所示，SWC 的 Root 端口失效后则其 A 端口立刻切换为新的根端口。

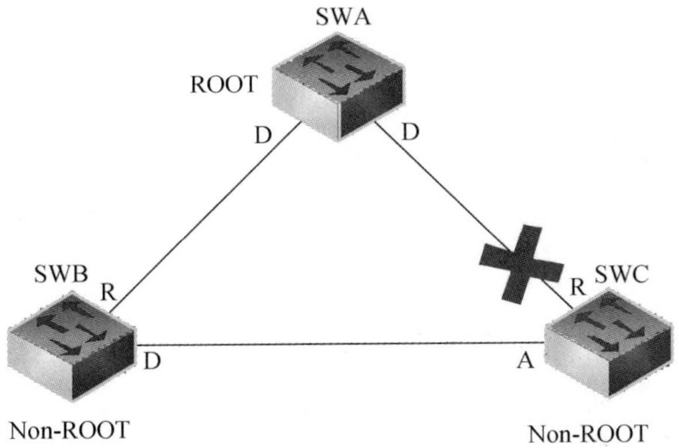

图 4-38 RSTP 根端口快速切换

3）边缘端口快速切换机制

RSTP 里，位于网络边缘的指定端口被称为边缘端口。边缘端口一般与用户终端设备直接连接，不与任何交换设备连接。边缘端口不接收配置 BPDU 报文，不参与 RSTP 运算，可以由 Disabled 状态直接转到 Forwarding 状态，且不经历时延，就像在端口上将 STP 禁用了一样。

4.4.4 MSTP 多区域生成树协议

RSTP 在 STP 基础上进行了改进，实现了网络拓扑快速收敛。但 RSTP 和 STP 还存在同一个缺陷：由于局域网内所有的 VLAN 共享一棵生成树，因此无法在 VLAN 间实现数据流量的负载均衡，链路被阻塞后将不承载任何流量，还有可能造成部分 VLAN 的报文无法转发。

为了弥补 STP 和 RSTP 的缺陷，IEEE 于 2002 年发布的 802.1s 标准定义了 MSTP，MSTP 把一个交换网络划分成多个域，每个域内形成多棵生成树，生成树之间彼此独立。每棵生成树叫作一个多生成树实例（Multiple Spanning Tree Instance，MSTI），每个域叫作一个 MST 域（Multiple Spanning Tree Region，MST Region）。

所谓生成树实例就是多个 VLAN 的一个集合。通过将多个 VLAN 捆绑到一个实例，可以节省通信开销和资源占用率。MSTP 各个实例拓扑的计算相互独立，在这些实例上可以实现负载均衡。可以把多个相同拓扑结构的 VLAN 映射到一个实例里，MSTP 为每个 MST Instance 单独计算根交换机，单独设置端口状态，即在网络中计算多个生成树。每个 MST Instance 都使用单独的 RSTP 算法，计算单独的生成树。

MSTP 兼容 STP 和 RSTP，既可以快速收敛，又提供了数据转发的多个冗余路径，在数据转发过程中实现 VLAN 数据的负载均衡。

实作 4.5 单域生成树配置

一、实作目的

掌握交换机单域生成树。

二、实作需求

两台 Cisco 2960 交换机使用两个千兆端口相连，交换机启动后要求 SW0 为根桥交换机。

三、实作网络拓扑结构

网络拓扑结构如图 4-39 所示。

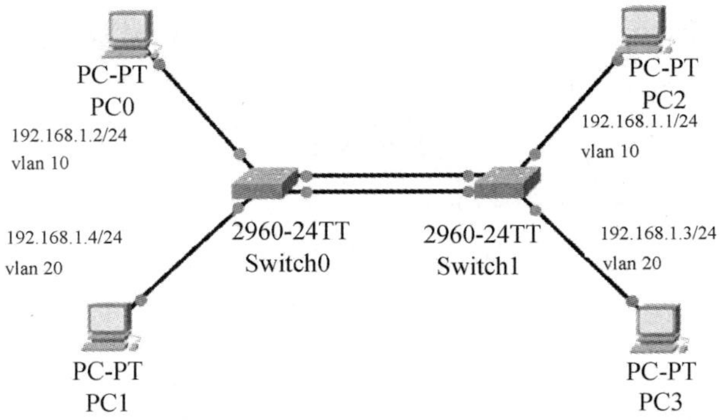

图 4-39 单域生成树

四、主要配置过程

CISCO 的交换机默认就启用了生成树协议，不需要配置就可以实现链路冗余能力，端口的状态如图 4-40 所示。可以看到两个交换机互联的其中一个端口已经被阻塞，其他端口正常转发数据。

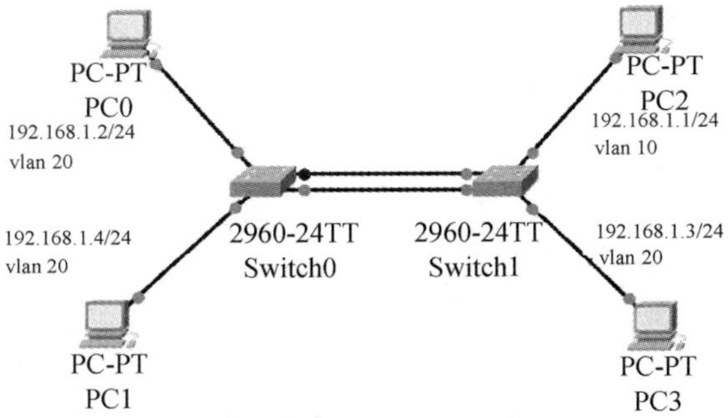

图 4-40 交换机已经启用 STP 协议

（一）在 Switch0 上运行命令 show spanning-tree 验证生成树

```
Switch#show spanning-tree
VLAN0001
Spanning tree enabled protocol ieee
Root ID     Priority     32769
            Address      000D.BD91.4419
            Cost         4
            Port         25（GigabitEthernet1/1）
            Hello Time   2 sec   Max Age 20 sec   Forward Delay 15 sec
Bridge ID   Priority     32769   （priority 32768 sys-id-ext 1）
            Address      0060.3E30.57A3
```

```
          Hello Time   2 sec   Max Age 20 sec   Forward Delay 15 sec
          Aging Time   20
Interface        Role Sts Cost       Prio.Nbr    Type
---------------- ---- --- --------- -------- ------
Gi1/2             Altn BLK 4          128.26     P2p
Gi1/1             Root FWD 4          128.25     P2p
Fa0/3             Desg FWD 19         128.3      P2p
Fa0/4             Desg FWD 19         128.4      P2p
```

可以看到，生成树的根桥 ID 为：000D.BD91.4419，Switch0 自身的桥 ID 为：0060.3E 30.57A3。由此可见此生成树的根桥为 Switch1。Switch0 的 G1/2 端口的 Role 为 Altn，状态为 BLK。

（二）修改 Switch0 交换机的根桥优先级，重新选根网桥

在 Switch0 上运行命令 spanning-tree vlan 1 priority 4096，如图 4-41 所示。

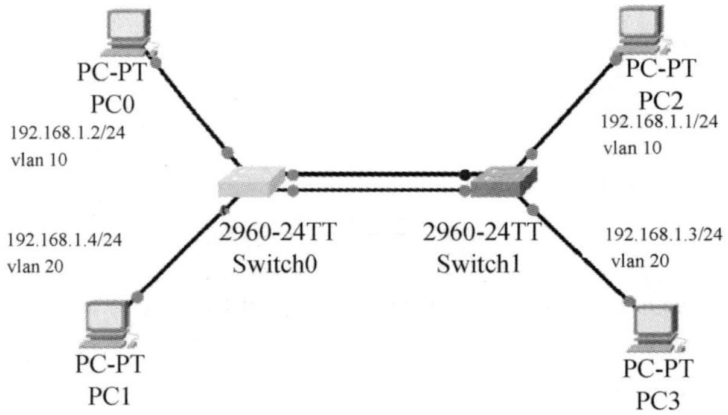

图 4-41 重新选根网桥

重新收敛后可以看到，STP 根桥改变，交换机端口的状态也发生了变化，现在生成树的根桥在 Switch0 上，并阻塞了 Switch1 上的一个端口。

任务 4.5 交换机的端口聚合配置

4.5.1 链路聚合

链路聚合又称为端口聚合，将交换机上的多个端口在物理上连接起来，在逻辑上捆绑在一起，形成一个拥有较大宽带的端口，可以实现负载分担，并提供冗余链路。

4.5.2 链路聚合原理

链路聚合使用的是 EtherChannel 特性，在交换机到交换机之间提供冗余高速的连接方式：将两个设备之间多条 FastEthernet 或 GigabitEthernet 物理链路捆在一起组成一条设备间逻辑链路，从而增强带宽，提供冗余。交换机之间的链路很容易形成瓶颈，使用端口聚合技术，把两个带宽 100M 链路聚合成一个 200M 的逻辑链路，当一条链路出现故障，另一条链路会继续工作。一台 S2000 系列以太网交换机只能有 1 个汇聚组，1 个汇聚组最多可以有 4 个端口。组内的端口号必须连续，但对起始端口无特殊要求。

在一个端口汇聚组中，端口号最小的作为主端口，其他的作为成员端口。同一个汇聚组中成员端口的链路类型与主端口的链路类型保持一致，即如果主端口为 Trunk 端口，则成员端口也为 Trunk 端口；如主端口的链路类型改为 Access 端口，则成员端口的链路类型也变为 Access 端口。所有参加聚合的端口都必须工作在全双工模式下，且工作速率相同才能进行聚合，并且聚合功能需要在链路两端同时配置方能生效。

4.5.3 端口聚合主要应用的场合

交换机与交换机之间的连接：汇聚层交换机到核心层交换机或核心层交换机之间。

交换机与服务器之间的连接：集群服务器采用多网卡与交换机连接以提供集中访问。

交换机与路由器之间的连接：交换机和路由器采用端口聚合解决广域网和局域网连接瓶颈。

服务器和路由器之间的连接：集群服务器采用多网卡与路由器连接以提供集中访问。

4.5.4 全局配置模式下命令

interface range interface_name1 to interface_name2

Switchport mode trunk

channel-group 1 mode on 加入链路组 1 并开启聚合模式

参数的解释：

interface_name1：表示聚合起始端口。

interface_name2：表示聚合结束端口。

Trunk：表示端口可以转发所有 Vlan 包

channel-group：表示将 2 个或多个物理端口组合在一起成为一条逻辑路径，这里即链路 channel-group1，同时也形成了一个逻辑端口 port-channel（一个整体）。

实作 4.6 交换机的端口聚合配置

一、实作目的

（1）理解端口聚合基本原理。
（2）掌握一般交换机端口聚合的配置方法。

二、实作设备

Switch_2960 2 台；PC 4 台；直连线若干。

三、实作网络拓扑结构

网络拓扑结构如图 4-42 所示。

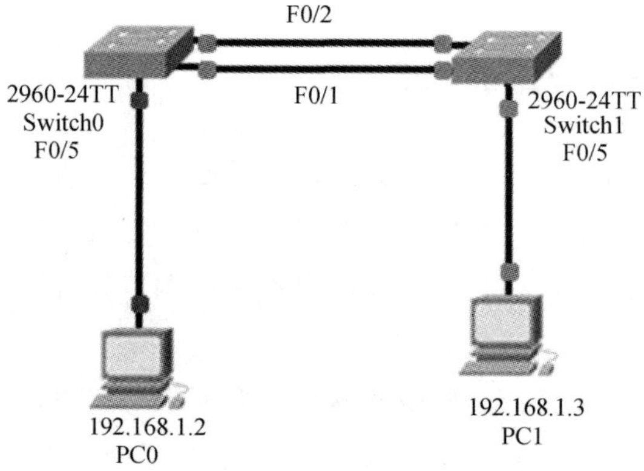

图 4-42 交换机聚合链路聚合实验

四、配置过程

（一）交换机 Switch0 具体操作

Switch>

Switch#config　t

Switch（config）#interface range f0/1-2

Switch（config-if-range）#Switchport mode trunk　　//设置端口模式为 trunk

Switch（config-if-range）#channel-group 1 mode on　　//加入链路组 1 并开启

Switch（config-if-range）#exit

Switch（config）#port-channel load-balance dst-ip　　//按照目标主机 IP 地址数据分发来实现负载平衡

Switch（config）#exit

Switch#show etherchannel summary

（二）交换机 Switch1 具体操作

```
Switch>
Switch#config  t
Switch（config）#interface range f0/1-2
Switch（config-if-range）#Switchport mode trunk     //设置端口模式为 trunk
Switch（config-if-range）#channel-group 1 mode on     //加入链路组 1 并开启
Switch（config-if-range）#exit
Switch（config）#port-channel load-balance dst-ip     //按照目标主机 IP 地址数据分发来实现以太网通道组负载平衡
Switch（config）#exit
Switch#show etherchannel summary   //显示以太网通道组的情况
```

（三）设置 IP 地址

PC0 设置：

192.168.1.2 255.255.255.0

PC1 设置：

192.168.1.3 255.255.255.0

（四）验证

PC0：

ping PC1   //收到 Reply 信息

PC1：

ping PC0   //收到 Reply 信息

复习思考题

1. 交换机按照组网标准的分类有哪些？
2. 交换机按照工作方式的分类有哪些？
3. 交换机的内部结构包括什么？
4. 简述交换机与集线器的区别。
5. 交换机对帧的转发操作行为有哪三种？
6. 什么是 VLAN？
7. 基于端口划分的 VLAN 的种类有哪些？
8. 什么是接入链路？什么是干道链路？
9. STP 的主要作用是什么？
10. STP 协议的端口角色有哪些？
11. STP 协议的端口状态有哪些？
12. 简述链路聚合的概念。

项目 5

网络间的互联

任务 5.1 认识路由器

5.1.1 路由器作用

以太网交换机工作在数据链路层，用于在网络内进行数据转发。而企业网络的拓扑结构一般会比较复杂，不同的部门或者总部与分支结构可能处在不同的网络中，此时就需要使用路由器来连接不同的网络，实现网络之间的数据转发。

路由器属于网络层设备，能够根据 IP 包头的信息，选择一条最佳路径，将数据包转发出去，实现不同网段主机之间的互相访问。路由器是根据路由表进行选路和转发的，而路由表内容就是由一条条路由信息组成的。

一般来说，我们可以把一个企业网络认为是一个自治系统（Autonomous System，AS）。自治系统是由一个单一实体管辖的网络，这个实体可以是一个互联网服务提供商，或一个大型组织机构。自治系统内部遵循一个单一且明确的路由策略，如图 5-1 所示。

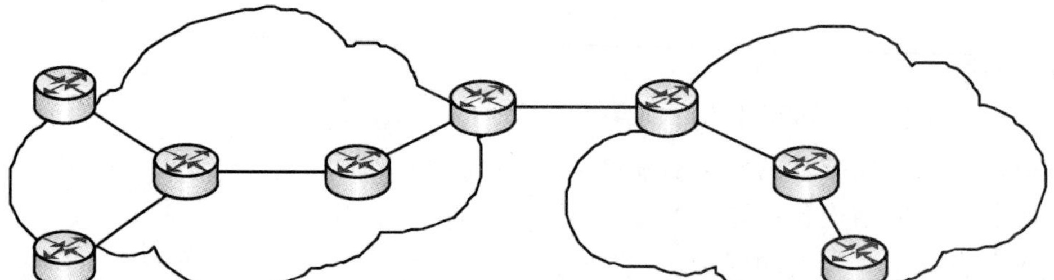

图 5-1 自治系统

一个 AS 通常由多个不同的局域网组成。以企业网络为例，各个部门可以属于不同的局域网，或者各个分支机构和总部也可以属于不同的局域网。局域网内的主机可以通过交换机来实现相互通信。不同局域网之间的主机要想相互通信，可以通过路由器来实现。路由器工作在网络层，隔离了广播域，并可以作为每个局域网的网关，发现到达目的网络的最优路径，最终实现在不同网络间转发报文。

如图 5-2 所示，RTA 和 RTB 把整个网络分成了三个不同的局域网，每个局域网为一个广播域。LAN1 内部的主机直接可以通过交换机实现相互通信，LAN2 内部的主机之间也是如此。但是，LAN1 内部的主机与 LAN2 内部的主机之间则必须要通过路由器才能实现相互通信。最初，自治系统内部只考虑运行单个路由协议。然而，随着网络的发展，一个自治系统内现在也可以支持同时运行多种路由协议。

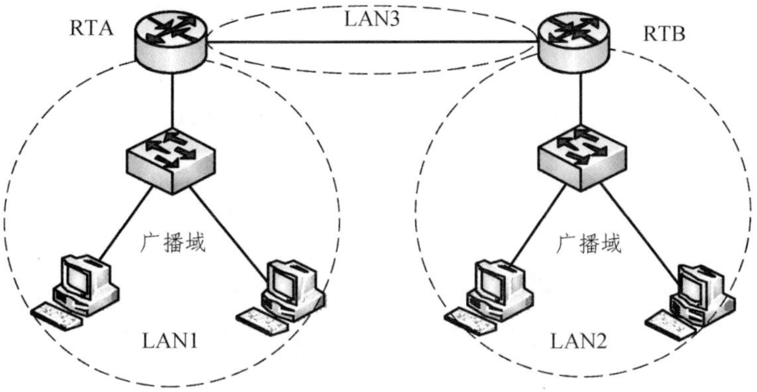

图 5-2　路由器连接局域网

路由器收到数据包后，会根据数据包中的目的 IP 地址选择一条最优的路径，并将数据包转发到下一个路由器，路径上最后的路由器负责将数据包送交目的主机。数据包在网络上的传输就好像是体育运动中的接力赛一样，每一个路由器负责将数据包按照最优的路径向下一跳路由器进行转发，通过多个路由器一站一站地接力，最终将数据包通过最优路径转发到目的地，如图 5-3 所示。

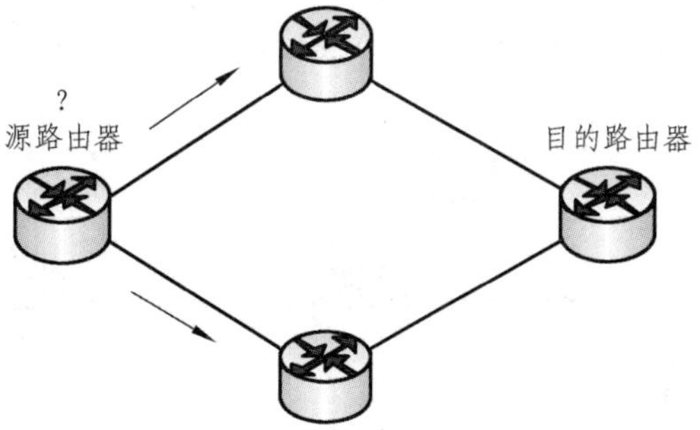

图 5-3　路由器转发

5.1.2 路由表

路由器能够决定数据报文的转发路径。如果有多条路径可以到达目的地，则路由器会通过进行计算来决定最佳下一跳地址。计算的原则会随实际使用的路由协议不同而不同，但都需要查找路由表。通过路由查看命令可以查看路由器上的路由表，如图 5-4 所示。

```
[RT1]show ip routing-table
Route Flags: R - relay, D - download to fib
------------------------------------------------------------
Routing Tables: Public  Destinations : 2        Routes : 2
Destination/Mask   Proto   Pre  Cost  Flags NextHop    Interface
0.0.0.0/0          Static  60   0      D    120.0.0.2  Serial1/0/0
8.0.0.0/8          RIP     100  3      D    120.0.0.2  Serial1/0/0
9.0.0.0/8          OSPF    10   50     D    20.0.0.2   Ethernet2/0/0
9.1.0.0/16         RIP     100  4      D    120.0.0.2  Serial1/0/0
11.0.0.0/8         Static  60   0      D    120.0.0.2  Serial2/0/0
20.0.0.0/8         Direct  0    0      D    20.0.0.1   Ethernet2/0/0
20.0.0.1/32        Direct  0    0      D    127.0.0.1  LoopBack0
```

图 5-4　路由表

路由器转发数据包的关键是路由表。每个路由器中都保存着一张路由表，表中每条路由项都指明了数据包要到达某网络或某主机应通过路由器的哪个物理接口发送，以及可到达该路径的下一个路由器地址，或者不再经过别的路由器而直接可以到达目的地。

路由表中包含了下列关键项：

目的地址（Destination）：用来标识 IP 包的目的地址或目的网络。

网络掩码（Mask）：路由表中网络掩码也具有重要的意义。IP 地址和网络掩码进行“逻辑与”便可得到相应的网段信息。如本例中，目的地址为 8.0.0.0，掩码为 255.0.0.0，相与后便可得到一个 A 类的网段信息（8.0.0.0/8）。网络掩码的另一个作用还表现在当路由表中有多条目的地址相同的路由信息时，路由器将选择其掩码最长的一项作为匹配项。

输出接口（Interface）：指明 IP 包将从该路由器的哪个接口转发出去。

下一跳 IP 地址（NextHop）：指明 IP 包所经由的下一个路由器的接口地址，如图 5-5 所示。

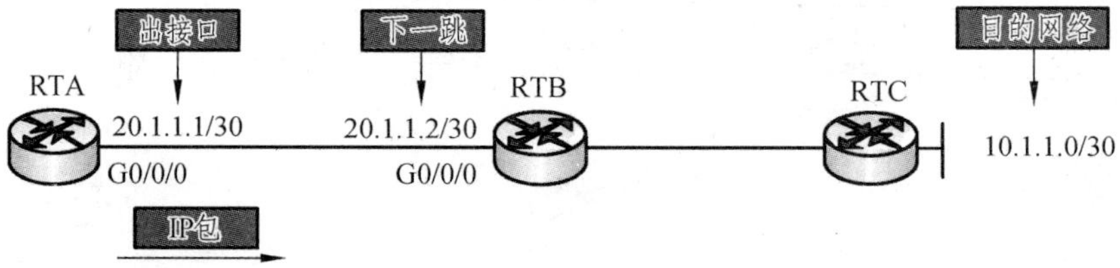

图 5-5　路由表关键项

管理距离（Pre）：这个数值用于指定路由协议的优先级，使用管理距离值按从高到低的优选顺序来排定优先级。管理距离是从 0 到 255 的整数值，值越低表示路由来源的优先级别越高。

度量（Cost）：指路由协议用来分配到达远程网络的路由开销的值。有多条路径通往同一远程网络时，路由协议使用度量来确定最佳的路径。每一种路由协议都有自己的度量。例如，RIP 使用跳数，EIGRP 使用带宽和延迟，OSPF 和 IS-IS 使用开销，Cisco 版本的 OSPF 使用的是带宽。

5.1.3 直连路由

路由器收到一个数据包后，会检查其目的 IP 地址，然后查找路由表。查找到匹配的路由表项之后，路由器会根据该表项所指示的出接口信息和下一跳信息将数据包转发出去。根据来源的不同，路由表中的路由通常可分为以下 3 类：

（1）链路层协议发现的路由（也称为接口路由或直连路由）。

（2）由网络管理员手工配置的静态路由。

（3）动态路由协议发现的路由。

直连路由是指在路由器上配置静态或动态路由之前，与路由器端口直连的网络 IP 地址段。这些网络是在配置静态或动态路由之前唯一显示在路由表中的网络。

配置路由器的接口并使用 no shutdown 命令将其激活后，该接口收到来自其他设备（路由器、交换机、集线器等）的载波信号，其状态才能视为“up”（开启）。一旦接口为“up”（开启）状态，该接口所在的网络就会作为直连网络而加入路由表。如图 5-6 所示，R1 的 Fa0/0 端口所在的网段地址为 192.168.1.0/24，S0/0/0 端口所在的网段地址为 192.168.2.0/24，因此当 R1 的这两个端口处于激活状态时，R1 就会产生两个直连路由。

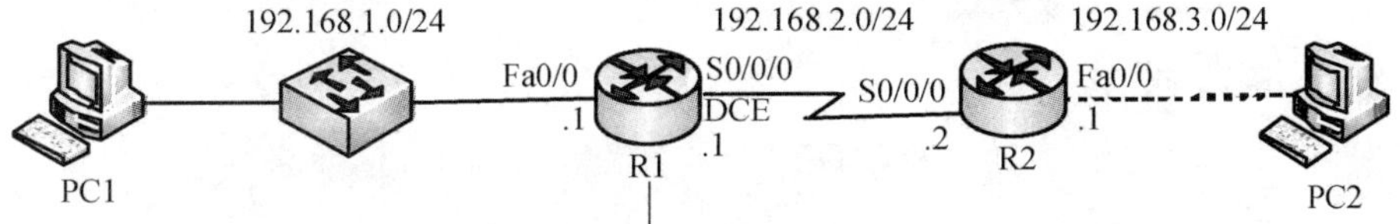


```
R1#show ip route

C  192.168.1.0/24 is directly connected,FastEthernet0/0
C  192.168.2.0/24 is directly connected,Serial0/0/0
```

图 5-6 直连路由

5.1.4 路由器结构及基本操作

1. 路由器的内部结构

中央处理器（CPU）：执行操作系统指令，如系统初始化、路由功能和交换功能。

随机访问存储器（RAM）：启动时，操作系统会将 Cisco IOS 复制到 RAM 中。

运行配置文件：这是存储路由器 IOS 当前所用的配置命令的配置文件，此文件也称为 running-config。

IP 路由表：此文件存储着直连网络以及远程网络的相关信息，用于确定转发数据包的最佳路径。

ARP 缓存：此缓存包含 IPv4 地址到 MAC 地址的映射，类似于 PC 上的 ARP 缓存，使用在有 LAN 接口（如以太网接口）的路由器上。

数据包缓冲区：数据包到达接口之后以及从接口送出之前，都会暂时存储在缓冲区中。

操作系统软件（以思科路由器为例）：Cisco 路由器采用的操作系统软件称为 Cisco Internetwork Operating System （Cisco IOS）。与计算机上的操作系统一样，Cisco IOS 会管理路由器的硬件和软件资源，包括存储器分配、进程、安全性和文件系统。Cisco IOS 属于多任务操作系统，集成了路由、交换、网际网络及电信等功能。

Cisco IOS 用户界面有图形用户界面（GUI）和命令行界面（CLI）两种。

路由器启动时,NVRAM 中的 startup-config 文件会复制到 RAM,并存储为 running-config 文件，Cisco IOS 接着会执行 running-config 中的配置命令。网络管理员输入的任何更改均存储于 running-config 中，并由 Cisco IOS 立即执行。

2. 路由器接口

路由器物理接口使得路由器能够接收或发送数据包，每个接口连接到一个独立的网络。路由器管理接口有 Console（CON）口和 Auxiliary 口（AUX）。路由器数据接口类型主要有以太网、快速以太网、串口、光纤接口等，如图 5-7 所示。

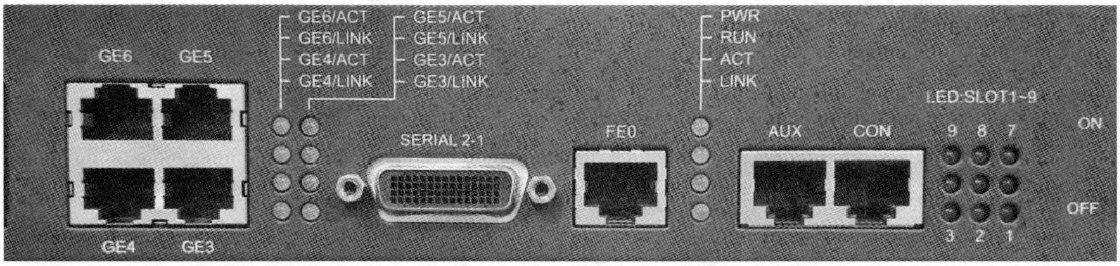

图 5-7 路由器接口

3. 基本路由器配置

常用的路由器基础操作有命名路由器、配置接口、保存路由器配置等（见图 5-8）。

为路由器命名	Router(config)#hostname *name*
设置口令	Router(config)#enable secret *password*
	Router(config)#line console 0
	Router(config-line)#password *password*
	Router(config)#login
	Router(config)#line vty 0 4
	Router(config)#password *password*
	Router(config)#login
配置登录提示文字	Router(config)#banner motd# *message#*
配置接口	Router(config)#interfac *type mumber*
	Router(config-if)#ip address *address mask*
	Router(config-if)#description *description*
	Router(config-if)#no shutdown

保存路由器更改	Router#copy running-config startup-config
检查 show 命令的输出	Router#show running-config
	Router#show ip route
	Router#show ip interface
	Router#show interfaces

图 5-8 常用路由器命令

实作 5.1 路由器基本配置

一、实作目的

熟悉路由器常用配置命令，了解路由表。

二、实作网络拓扑结构

网络拓扑结构如图 5-9 所示。

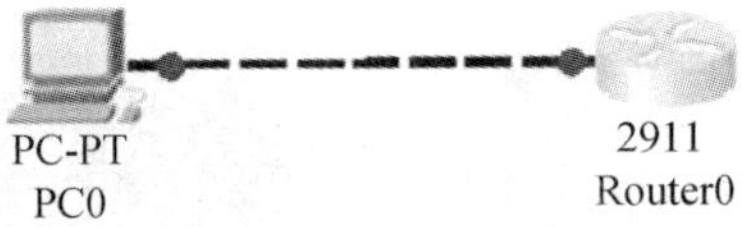

图 5-9 拓扑结构

三、实验步骤

（一）观察路由器接口状态

路由器启动时，进入路由器输入命令：

```
Router#show ip int brief
Interface              IP-Address  OK?   Method  Status                 Protocol
GigabitEthernet0/1     unassigned  YES   NVRAM   administratively down down
GigabitEthernet0/2     unassigned  YES   NVRAM   administratively down down
GigabitEthernet0/0     unassigned  YES   NVRAM   administratively down down
```

通过此命令查看路由器 IP 端口，可以看到路由器端口状态为 down 状态。

（二）进入路由器 G0/0 端口配置 IP 地址并激活端口

```
Router（config）#int g0/0
Router（config-if）#ip add 192.168.1.2 255.255.255.0
```

Router (config-if) #no shutdown

可以看到，路由器的端口状态发生了变化，如图 5-10 所示。

图 5-10　端口激活

再次运行 Router#show ip int brief 命令：

Router#show ip int brief

Interface	IP-Address	OK?	Method	Status	Protocol
GigabitEthernet0/0	192.168.1.2	YES	manual	up	up

可以看到，路由器 G0/0 端口的状态（Status）已经为“up”。

（三）计算机配置

在计算机上设置 IP 地址，测试 PC 与路由器的连通状态，如图 5-11 所示。

在 PC 上设置 IP 地址后，可以 ping 通路由器的 G0/0 端口，如图 5-12 所示。

图 5-11　IP 地址配置

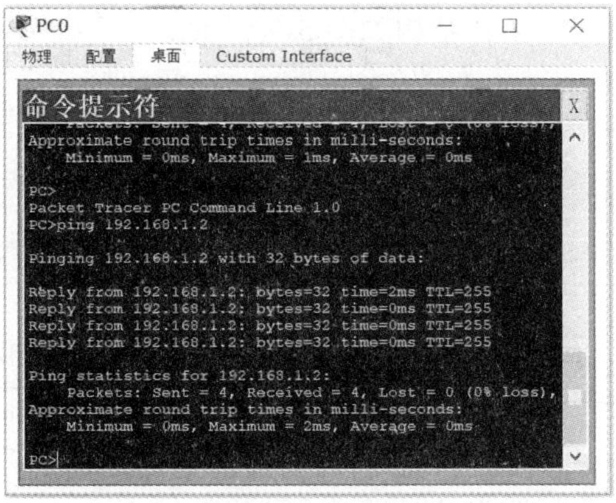

图 5-12　测试

（四）在路由器上执行查看路由命令

Router#show ip route

```
         192.168.1.0/24 is variably subnetted,  2 subnets,  2 masks
C        192.168.1.0/24 is directly connected,  GigabitEthernet0/0
L        192.168.1.2/32 is directly connected,  GigabitEthernet0/0
```

可以看到，路由器上出现了 192.168.1.0 网段的标记为“C”的直连路由。

任务 5.2 静态路由

静态路由（Static routing）是一种路由的方式，由管理员手动配置，而非动态路由协议决定。与动态路由不同，静态路由是固定的，不会改变，即使网络状况已经改变或是重新被组态。通过配置静态路由或启用动态路由协议，可以将远程网络添加至路由表。静态路由是非自适应性路由计算协议，是由管理人员手动配置的，不能根据网络拓扑的变化而改变。因此，静态路由非常简单，适用于非常简单的网络。

适合使用静态路由的场景有如下几种：

（1）网络中仅包含几台路由器。

（2）网络仅通过单个 ISP 接入 Internet。

（3）以集中星形拓扑结构配置的网络。

以图 5-13 为例，路由器 R1 上有 192.168.1.0/24 与 192.168.2.0/24 网段的直连路由，由路由器自动生成。而 192.168.3.0 网段的路由是手工设置的静态路由。

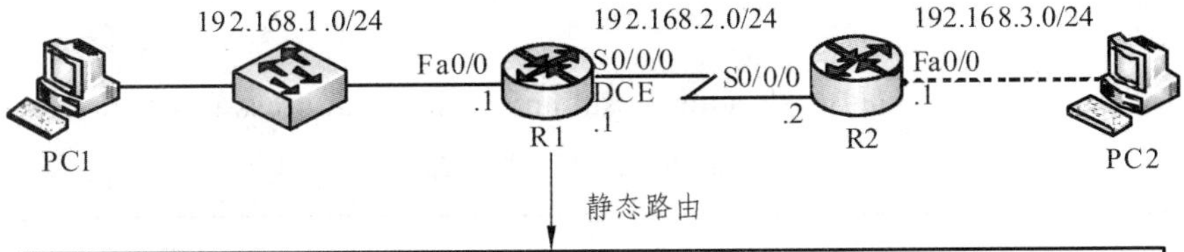


```
R1#show ip route

C    192.168.1.0/24 is directly connected, FastEthernet0/0
C    192.168.2.0/24 is directly connected, Serial0/0/0
S    192.168.3.0/24 [1/0] via 192.168.2.2
```

图 5-13 静态路由

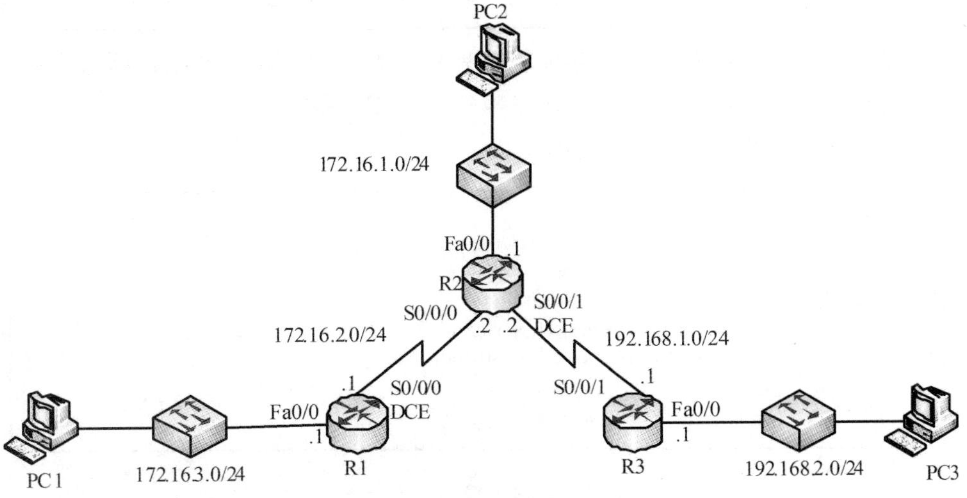

图 5-14 静态路由示例

```
R1(config)#ip route 192.168.1.0 255.255.255.0 172.16.2.2
R1(config)#ip route 192.168.2.0 255.255.255.0 172.16.2.2
R1(config)#end
R1#show ip route

   172.16.0.0/24 is subnetted,3 subnets
S    172.16.1.0/24  [1/0]  via 172.16.2.2
C    172.16.2.0/24 is directly connected, Serial0/0/0
C    172.16.3.0/24 is directly connected, FastEthernet0/0
S    192.168.1.0/24  [1/0]  via 172.16.2.2
S    192.168.2.0/24  [1/0]  via 172.16.2.2
```

目标网络　　管理距离/度量值　　下一跳地址

图 5-15 生成静态路由

如图 5-14 所示，R1 上具有的直连路由有 172.16.2.0 以及 172.16.3.0 两个，但是没有到 172.16.1.0、192.168.1.0、192.168.2.0 网段的路由，因此如果用静态路由方式生成路由的话，就需要设置 3 个静态路由条目，设置完毕后 R1 上的路由表如图 5-15 所示。静态路由设置的命令如表 5-1 所示：

Router (config)# ip route network-address subnet-mask{ip-address | exit-interface}

表 5-1　静态路由命令

命令格式	命令含义
network-address	要加入路由表的远程网络的目的网络地址
subnet-mask	要加入路由表的远程网络的目的子网掩码。可对此子网掩码进行修改，以总结一组网络
ip-address	一般指下一跳路由器的 IP 地址
exit-interface	将数据包转发到目的网络时使用的送出接口

在路由器转发任何数据包之前，路由表过程必须确定用于转发数据包的送出接口。我们将此过程称为路由解析，如果路由器在转发数据包前需要执行多次路由表查找，那么它的查找过程就是一种递归查找，如图 5-16 所示。

```
R1#show ip route

   172.16.0.0/24 is subnetted,3 subnets
S    172.16.1.0/24  [1/0]  via 172.16.2.2
C    172.16.2.0/24 is directly connected, Serial0/0/0          步骤2
C    172.16.3.0/24 is directly connected, FastEthernet0/0
S    192.168.1.0/24  [1/0]  via 172.16.2.2
S    192.168.2.0/24  [1/0]  via 172.16.2.2          步骤1
```

图 5-16 路由递归查找过程

大多数静态路由都可以配置送出接口，这使得路由表可以在一次搜索中解析出送出接口，而不用进行两次搜索，如图 5-17 所示。

```
R1(config)#no ip route 192.168.2.0 255.255.255.0 172.16.2.2
R1(config)#ip route 192.168.2.0 255.255.255.0 seria10/0/0
R1(config)#end
R1#show ip route

    172.16.0.0/24 is subnetted,3 subnets
S     172.16.1.0/24  [1/0]  via 172.16.2.2
C     172.16.2.0/24 is directly connected, Serial0/0/0
C     172.16.3.0/24 is directly connected, FastEthernet0/0
S     192.168.1.0/24  [1/0]  via 172.16.2.2
S     192.168.2.0/24  is directly connected, Serial0/0/0
```

出接口

图 5-17 设置静态路由的出接口

当关闭送出接口，所有被解析到该端口转出的静态路由都被删除。但是，这些静态路由仍保留在设备的运行配置内。如果该接口重新开启（通过 no shutdown 再次启用），则 Cisco IOS 路由表过程将把这些静态路由重新安装到路由表中。

实作 5.2 配置静态路由

一、实作目的

练习静态路由设置。

二、实作网络拓扑结构

网络拓扑如图 5-18 所示。

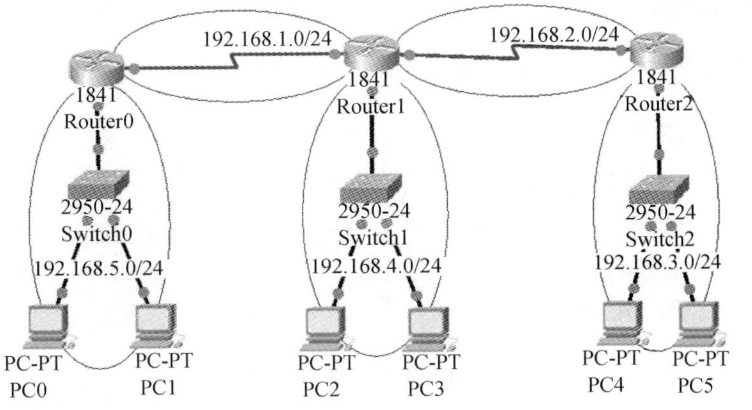

图 5-18　静态路由

三、以 Router0 为例说明配置步骤

注意：路由器的串口是直接连接，因此，有一个串口要配置时钟速率，使用 clock rate 命令进行配置，配置时钟速率的一串口为 DCE 端。

（一）配置路由器接口 IP 地址

```
interface FastEthernet0/0
ip address 192.168.5.1 255.255.255.0
interface Serial0/1/0
ip address 192.168.1.1 255.255.255.0
```

（二）配置路由器上的静态路由（为节省篇幅，只列出核心的配置命令）

```
ip route 192.168.3.0 255.255.255.0 192.168.1.2
ip route 192.168.4.0 255.255.255.0 192.168.1.2
ip route 192.168.2.0 255.255.255.0 192.168.1.2
```

（三）查看路由表

在 Router0 上执行查看路由命令：

```
R0# show ip route
C     192.168.1.0/24 is directly connected,   Serial0/1/0
S     192.168.2.0/24 [1/0] via 192.168.1.2
S     192.168.3.0/24 [1/0] via 192.168.1.2
S     192.168.4.0/24 [1/0] via 192.168.1.2
C     192.168.5.0/24 is directly connected,   FastEthernet0/0
```

（四）计算机配置

在终端 PC 上设置 IP 地址，测试网段互通状态，如图 5-19、图 5-20 所示。

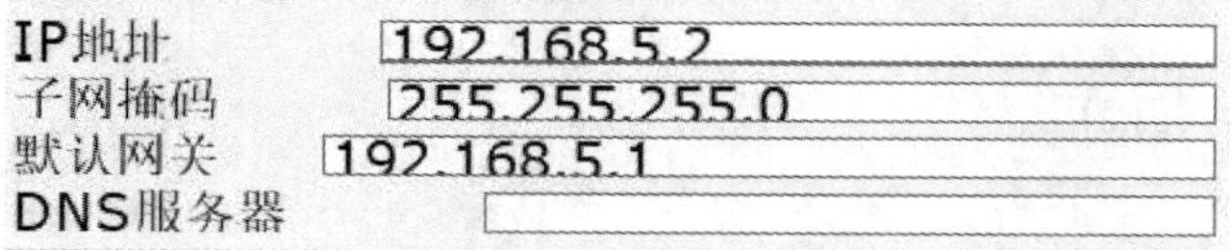

图 5-19 PC0 设置 IP 地址

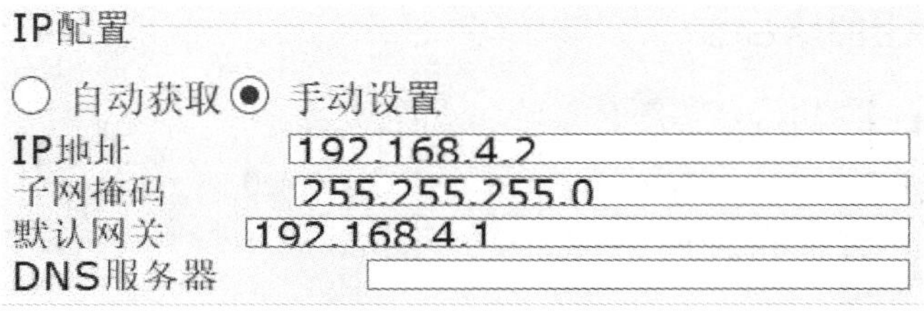

图 5-20 PC2 设置 IP 地址

在 PC0 上执行 ping 命令，测试可得网络已经互通，如图 5-21 所示。

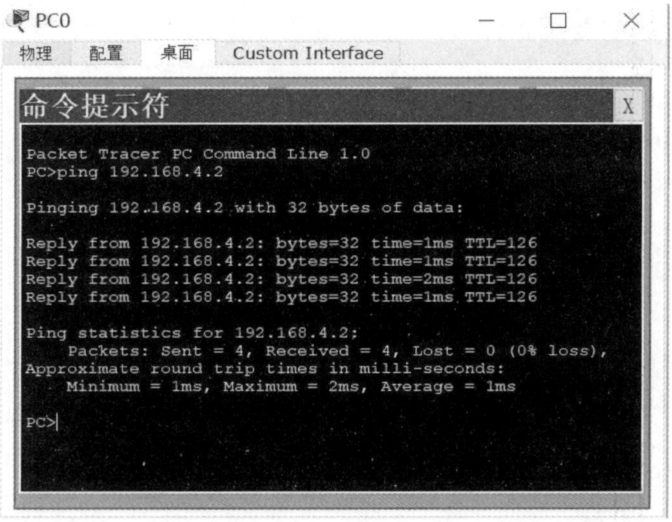

图 5-21 连通测试

四、另外两个路由器配置

（一）R1 上的主要配置命令汇总

hostname R1

interface FastEthernet0/0

ip address 192.168.4.1 255.255.255.0

interface Serial0/1/0

ip address 192.168.1.2 255.255.255.0

clock rate 64000

interface Serial0/1/1

ip address 192.168.2.1 255.255.255.0

ip route 192.168.5.0 255.255.255.0 192.168.1.1

ip route 192.168.3.0 255.255.255.0 192.168.2.2

（二）查看 R1 上的路由表

```
R1# show ip rout
C      192.168.1.0/24 is directly connected,   Serial0/1/0
C      192.168.2.0/24 is directly connected,   Serial0/1/1
S      192.168.3.0/24 [1/0] via 192.168.2.2
C      192.168.4.0/24 is directly connected,   FastEthernet0/0
S      192.168.5.0/24 [1/0] via 192.168.1.1
```

（三）R2 上的主要配置命令

```
hostname R2
interface FastEthernet0/0
ip address 192.168.3.1 255.255.255.0
interface Serial0/1/0
ip address 192.168.2.2 255.255.255.0
ip route 192.168.5.0 255.255.255.0 192.168.2.1
ip route 192.168.4.0 255.255.255.0 192.168.2.1
ip route 192.168.1.0 255.255.255.0 192.168.2.1
```

（四）查看 R2 上的路由表

```
R2#show ip route
S      192.168.1.0/24 [1/0] via 192.168.2.1
C      192.168.2.0/24 is directly connected,   Serial0/1/0
C      192.168.3.0/24 is directly connected,   FastEthernet0/0
S      192.168.4.0/24 [1/0] via 192.168.2.1
S      192.168.5.0/24 [1/0] via 192.168.2.1
```

任务 5.3 动态路由

5.3.1 动态路由协议的特点

静态路由具有占用 CPU 处理时间少、易于配置的优点，但是静态路由配置容易出错，尤其对于大型网络，需要管理员维护变化的路由信息，而静态路由不能随着网络的增长而扩展，维护会越来越麻烦。因此对于规模较大的网络来说采用动态路由协议来组网是常见的方案。

动态路由协议由一组处理进程、算法和消息组成，用于交换路由信息，并将其选择的最佳路径添加到路由表中。常用的 IP 路由协议有 RIP（路由信息协议）、OSPF（开放最短路径优先）、IS-IS（中间系统到中间系统）以及 BGP（边界网关协议）。

动态路由的优点：

（1）增加或删除网络时，管理员维护路由配置的工作量较少。

（2）网络拓扑结构发生变化时，协议可以自动做出调整。

（3）配置不容易出错。

（4）扩展性好，网络增长时不会出现问题。

动态路由的缺点：

（1）需要占用路由器资源（CPU 时间、内存和链路带宽）。

（2）管理员需要掌握更多的网络知识才能进行配置、验证和故障排除工作。

5.3.2 动态路由协议的分类

如图 5-22 所示，动态路由协议采用自适应路由算法，能够根据网络拓扑的变化而重新计算机最佳路由。由于路由的复杂性，路由算法也是分层次的，通常把路由协议（算法）划分为自治系统（AS）内的与自治系统之间的路由协议，如图 5-23 所示。

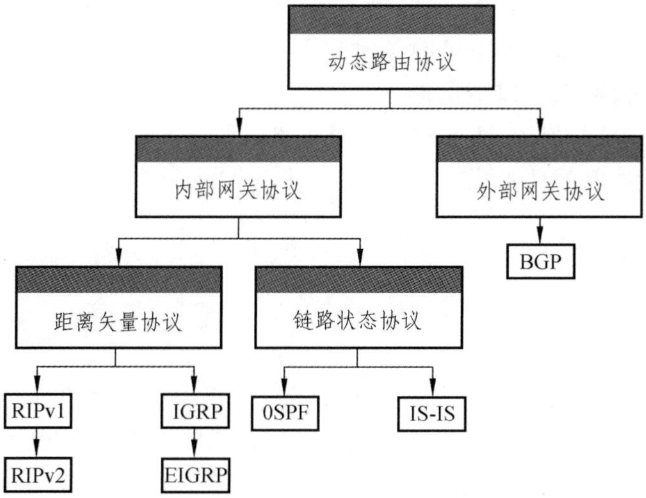

图 5-22 动态路由协议分类

IGP（内部网关协议 Interior Gateway Protocol，IGP），用于自治系统内部路由，此类网络由单个公司或组织管理。适用于 IP 协议的 IGP 包括 RIP、IGRP、EIGRP、OSPF 和 IS-IS。

EGP（外部网关协议 External Gateway Protocol，EGP），用于自治系统之间路由，由不同机构管控。BGP 是目前唯一使用的一种 EGP 协议，属于距离矢量路由协议。

AS（自治系统）也称为路由域，是指一个共同管理区域内的一组路由器。由于 Internet 基于自治系统，因此既需要使用内部路由协议，也需要使用外部路由协议。

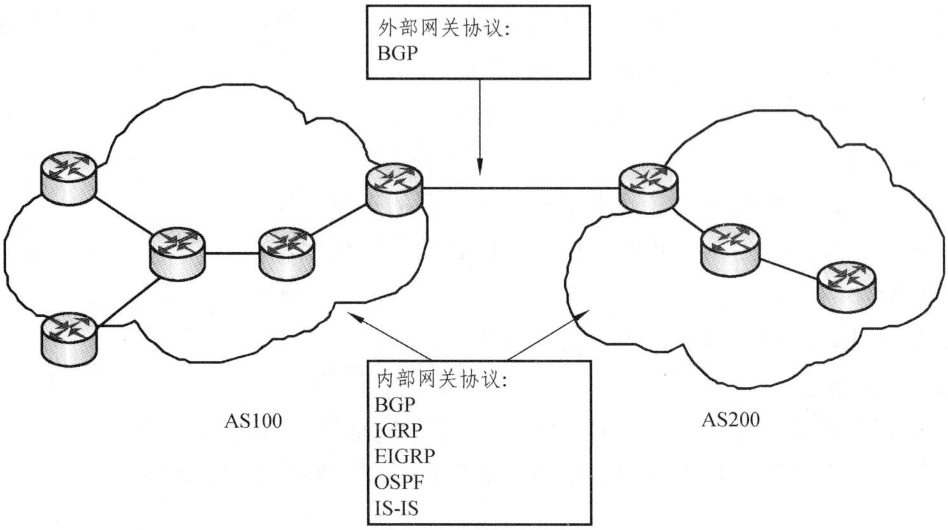

图 5-23　路由协议分类

内部网关协议（IGP）又可以划分为两类：距离矢量路由协议（如 RIP 协议）和链路状态路由协议（如 OSPF 协议）。

距离矢量路由协议适用于以下情形：

（1）网络结构简单、扁平，不需要特殊的分层设计。

（2）特定类型的网络拓扑结构，如集中星形（Hub-and-Spoke）网络。

（3）无须关注网络最差情况下的收敛时间。

链路状态路由协议适用于以下情形：

（1）网络进行了分层设计，大型网络通常如此。

（2）网络对收敛速度的要求极高。

5.3.3 RIP 协议

1. RIP 概述

RIP 是一种比较简单的内部网关协议，使用了基于距离矢量的贝尔曼-福特算法（Bellman-Ford）来计算到达目的网络的最佳路径。最初的 RIP 协议开发时间较早，所以在带宽、配置和管理方面要求也较低，因此 RIP 主要适合于规模较小的网络中。RIP 协议有两个版本：RIPv1 和 RIPv2，RIPv1 属于有类路由协议，不支持 VLSM，以广播形式进行路由信息的更新，更新周期为 30 s；RIPv2 属于无类路由协议，支持 VLSM，以组播形式进行路由更新。

路由器启动时，路由表中只包含直连路由。运行 RIP 之后，路由器会发送 Request 报文，用来请求邻居路由器的 RIP 路由。运行 RIP 的邻居路由器收到该 Request 报文后，会根据自己的路由表，生成 Response 报文进行回复。路由器在收到 Response 报文后，会将相应的路由添加到自己的路由表中。

RIP 网络稳定以后，每个路由器会周期性地向邻居路由器通告自己整张路由表中的路由信息，默认周期为 30 s。邻居路由器根据收到的路由信息刷新自己的路由表，如图 5-24 所示。

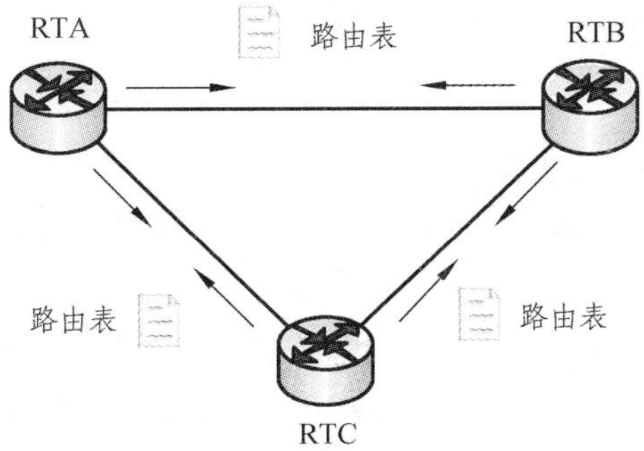

图 5-24 RIP 路由协议

2. RIP 特征和消息格式

RIP 是一种距离矢量路由协议，使用距离矢量路由协议的路由器并不了解到达目的网络的整条路径。该路由器只知道自身与目的网络之间的距离，以应该往哪个方向或使用哪个接口转发数据包。RIPv1 是一种有类别（Classful）路由协议，不支持 VLSM（可变长子网掩码）。RIPv2 是一种无类别（Classless）路由协议。

有类路由协议，网络地址是按类（A 类、B 类或 C 类）来分配的。在路由信息更新过程中不发送子网掩码信息，因为子网掩码可以根据网络地址的第一组二进制 8 位数来确定。有类路由协议包括 RIPv1 和 IGRP。

无类路由协议的路由信息更新中，同时包括网络地址和子网掩码，无类路由协议支持 VLSM。无类路由协议包括 RIPv2、EIGRP、OSPF、IS-IS 和 BGP 等。

3. RIPv2

RIPv2 是对 RIPv1 的增强和扩充，而不是一种全新的协议。其中一些增强功能包括：使用组播地址发送更新；可选择使用检验功能；支持明文认证和 MD5 密文认证。默认情况下配置了 RIP 过程的 Cisco 路由器上会运行 RIPv1。不过，尽管路由器只发送 RIPv1 消息，但它可以同时解释 RIPv1 和 RIPv2 消息。RIPv1 路由器会忽略路由条目中的 RIPv2 字段。

默认情况下，RIPv2 与 RIPv1 一样都会在主网边界上自动总结。可在路由器配置模式下使用 no auto-summary 命令来关闭自动总结。version 2 命令用于将 RIP 版本修改为使用第 2 版。当路由器配置为使用第 2 版时，路由器只发送和接收 RIPv2 消息。此命令应在路由域的所有路由器上配置：

R1（config）#router rip

R1（config-router）#version 2

在路由器配置模式下使用 version 1 命令和 no version 命令均可恢复为默认的 RIPv1。RIPv1 使用广播发送报文，RIPv2 有两种发送方式：广播方式和组播方式，缺省是组播方式。RIPv2 的组播地址为 224.0.0.9。组播发送报文的好处是在同一网络中那些没有运行 RIP 的网段可以避免接收 RIP 的广播报文。另外，组播发送报文还可以使运行 RIPv1 的网段避免错误地接收和处理 RIPv2 中带有子网掩码的路由。

4. RIP 协议基本配置命令

RIP 基本配置命令：

Router(config)#router rip　　//启动 RIP 路由

Router(config-router)#network w.x.y.z　　//设置参与 RIP 路由的子网

可选的配置命令：

Router（config）#ip classless　　//让路由器支持无类编址，RIPv1 是不支持无类 IP 编址的

Router（config）#no router rip　　//在路由器上关闭 RIP 协议

Router（config-router）#no network w.x.y.z　　//从 RIP 协议中移除 w.x.y.z 网络

Router（config-router）#version 2　　//RIP 协议为第 2 版

Router（config-router）#no auto-summary　　//关闭路由协议的自动聚合功能

Router（config-router）#ip split-horizon　　//配置水平分割

Router（config-if）#ip rip send version 2　　//该接口仅发送 RIP ver 2 报文

Router（config-if）#ip rip send version 1　　//该接口仅发送 RIP ver 1 报文

Router（conifg-if）#ip rip send version 1 2　　//该接口发送 RIP ver 1 报文和 RIP ver 2 报文

Router（config-if）#ip rip receive version 2　　//该接口仅接收 RIP ver 2 报文

实作 5.3　RIPv1 的基本配置

一、实作目的

掌握 RIPv1 协议的配置。

二、实作网络拓扑

网络拓扑如图 5-25 所示，要求通过配置 RIPv1 协议完成全网 IP 地址的互通。

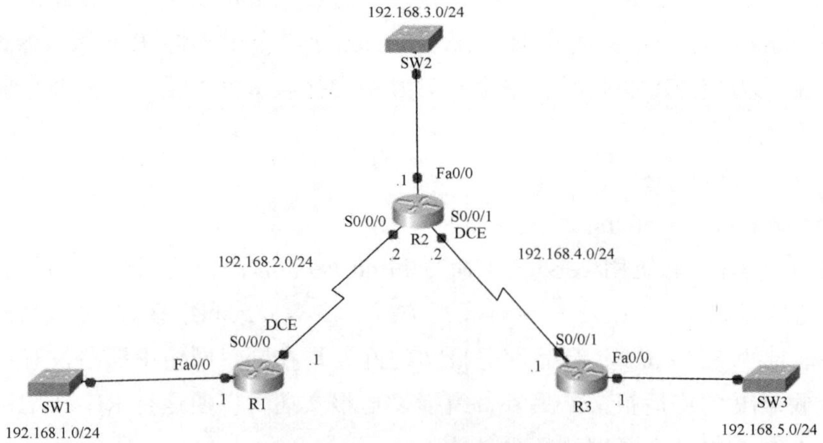

图 5-25　网络拓扑结构

三、配置的过程及主要步骤

（1）配置和激活所有接口，如图 5-26 所示。

设备	接口	IP 地址	子网掩码
R1	Fa0/0	192.168.1.1	255.255.255.0
	S0/0/0	192.168.2.1	255.255.255.0
R2	Fa0/0	192.168.3.1	255.255.255.0
	S0/0/0	192.168.2.2	255.255.255.0
	S0/0/1	192.168.4.2	255.255.255.0
R3	Fa0/0	192.168.5.1	255.255.255.0
	S0/0/1	192.168.4.1	255.255.255.0

图 5-26 接口 IP 地址分配

（2）进入全局配置模式，使用 Router RIP 命令启用 RIP 协议。

R1（config）#router rip

（3）进入 RIP 路由配置模式，使用 network 命令设置需要通告的本地连接的网络。该命令的作用：在属于某个指定网络的所有接口上启用 RIP，相关接口将开始发送和接收 RIP 更新。在每 30 s 一次的 RIP 路由更新中向其他路由器通告该指定网络。

R1（config-router）#network 192.168.1.0

R1（config-router）#network 192.168.2.0

对 R2 和 R3 进行同样的配置：

R2（config）#router rip

R2（config-router）#network 192.168.2.0

R2（config-router）#network 192.168.3.0

R2（config-router）#network 192.168.4.0

R3（config）#router rip

R3（config-router）#network 192.168.4.0

R3（config-router）#network 192.168.5.0

（4）配置完毕后，可以测试各路由器的接口连通性。

实作 5.4 RIPv2 的基本配置

一、实作目的

掌握 RIPv2 协议的配置。

二、实作网络拓扑结构

网络拓扑如图 5-27 所示，要求通过配置 RIPv2 协议完成全网 IP 地址的互通。

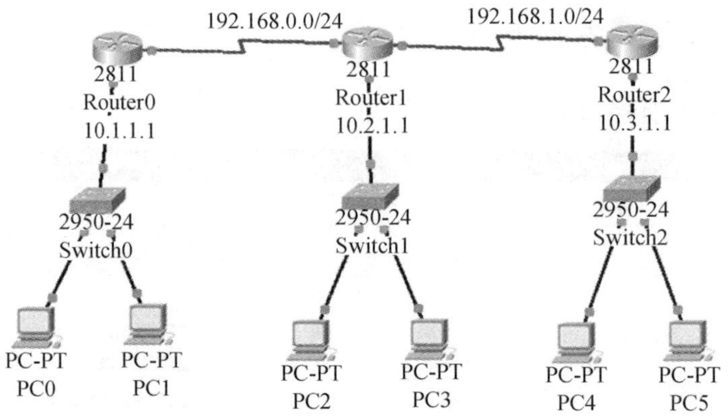

图 5-27　RIPv2 路由协议配置

三、配置过程及主要步骤

（1）首先根据实验需求配置好 PC 机及路由器各个接口的 IP 地址等参数。

（2）三个路由器的基本配置，主要是配置路由器的名字、安全密码、各个端口的 IP 地址等。

R0 的基本配置：

```
hostname R0
interface FastEthernet0/0
ip address 10.1.1.1 255.255.255.0
duplex auto
speed auto
!
interface Serial0/3/0
ip address 192.168.0.1 255.255.255.0
clock rate 64000
!
router rip
version 2
network 10.0.0.0
network 192.168.0.0
!
```

R1 的基本配置：

```
hostname R1
interface FastEthernet0/0
ip address 10.2.1.1 255.255.255.0
duplex auto
    speed auto
```

```
!
interface Serial0/1/0
ip address 192.168.1.1 255.255.255.0
!
interface Serial0/3/0
ip address 192.168.0.2 255.255.255.0
!
router rip
    version 2
network 10.0.0.0
network 192.168.0.0
network 192.168.1.0
!
```

R2 的基本配置：

```
hostname R2
interface FastEthernet0/0
ip address 10.3.1.1 255.255.255.0
duplex auto
speed auto
!
interface Serial0/1/0
ip address 192.168.1.2 255.255.255.0
!
router rip
version 2
network 10.0.0.0
network 192.168.1.0
!
```

（3）查看 R0 上的路由表。

```
R0#show ip route
     10.0.0.0/8 is variably subnetted， 2 subnets， 2 masks
R    10.0.0.0/8 [120/1] via 192.168.0.2， 00：00：21， Serial0/3/0
C    10.1.1.0/24 is directly connected， FastEthernet0/0
C    192.168.0.0/24 is directly connected， Serial0/3/0
R    192.168.1.0/24 [120/1] via 192.168.0.2， 00：00：21， Serial0/3/0
```

（4）使用不同网段计算机互 ping 检查网络连通与否。

实作 5.5 设置路由器登录密码

一、实作目的

（1）掌握路由器几种常用配置方法。

（2）掌握采用 Console 线缆配置路由器的方法。

（3）掌握采用 Telnet 方式配置路由器的方法。

（4）熟悉路由器不同的命令行操作模式以及各种模式之间的切换。

二、实作背景

作为某公司新进的网管，公司要求你熟悉网络产品，首先要登录路由器，了解、掌握路由器的命令行操作。

作为网络管理员，你第一次在设备机房对路由器进行了初次配置后，希望以后在办公室或出差时也可以对设备进行远程管理，现要在路由器上做适当配置。

三、技术原理

路由器的管理方式基本分为两种：带内管理和带外管理。带内管理指的是管理控制信息与数据信息使用统一物理通道进行传送。通过路由器的 Console 口管理路由器属于带外管理，不占用路由器的网络接口，其特点是需要使用配置线缆近距离配置。第一次配置时必须利用 Console 端口进行配置。

四、实作过程及步骤

（1）新建 packet tracer 拓扑图。

（2）用标准 Console 线缆连接计算机的串口于路由器的 Console 口上。在计算机上启用超级终端，并配置超级终端的参数，使计算机与路由器通过 Console 接口建立连接。

（3）配置路由器管理的 IP 地址，并为 Telnet 用户配置用户名和登录口令。配置计算机的 IP 地址（与路由器管理 IP 地址在同一个网段），通过网线将计算机和路由器相连，通过计算机 Telnet 登录到路由器上对交换机进行查看。

（4）更改路由器的主机名。

（5）擦除配置信息，保存配置信息。

（6）显示当前配置信息。

（7）显示历史命令。

五、实验设备

Router_2811 1 台；PC 1 台；交叉线；配置线。

说明：交叉线用来将路由器与计算机、路由器与交换机相连，连接如图 5-28 所示。

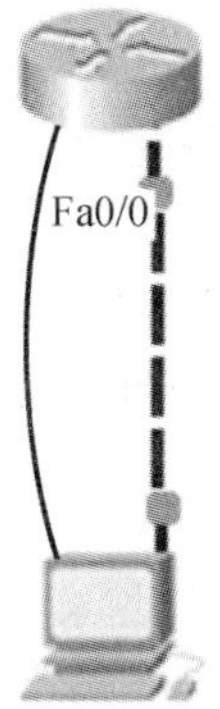

图 5-28　设备连接图

六、实验配置

PC 配置：

IP：192.168.1.2

Submask：255.255.255.0

Gageway：192.168.1.1

路由器端设置：

Router>en

Router #conf t

Router （config）#hostname R1

R1（config）#enable secret 123456 //设置特权模式密码

R1（config）#exit

R1#exit

R1>en

password：//此时输入密码，输入的密码不显示

R1#conf t

R1（config）#line vty 0 4　//设置 Telnet 远程登录密码

R1（config-line）#password ltxx

R1（config-line）#login

R1（config-line）#exit

R1（config）#interface fa 0/0 //进入路由器 0 模块第 0 端口

R1（config-if）#ip address 192.168.1.1 255.255.255.0　//该端口配置相应的 IP 地址和子网掩码

R1（config-if）#no shut　//开启端口

R1（config-if）#end

PC 端验证：

```
Ipconfig /all          //查看本机 TCP/IP 配置情况（IP 地址、子网掩码、网关、MAC 地址）
ping 192.168.1.1
telnet 192.168.1.1     //远程登录到路由器上
password：  ltxx       //输入 telnet 密码
en
password：123456       //输入特权模式密码
show running           //显示路由器当前配置情况
```

课后练习题

1. 路由器的作用是什么？
2. 路由表中包括哪些关键项？
3. 路由表中的路由的分类是什么？
4. 什么是直连路由？
5. 路由器的内部结构包括哪些？
6. 什么是静态路由？
7. 常用的动态路由协议有哪些？
8. 简述动态路由的优点。
9. 简述 RIP 协议的两种版本的区别。
10. 路由器的管理方式有哪些？

项目 6

无线网络组建

任务 6.1 无线通信基础

6.1.1 无线通信基础知识

无线通信（Wireless Communication）是电磁波信号在自由空间中传播以进行信息交换的一种通信方式。随着信息时代的高速发展，越来越多的高新科学技术融入人们生活和生产中，无线通信技术融合了网络技术、信息技术，具有成本低、灵活性高、发展快、应用广等特点，在现代生活中扮演了十分重要的角色。

目前，随着移动时代的来临，人们的生活与工作对一定区域内信息无线传输的要求越来越高，无线网络的应用逐渐融合到各个行业中。作为有线网络的延伸，无线网络利用无线射频技术以电磁波的形式在空中传输语音、视频、数据等信号，满足了人们随时随地自由获取网络信息的需求，弥补了有线网布线困难等问题，提高了人们的生活质量、工作效率，推动了社会经济的快速发展。

1. 发展

从人类文明诞生开始，信息的传递是一项十分重要的社会活动，无线通信技术的起源可追溯到几千年前。在古代战争中，人类通过烽火狼烟、击鼓为号等形式将信息以无线的方式进行传输。

1865 年，麦克斯韦在递交给英国皇家学会论文《电磁场的动力学理论》中阐明了电磁波传播的理论基础。1888 年，德国物理学家赫兹通过实验验证了电磁波的存在，从此便开启了无线通信近代史发展的篇章。

1）起步阶段

在 20 世纪 20 年代到 50 年代，无线通信技术主要采用短波频的传送方式和电子管技术。应用范围主要是军用、海洋船舰通信，到这个阶段的末期出现固定电话的无线通信系统。

2）扩展阶段

从 20 世纪 50 年代到 90 年代中期，是无线通信技术的扩展阶段。无线通信技术广泛应用于电话系统、电报系统，其构造已经开始向半导体过渡，经过几十年的发展，无线通信技术的频段不断扩大，数字化的无线移动通信系统逐渐壮大，取代了以往固定电话无线通信系统。

3）现代化发展阶段

从 20 世纪 90 年代至今，无线通信技术进入了现代化发展阶段，发展速度不断加快，发展规模不断扩大，而且越来越广泛地向其他各个行业渗透。随着计算机网络技术的发展，无线通信技术利用信息技术来促进自身的发展，并利用现代化技术来提升自身科技含量和技术水平，使无线通信技术与更多领域相结合，进入社会的功能多元化、网络一体化、服务综合化的发展阶段。

无线通信技术发展的特征主要有以下几个方面：①在不同地区之间无线通信的应用及发展不均衡，在全球各国之间的发展水平具有很大的差异性，如欧洲、亚洲、美国地区及国家的无线通信技术应用普及程度、技术水平普遍高于全球其他地区；②无线通信技术逐渐实现了宽带技术的应用，通信技术的研发与应用已经从传统的通信技术重心转向了无线宽带，在转向过程中应用并创造了很多无线接入技术；③无线通信技术之间凸显出互补性，不同通信领域的无线通信技术应用不同，随着通信技术的不断完善与革新，不同的无线通信技术已经实现了较好的优势互补，进一步促进了无线通信技术的发展。

2. 原理

电磁波是电磁场的一种运动状态，其传播不需要介质。真空中电磁波传播速度 c 大约为 30 万千米每秒，是宇宙间物质运动的最快速度。同频率电磁波在不同介质中传播速度不同，不同频率电磁波在同种介质中传播速度亦不同。

真空中电磁波的波速等于波长乘以频率，满足公式 $c=\lambda f$，即电磁波的波长与频率成反比。波长及频率范围如表 6-1 所示。

表 6-1 频段（波段）名称及范围

波段名称	频段名称	波段范围	频率范围
超长波	甚低频（VLF）	105 ~ 104 m	3 ~ 30 kHz
长　波	低频（LF）	104 ~ 103 m	30 ~ 300 kHz
中　波	中频（MF）	103 ~ 102 m	300 ~ 3 000 kHz
短　波	高频（HF）	102 ~ 10 m	3 ~ 30 MHz
超短波	甚高频（VHF）	10 ~ 1 m	30 ~ 300 MHz
微　波	特高频（UHF） 超高频（SHF） 极高频（EHF） 超级高频	100 ~ 10 cm 10 ~ 1 m 10 ~ 1 mm < 1 mm	300 ~ 3 000 MHz 3 ~ 30 GHz 30 ~ 300 GHz > 300 GHz

利用电磁波的传播规律，经过空间传送信息的通信方式称之为无线通信。利用无线通信，可以传输电报、文字、语音、图像、数据、广播电视等通信业务，其系统工作组成如图 6-1 所示。无线通信工作模式有：单工通信、双工通信和半双工通信。

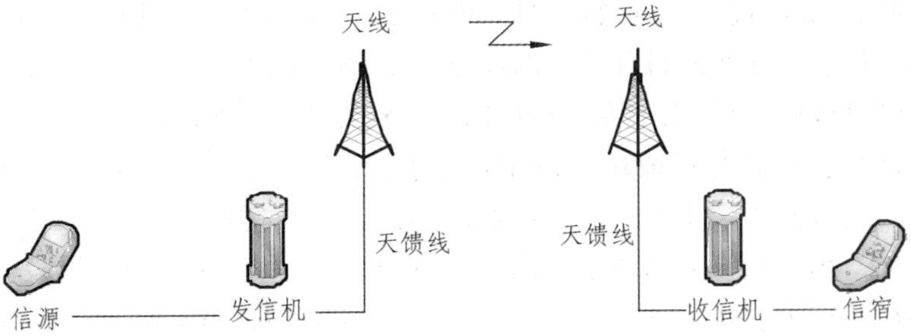

图 6-1 无线通信组成示意图

6.1.2 WLAN 标准协议

在 WLAN 的发展历程中，一度涌现了很多技术和协议，例如 Blue Tooth（蓝牙）、HyperLAN2 和（IEEE）802.11 标准等。但发展至今，在 WLAN 领域被大规模推广和商用的是 IEEE802.11 系列标准协议，WLAN 也被定义为基于 IEEE 802.11 标准协议的无线局域网。本节我们主要介绍 802.11 中具有里程碑意义的几个标准协议：802.11a、802.11b、802.11g、802.11n 和 802.11ac。

WLAN 和有线局域网最大的区别就是“无线”， WLAN 的通信媒介是射频（信号），其与有线局域网的媒介（电缆或光纤）相比具有完全不同的物理特性，这导致 WLAN 的物理层（PHY）和媒介访问控制层（MAC）不同于有线局域网，因此，802.11 协议的主要定义就是基于 WLAN 的物理层和媒介访问控制层。

在 20 世纪 90 年代初，为了满足 WLAN 日益增长的需求，IEEE 成立了 802.11 工作组，研究和定制 WLAN 的标准协议，并在 1997 年 6 月推出了第一代 WLAN 协议——IEEE 802.11-1997，该协议定义了 WLAN 物理层工作在 ISM 的 2.4G Hz 频段，数据传输速率最高只能达到 2 Mb/s。由于在速率、传输距离、安全性、电磁兼容能力及服务质量方面均不能满足应用的需求，并未被大规模使用。

随后，IEEE 在 1999 年推出了 802.11a 和 802.11b。802.11a 工作在 5 GHz 的 ISM 频段上，并且采用正交频分复用（Orthogonal Frequency Division Multiplexing，OFDM）技术，能有效降低多径衰落的影响，同时提高频谱的利用率，使 802.11a 的物理层速率可达 54 Mb/s。802.11b 则依然工作在 2.4 GHz 的 ISM 频段，但在 802.11 的基础上进行了技术改进，使 802.11b 的通信速率达到 11 Mb/s，比之前快了 5 倍，扩大了无线局域网的应用领域。用户可根据实际情况采用 11 Mb/s、5.5 Mb/s、2 Mb/s 和 1 Mb/s 带宽，实际的工作速度在 5 Mb/s 左右，与普通的 10base-T 规格的有线局域网几乎处于同一水平。

虽然 802.11b 提供的接入速率比 802.11a 低，但当时 5 GHz 芯片研制过慢，待芯片推出时 802.11b 已被广泛应用。由于 802.11a 不能兼容 802.11b，再加上 5 GHz 芯片价格较高以及地方规定限制等因素，802.11a 没有被广泛采用。

在 2000 年初，IEEE802.11 工作组开始研发一项既能提供 54 Mb/s 速率，又能向下兼容 802.11b 的协议标准，并在 2001 年 11 月提出了第一个 IEEE 802.11g 草案，该草案在 2003 年正式成为标准。802.11g 兼容了 802.11b，继续使用 2.4 GHz 频段。为了达到 54 Mb/s 的速率，

802.11g 借用了 802.11a 的成果，在 2.4 GHz 频段采用了正交频分复用（OFDM）技术。IEEE 802.11g 的推出，满足了当时人们对带宽的需求，对 WLAN 的发展起到了极大的推动作用。

大家可能会有疑问：为什么不在 1999 年制定 802.11b 标准时就直接采用和 802.11a 相同的 OFDM 技术，这样就可以更早地在 2.4 GHz 频段上取得 54 Mb/s 的速率了，而不必等到 2001 年底的 802.11g 的出现？事实上在 1999 年讨论 802.11b 的时候，OFDM 技术确实被提出应用到 802.11b 标准中，但当时美国联邦通信协会（FCC）禁止在 2.4 GHz 频段使用 OFDM，这条禁令直到 2001 年 5 月才被撤销，6 个月后，采用 OFDM 技术的 802.11g 草案才得以顺利出台。

在急速发展的网络世界，54 Mb/s 的速率不会永远满用户需求。在 2002 年一个新的 IEEE 工作组——IEEE 802.11 任务组 N，即 TGN（Task Group N）成立，开始研究一种更快的 WLAN 技术，目标是达到 100 Mb/s 的速率。由于小组内对协议标准的争论不休，新的协议直到 2009 年 9 月才被敲定并批准，这个协议就是 802.11n。在长达 7 年的制定过程中，802.11n 的速率也从最初设计的 100 Mb/s，完善到了最高可达 600 Mb/s，802.11n 采用双频工作模式，基于多入多出（MIMO）的天线技术，支持 2.4 GHz 和 5 GHz，且兼容 802.11a/b/g。

802.11n 标准刚刚尘埃落定，IEEE 就开始了下一代的 WLAN 标准协议——802.11ac 的制定工作。并在 2013 年正式推出了 802.11ac 标准协议，802.11ac 工作在 5 GHz 频段，向后兼容 802.11n 和 802.11a，80.211ac 沿用了 802.11n 的诸多技术并进行技术改进，使速率达到 1.3 Gb/s。

通过表 6-2 有助于我们了解 802.11 各个协议的主要参数。

表 6-2　WLAN 协议

协议标准	物理层技术	支持频段/GHz	支持传输速率/（Mb/s）	是否兼容其他协议标准	商用情况
802.11	FHSS/DSSS	2.4	1，2	不兼容	早期标准，目前产品均支持
802.11b	DSSS	2.4	1，2，5.5，11	不兼容	早期标准，目前产品均支持
802.11a	OFDM	5	6，9，12，18，24，36，48，54	不兼容	实际应用较少
802.11g	DSSS/OFDM	2.4	1，2，5.5，11，6，9，12，18，24，36，48，54	兼容 802.11b	目前大规模商用
802.11n	OFDM/MIMO	2.4，5	支持速率由调制编码方案决定，理论支持最大速率 800	兼容 802.11a、802.11b 和 802.11g	目前大规模商用
802.11ac	OFDM/MIMO	5	支持速率由调制编码方案、空间流数、信道带宽、GI 长度决定	兼容 802.11a 和 802.11n	目前未大规模商用

目前，802.11ac 刚推出，在 802.11 各个协议中，大众终端产品支持 802.11ac 的并不多，802.11n 产品仍旧是主流产品。802.11n 较之前的标准协议主要有如下优势：更多的子载波、更高的编码率、更短的 GI（Guard Interval，保护间隔）、更宽的信道、更多的空间流和 MAC 层的报文聚合功能等，而获取这些优势技术的 802.11ac 也有沿用。

6.1.3 无线通信技术分类

常见的无线通信（数据）传输方式及技术可分为两种：近距离无线通信技术和远距离无线传输技术。

1. 近距离无线通信技术

近距离无线通信技术是指通信双方通过无线电波传输数据，并且传输距离在较近的范围内，其应用范围非常广泛。近年来，应用较为广泛且具有较好发展前景的短距离无线通信标准有蜂舞协议（ZigBee）、蓝牙（Bluetooth）、无线宽带（Wi-Fi）、超宽带（UWB）和近场通信（NFC）。

1）ZigBee

ZigBee 是基于 IEEE802.15.4 标准而建立的一种短距离、低功耗的无线通信技术，如图 6-2 所示。ZigBee 借鉴蜜蜂群的通信方式，蜜蜂（Bee）靠飞翔和跳之字形（Zig）舞蹈来告知同伴食物源的方向、位置和距离等信息，从而构成了蜜蜂群的通信网络。

ZigBee 使用 2.4 GHz 频段，采用跳频技术，其特点是：

（1）结构简单，以接力的方式从一个节点传到下一个节点，最后接入计算设备。

（2）距离近，其传输距离通常是 10 ~ 100 m。

（3）低功耗，在低耗电待机模式下，2 节 5 号干电池可支持 1 个终端工作 6 ~ 24 个月，甚至更长。

（4）成本低，ZigBee 协议免费，芯片价格便宜。

（5）低速率，ZigBee 通常工作在 20 ~ 250 kb/s 的较低速率。

（6）短时延，ZigBee 的响应速度较快，从睡眠转入工作状态只需 15 ms，节点连接进入网络只需 30 ms。

ZigBee 主要适用于家庭和楼宇控制、工业现场自动化控制、农业信息收集与控制、公共场所信息检测与控制、智能型标签等领域，可以嵌入各种设备。Zigbee 联盟预言未来每个家庭将拥有 50-150 个 Zigbee 器件，比如家庭和楼宇网络的空调系统的温度控制、照明的自动控制、窗帘的自动控制、煤气的计量控制、家用电器的远程控制等。

2）Bluetooth

Bluetooth 是一种无线数据与语音通信的开放性全球规范，其本质是为固定设备或移动设备之间的通信环境建立通用的近距离无线接口，传输频段为全球公众通用的 2.4 GHz ISM 频段，其能够在 10 m 的半径范围内实现点对点或点对多点的无线数据和声音传输，数据传输速率可达 1 Mb/s，如图 6-3 所示。

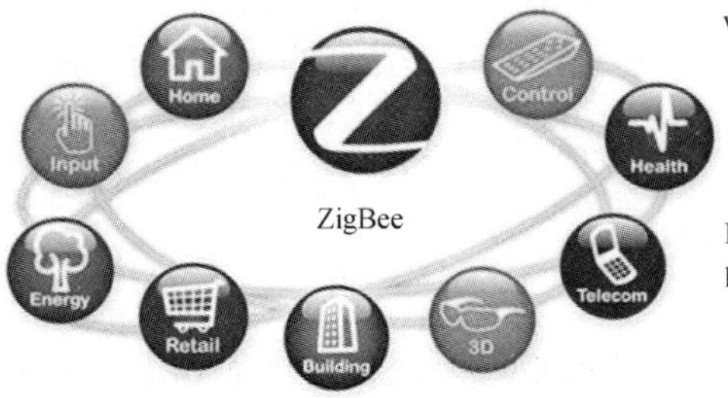

图 6-2 ZigBee 示意图

图 6-3 蓝牙示意图

蓝牙技术被广泛应用于无线办公环境、汽车工业、信息家电、医疗设备以及学校教育和工厂自动控制等领域，蓝牙目前存在的主要问题是芯片大小和价格难以下调、抗干扰能力不强、传输距离太短、信息安全问题等。

3）Wi-Fi

Wi-Fi 是一种基于 802.11 协议的无线局域网接入技术，是以太网的一种无线扩展，理论上只要用户位于一个接入点四周的一定区域内，就能接入 Web。如果多个用户同时通过一个点接入，带宽就被多个用户分享。Wi-Fi 信号不受墙壁阻隔，但建筑物内的传输距离小于户外，如图 6-4 所示。

Wi-Fi 技术的突出的优势在于：

（1）较广的局域网覆盖范围，其覆盖半径可达 100 m 左右，相比于蓝牙技术，Wi-Fi 覆盖范围较广。

（2）传输速度非常快，其传输速度可以达到 11 Mb/s（802.11b）或者 54 Mb/s（802.11a），适合高速数据传输的业务。

（3）结构简单，可以实现快速组网，架设费用和复杂性远远低于传统的有线网络，不受布线条件的限制，非常适合移动办公用户的需要。

（4）健康安全，具有 Wi-Fi 功能的产品发射功率不超过 100 MW，实际发射功率约 60~70 MW，与手机、手持式对讲机等通信设备相比，Wi-Fi 产品的辐射更小。

Wi-Fi 主要应用在 SOHO（家居办公）、家庭无线网络以及不便安装有线网络的建筑物或场所，例如机场、酒店、商场等公共热点场所，可以节省大量铺设电缆所需花费的资金。

4）UWB

UWB 是一种无载波通信技术，它不采用正弦载波，而是利用纳秒级的非正弦波窄脉冲传输数据，因此其所占的频谱范围很宽，其传输距离通常在 10 m 以内，使用 500 MHz 以上带宽，通信速率可以达到几百兆比特每秒。UWB 的工作频段范围从 3.1 GHz 到 10.6 GHz，最小工作频宽为 500 MHz，如图 6-5 所示。

图 6-4 Wi-Fi 示意图

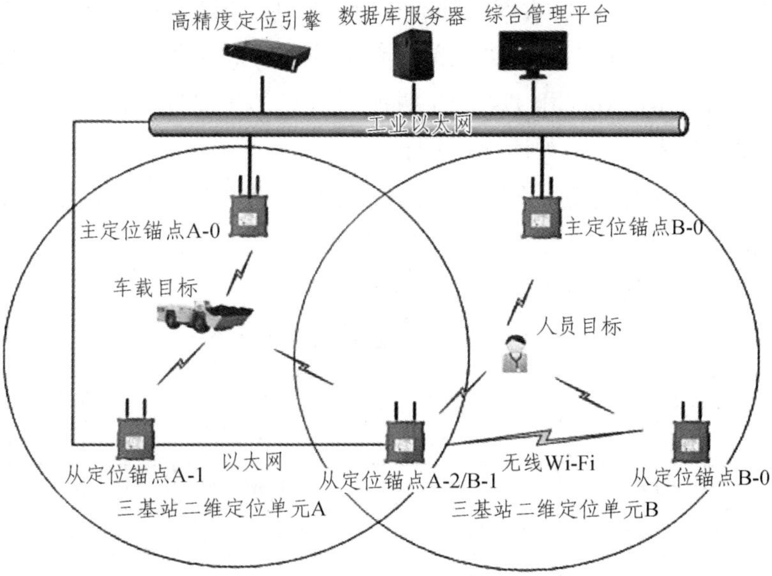

图 6-5 超宽带示意图

其主要特点是：

（1）传输速率高，发射功率低，它在非常宽的频谱范围内采用低功率脉冲传送数据而不会对常规窄带无线通信系统造成大的干扰，并可充分利用频谱资源，功耗小，保密性强。

（2）定位精度高，适用于室内等密集多径场所的高速无线接入。

（3）通信采用调时序列，能够抵抗多径衰落，所需要的射频和微波器件很少，可以减小系统的复杂性。

由于 UWB 系统占用的带宽很高，可能会干扰现有其他无线通信系统，所以 UWB 主要应用在小范围，高分辨率，能够穿透墙壁、地面和身体的雷达和图像系统中。这种装置可以用来检查楼房、桥梁、道路等工程的混凝土和沥青结构中的缺陷，以及定位地下电缆及其他管线的故障位置，也可用于疾病诊断。另外，在救援、治安防范、消防及医疗、医学图像处理等领域都大有用途。

事实上，把 UWB 看作蓝牙技术的替代者可能更为适合，因后者传输速率远不及前者，并且协议也较为复杂。其具有一定相容性和高速、低成本、低功耗的优点使得 UWB 较适合家庭无线消费市场的需求。UWB 尤其适合近距离内高速传送大量多媒体数据以及可以穿透障碍物的突出优点，让很多商业公司将其看作是一种很有前途的无线通信技术，应用于将视频信号从机顶盒无线传送到数字电视等家庭场合。当然，UWB 的前途还要取决于各种无线方案的技术发展、成本、用户使用习惯和市场成熟度等多方面的因素。

5）NFC

NFC 是由 Philips、NOKIA 和 Sony 主推的一种类似于 RFID（非接触式射频识别）的短距离无线通信技术标准，在 20 cm 距离内工作于 13.56 MHz 频率范围。NFC 由 13.56 MHz 的 RFID 技术发展而来，它与目前广为流行的非接触智能卡 ISO14443 所采用的频率相同，这就为所有的消费类电子产品提供了一种方便的通信方式。NFC 采用幅移键控（ASK）调制方式，其数据传输速率一般为 106 kb/s 和 424 kb/s 两种。NFC 的主要优势是距离近、带宽高、能耗低，与非接触智能卡技术兼容，如图 6-6 所示。

NFC 通常用于私密领域的超短距离非接触式通信，其在门禁、公交、手机支付等领域有着广阔的应用价值。

各种短距离无线通信技术各参数对比如表 6-3 所示。

表 6-3 短距离无线通信技术参数对比

无线通信技术	ZigBee	Bluetooth	Wi-Fi	UWB	NFC
频段	2.4G Hz	2.4 GHz	2.4 GHz	3.1~10.6 GHz	13.56 MHz
传输距离	10~100 m	10~20 m	300 m	10 m 以下	10 cm 以下
数据速率	20~250 kb/s	3 Mb/s	11 Mb/s	480 Mb/s	424 kb/s
通信质量	高	高	高	高	中
网络架构	星形	星形	星形	星形	点对点
硬件成本	低	中等	中等	很高	低
典型应用	智能控制	语音传输	各种数据传输	定位系统	门禁

2. 远距离无线通信技术

远距离的无线通信技术可实现数百千米乃至更远的通信，通信范围广、质量高，主要应用于移动网络。

目前应用较为广泛的远距离通信技术有 GPRS/CDMA、电台、扩频微波、无线网桥及卫星通信、短波通信等技术。它们主要使用在较为偏远或不宜铺设线路的地区，如煤矿、海上、有污染或环境较为恶劣地区等。

1）GPRS/CDMA 无线通信技术

GPRS（通用无线分组业务）是由中国移动开发运营的一种基于 GSM 通信系统的无线分

组交换技术，是介于 2G 和 3G 之间的技术，通常称为 2.5G。它是以数据包的形式来传输数据而不是占用整个频道，因此其价格更低廉，资源利用率更高且传输速度更快。数据包交换就将数据封装成许多独立的包，再将这些数据包一个一个传送出去，其优势在于有数据需要传送时才会占用频宽，而且是以数据量计价，能有效地提高网络的利用率。GPRS 网络同时支持电路型数据和分组交换数据，从而 GPRS 网络能够方便地和因特网互相连接，相比原来的 GSM 网络的电路交换数据传送方式，GRRS 的分组交换技术具有实时在线、按量计费、高速传输等优点，如图 6-7 所示。

CDMA（码分多址）是由中国电信运行的一种基于码分技术和多址技术的新的无线通信系统，其原理基于扩频技术。

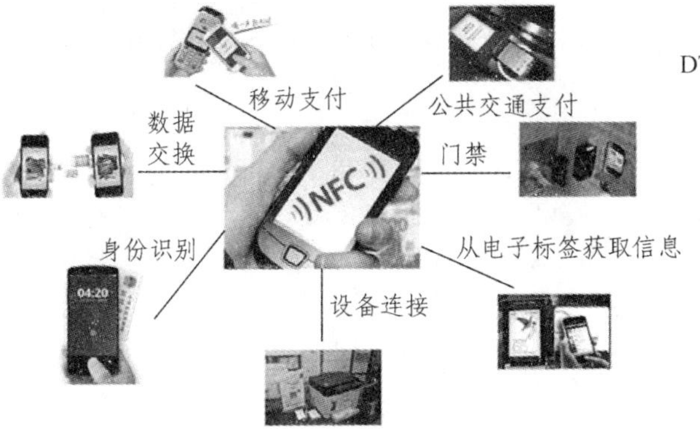

图 6-6 NFC 示意图

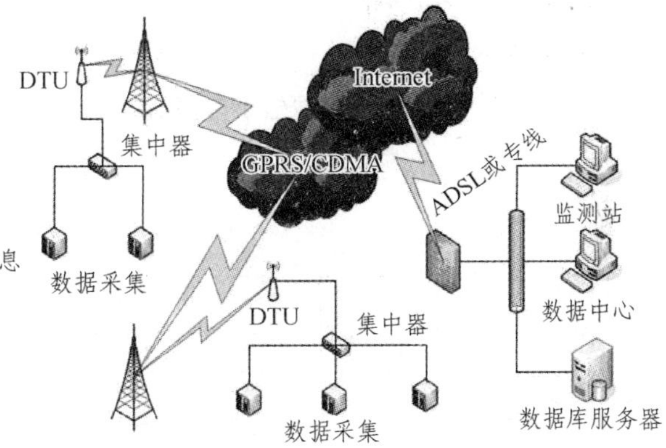

图 6-7 GPRS/CDMA 示意图

2）数传电台

数传电台是数字式无线数据传输电台的简称，它是基于数字信号处理、数字调制解调、前向纠错、均衡软判决等技术的一种无线数据传输电台。数传电台的工作频率大多采用 220~240 MHz 或 400~470 MHz 频段，如图 6-8 所示，其优势主要有：数话兼容，数据传输实时性好，专用数据传输通道，一次投资、没有运行使用费，适用于恶劣环境，稳定性好。

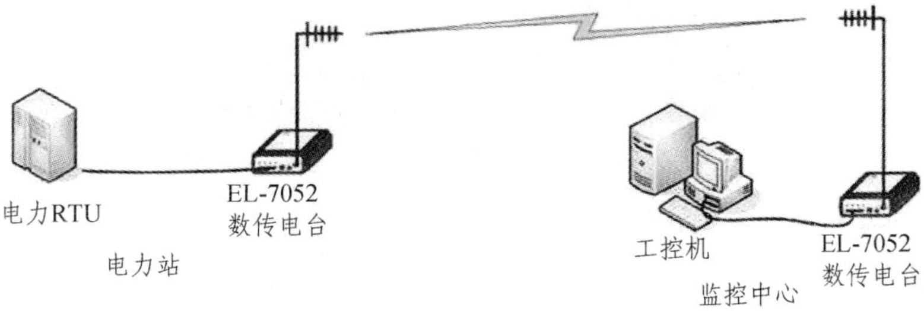

图 6-8 数据电台通信示意图

数传电台的有效覆盖半径约有几十千米，可以覆盖一个城市或一定的区域。数传电台通常提供标准的 RS-232 数据接口，可直接与计算机、数据采集器、RTU、PLC、数据终端、GPS 接收机、数码相机等连接。数传电台在航空航天、铁路、电力、石油、气象、地震等各个行业均有应用，在遥控、遥测、遥信、遥感等 SCADA（监控与数据采集系统）领域也取得了长足的进步和发展。

3）扩频微波通信

扩频通信，即扩展频谱通信技术，其数据传输的基本原理是将所传输的信息用伪随机码序列（扩频码）进行调制，使伪随机码的速率远大于传送信息的速率，这时发送信号所占据的带宽远大于信息本身所需的带宽，实现了频谱扩展，同时发射到空间的无线电功率谱密度大幅度降低。在接收端则采用相同的扩频码进行相关解调并恢复信息数据，通信原理图与示意图如图 6-9、图 6-10 所示。

其主要特点是抗噪声能力极强，抗干扰能力极强，抗衰落能力强，抗多径干扰能力强，易与多媒体通信设备组网，具有良好的安全通信能力，不干扰同类的其他系统，传输距离远，覆盖面广，特别适合野外联网应用。

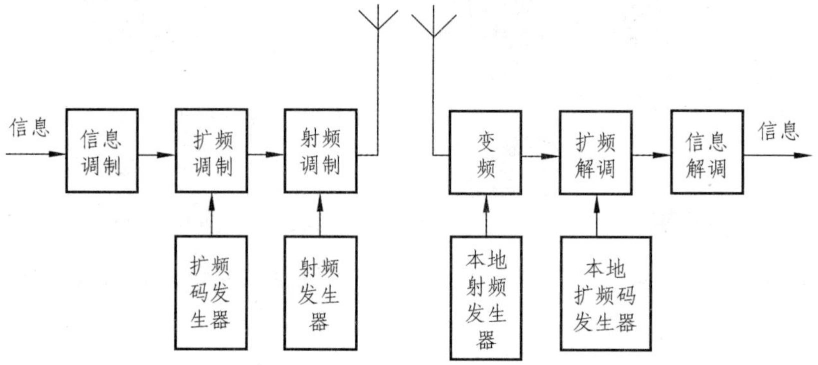

图 6-9 扩频微波通信原理图

图 6-10 扩频微波通信示意图

4）无线网桥

无线网桥是无线射频技术和传统有线网桥技术相结合的产物，它利用无线传输方式在两个或多个网络之间搭起通信的桥梁。无线网桥除了具备有线网桥的基本特点之外，因其工作在 2.4 GHz 或 5.8 GHz 的免申请无线执照的频段，因而比其他有线网络设备更方便部署，如图 6-11 所示。

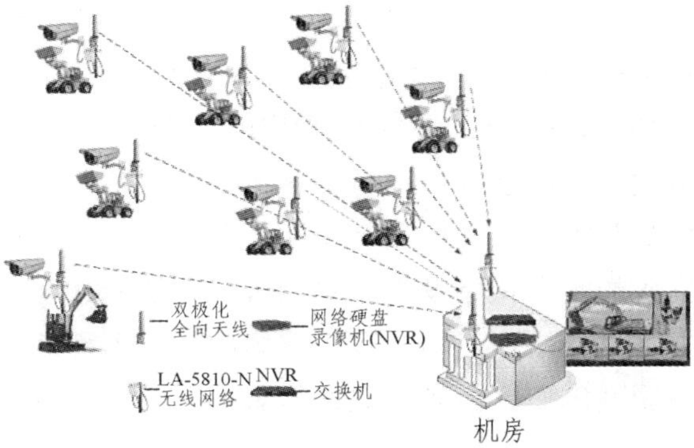

图 6-11 无线网桥示意图

无线网桥传输标准常采用 802.11b、802.11g、802.11a 和 802.11n 标准。802.11b 标准的数据速率是 11 Mb/s，在保持足够的数据传输带宽的前提下，802.11b 通常能够提供 4 Mb/s 到 6 Mb/s 的实际数据速率；802.11g、802.11a 标准的无线网桥都具备 54 Mb/s 的传输带宽，其实际数据速率可达 802.11b 的 5 倍左右，最高可达 108 Mb/s 的传输带宽；802.11n 通常可以提供 150 ~ 600 Mb/s 的传输速率。

扩频微波和无线网桥技术都可以用来传输对带宽要求相当高的视频监控等大数据量信号传输业务。

5）卫星通信

卫星通信是指利用人造地球卫星作为中继站来转发无线电信号，从而实现数据在多个地面站之间进行传输的一种技术，是地面微波通信的继承和发展。卫星通信系统通常由两部分组成，分别是卫星端、地面端。卫星端在空中，主要用于将地面站发送的信号放大再转发给其他地面站。地面站主要用于对卫星的控制、跟踪以及实现地面通信系统接入卫星通信系统，如图 6-12 所示。卫星通信的特点是覆盖范围广，工作频带宽，通信质量好，不受地理条件限制，成本与通信距离无关等。

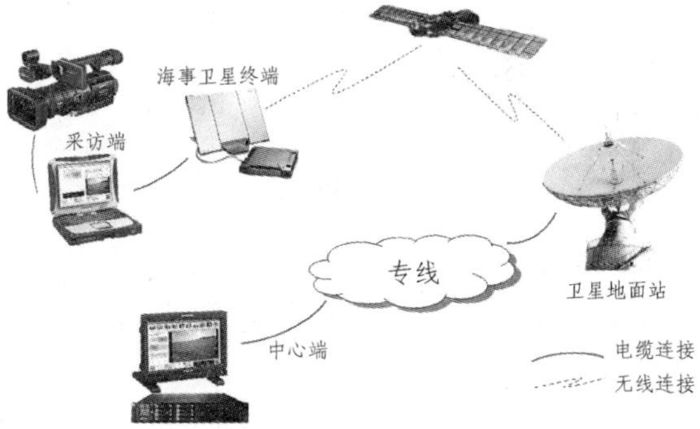

图 6-12 卫星通信示意图

卫星通信主要用于国际通信、海事通信、军事通信、移动通信和广播电视等领域。卫星通信的主要缺点是通信具有一定的延迟，比如打卫星电话时，不能立即听到对方回话，主要原因是卫星通信的传输距离较长，无线电波在空中传输会有一定延迟。

6）短波通信

短波通信是指波长在 10 ~ 100 m、频率范围在 3 MHz ~ 30 MHz 的一种无线电通信技术。由于短波频率在 3 MHz ~ 30 MHz，所以它主要利用电离层反射传播，传播距离环绕地球，通信距离远，是远程通信的主要手段之一。尽管新型无线电通信系统不断涌现，但短波这一古老和传统的通信方式仍然受到重视，不仅没有被淘汰，还在不断快速发展，如图 6-13 所示。它有着其他通信系统不具备的优点：建设维护费用低，周期短；设备简单，电路调度容易；抗毁能力强，短波是唯一不受网络枢纽和有源中继体制约的远程通信手段，如果发生战争或灾害，各种通信网络都会受到破坏，但对短波通信影响极小；与卫星通信相比，短波通信不用支付话费，运行成本低。

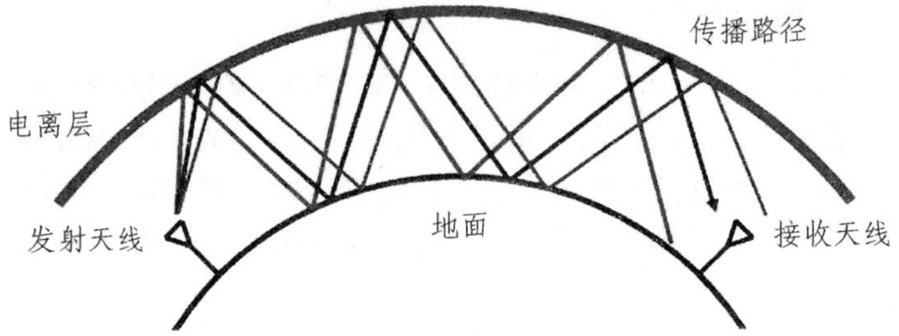

图 6-13 短波通信示意图

短波通信也存在着一定的缺点，比如频段窄、通信容量小、信号传输稳定性差等。短波通信被广泛地用于政府、军事、外交、气象、商业等部门，用以传送电报、电话、传真、低速数据和图像、语音广播等信息。在卫星通信出现以前，短波在国际通信、防汛救灾、海难救援以及军事通信等方面发挥了重要作用。

任务 6.2 WLAN 设备构成

在 WLAN 中，存在这样一些网络设备。

6.2.1 站点

站点（STA）也称为无线客户端，指的是配备了无线网卡的计算机，比如笔记本式计算机、PDA（便携式终端）及其他可以联网的用户设备。无线网卡的作用类似于以太网中的有线网卡，作为无线网络的接口，实现与无线网络的连接。

6.2.2 无线访问接入点

无线访问接入点（AP）的作用相当于传统有线网络中的 Hub，是组建小型无线局域网时最常用的设备。AP 相当于一个连接有线网络和无线网络的桥梁，其主要作用是将各个无线网络客户端连接到一起，然后将无线网络接入以太网，从而达到网络无线覆盖的目的，如图 6-14 所示。

1. 瘦 AP

瘦 AP（FITAP）也称无线网桥、无线网关，其传输机制相当于有线网络中的集线器，在无线局域网中不停地接收和传送数据，任何一台装有无线网卡的 PC 或者移动终端均可通过 AP 来使用有线局域网络甚至广域网络的资源。

无线 AP：即无线访问接入点（Access Point）。

无线 AP 是组建小型无线局域网最常用的设备，它在介质访问控制子层 MAC 中扮演无线工作站及有线局域网络的桥梁，最大连接距离可达 300 英尺（1 英尺≈0.304 米）。有了无线 AP，就如一般有线网络的 Hub 一般，无线工作站可以快速且轻易地与现有有线网络连接，同时，无线 AP 覆盖范围内的无线工作站之间还可以通过它进行相互通信。

每个无线 AP 基本上都拥有一个以太网接口，其作用是实现无线网络与有线网络的连接。理论上来说，当网络中增加一个无线 AP 之后，即可成倍地扩展网络覆盖半径，网络中 AP 的数量越多，网络覆盖范围越大。瘦 AP 本身并不能进行配置，需要一台专门的设备（无线控制器）进行集中控制管理配置。

2. 胖 AP

业界所谓的胖 AP（FATAP），除无线接入功能外，一般具备 WAN、LAN 两个接口，支持地址转换（NAT）功能，大多支持 DHCP 服务器、DNS（域名系统）、MAC 地址克隆、VPN 接入以及防火墙等安全功能。

6.2.3 无线控制器

无线控制器（AC）是一种网络设备，用来集中化控制局域网内可控的无线 AP，是一个无线网络的核心，负责管理无线网络中的所有无线 AP，对 AP 的管理包括：下发配置、修改相关配置参数、射频智能管理、接入安全控制等，如图 6-15 所示。

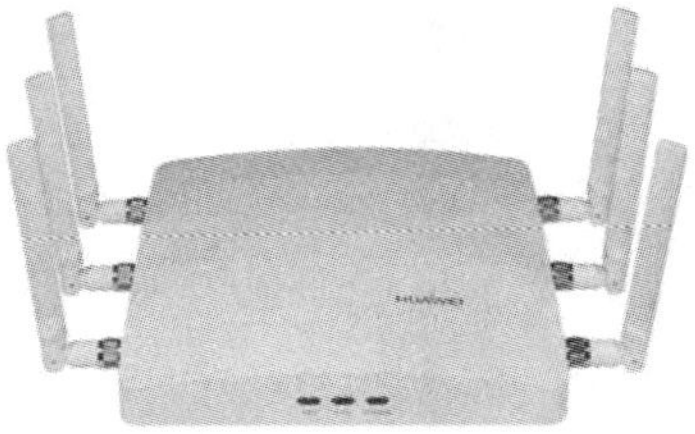

图 6-14 AP

图 6-15 AC

6.2.4 无线网桥

无线网桥是利用无线传输方式在两个或多个网络之间搭起通信的桥梁。无线网桥除了具备有线网桥的基本特点之外，因其工作在 2.4 GHz 或 5.8 GHz 免申请无线执照的频段，所以与其他有线网络设备相比部署更加方便。

无线网桥用于连接两个或多个独立的网络段，这些独立的网络段通常位于不同的建筑内，相距几百米到几十千米，可以广泛用于不同建筑物间网络的互联。无线网桥必需成套使用，至少应用 2 台。其常用组网方式有三种：点对点、一点对多点、中继，如图 6-16（a）、（b）、（c）所示。

（a） 点对点

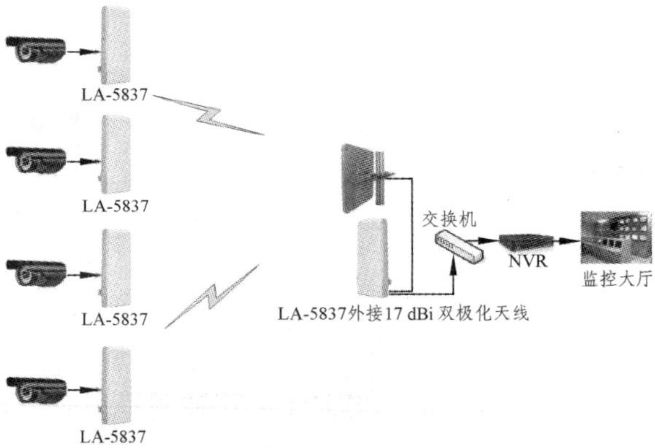

（b） 一点对多点

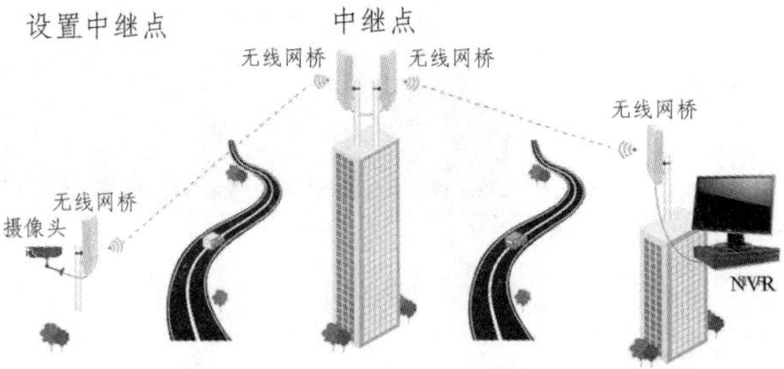

（c） 中继

图 6-16 常见组网方式示意图

6.2.5 无线路由器

无线路由器是一种将单纯性无线 AP 和宽带路由器合二为一的扩展型产品，它不仅具备单纯性无线 AP 所有的功能（如支持 DHCP 客户端、VPN、防火墙、WEP 加密等），而且支持网络地址转换（NAT）功能，可实现局域网用户的网络连接共享，家庭无线网络中的 Internet 连接共享，以 ADSL、Cable Modem 和小区宽带的无线共享接入。

无线路由器可与以太网相连的 ADSL Modem 或 Cable Modem 直接相连，在使用时也可通过交换机/集线器、宽带路由器等局域网方式再接入。其内置有简单的虚拟拨号软件，可存储用户名和密码拨号上网，也可为拨号接入 Internet 的 ADSL、CM 等提供自动拨号功能，无须手动拨号或占用一台计算机作为服务器使用。此外，无线路由器一般还具备相对更完善的安全防护功能。

6.2.6 无线网关

网关，即一个网络连接到另一个网络的接口，是一种复杂的网络连接设备，可以支持不同协议之间的转换，实现不同协议网络之间的互联。无线网关是指集成简单路由功能的无线 AP，通过不同设置可完成无线网桥和无线路由器的功能，也可以直接连接外部网络（如 WAN），如图 6-17 所示。

图 6-17 网关

任务 6.3 无线通信组网

WLAN 可以实现不同的组网方式，其基本方式大致可以分为四种。

6.3.1 集中管理模式

一种基于 AP 的网络结构，所有无线终端设备都直接与 AP 关联。AP 负责在 STA 和有线网络之间接收、缓存和转发数据，所有的无线通信都经过 AP 完成。可以通过放置多个 AP 来扩展无线覆盖范围，并允许便携式计算机在不同的 AP 之间漫游，如图 6-18 所示。

6.3.2 点对点模式

点对点模式也称为 Ad-hoc 模式，这种组网模式不需要使用无线 AP，无线信号直接从一台终端到另一台终端，且允许各终端在无线网络所覆盖的范围内移动并自动建立点到点的连接，如图 6-19 所示。

图 6-18 集中管理模式

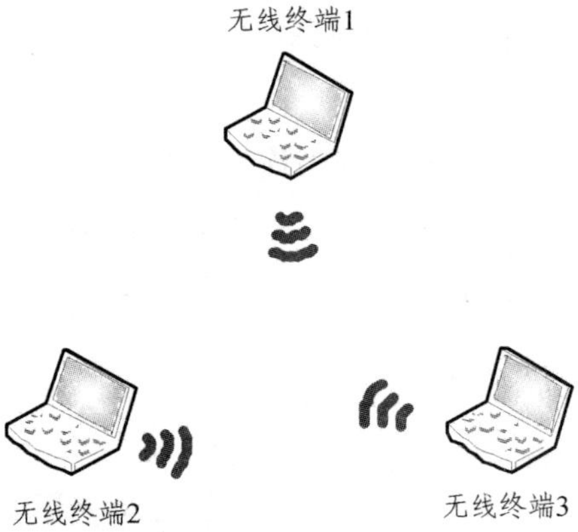

图 6-19 点对点模式

6.3.3 桥接模式

桥接模式指两个或多个网段通过无线网桥等无线网络互联设备连接起来的组网模式，如图 6-20（a）、（b）所示。

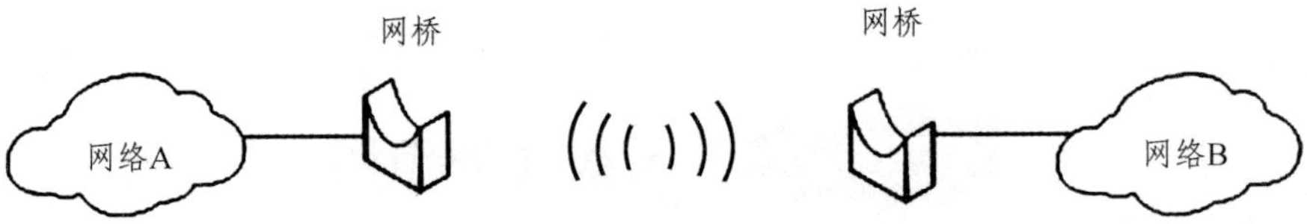

（a） 点对点桥接模式

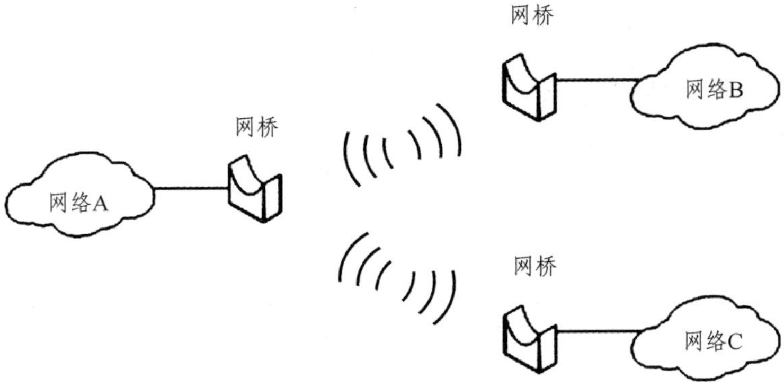

（b） 点对多点桥接模式

图 6-20 桥接模式示意图

6.3.4 中继模式

中继模式也是桥接模式的一种，即两个或多个网段通过无线中继器或无线路由器等无线网络互联设备连接，如图 6-21 所示。

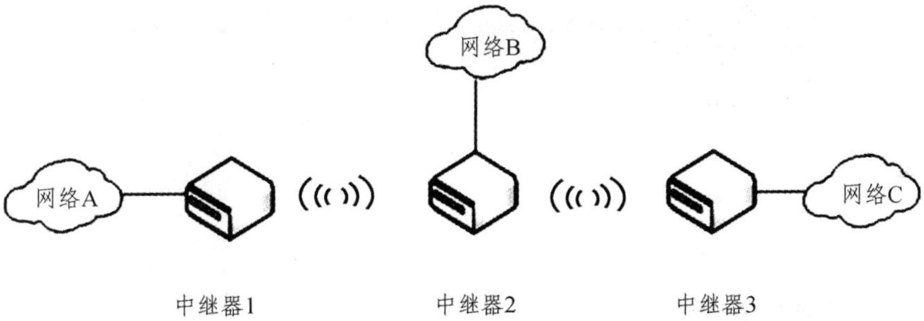

图 6-21 中继模式

实作 6.1 模拟无线组网

一、实作要求

本实作采用思科模拟器 Cisco Packet Tracer6.0 版本来实现，配置 1 台无线路由器和 5 台终端设备的连接，终端设备分别是 2 台手机（Pda0、Pda1）、2 台笔记本（Laptop0、Laptop1）、1 台台式机（PC0），如图 6-22 所示。

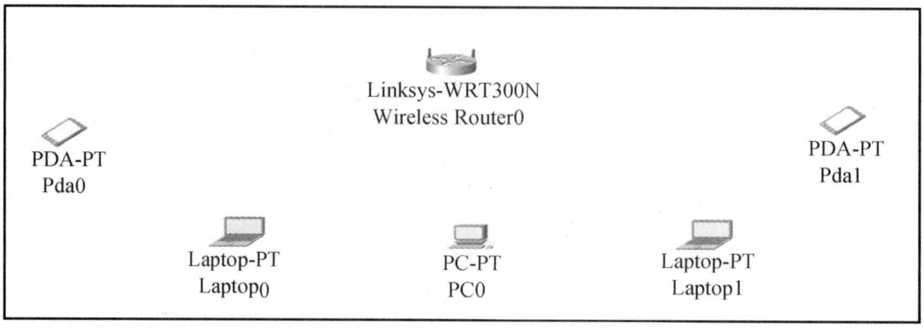

图 6-22 设备信息图

二、配置

（一）配置路由器

进入无线路由器配置页面，将默认管理界面地址由 192.168.0.1/24 设置为 192.168.1.1/24，如图 6.23（a）、（b）所示。

（a） 初始配置界面图

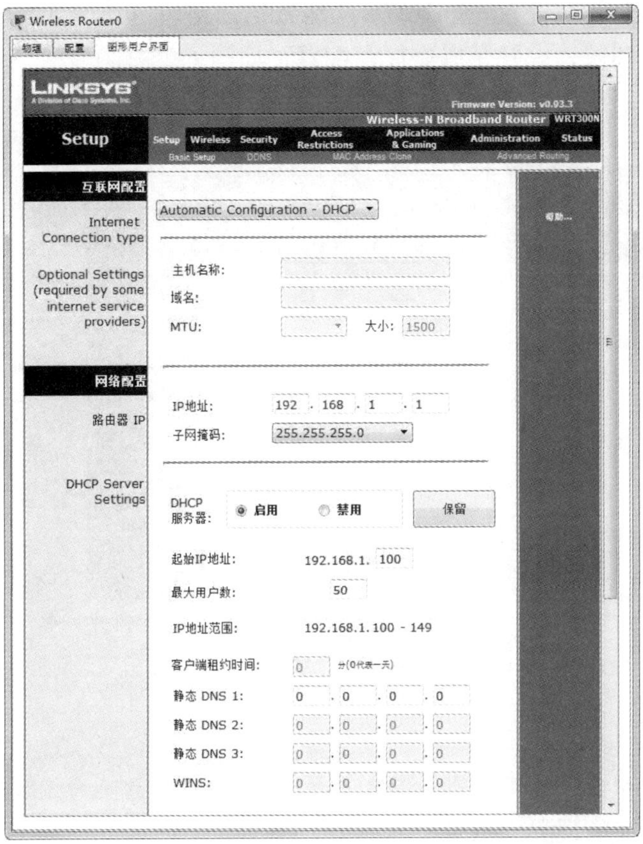

（b） 配置结果图

图 6-23 路由器配置图

配置完成之后在界面最下方点击“保存配置”。

在无线基础配置页面进行设置，采用默认设置即可，如图 6-24 所示。SSID 设备和终端默认均为“Default”。

图 6-24 无线基础设置图

在无线安全页面进行配置，安全模式默认是“disabled”，这里采用 WPA2 Perso 加密类型，密码设置为“123456789”，设置完成后保存配置，如图 6-25 所示。

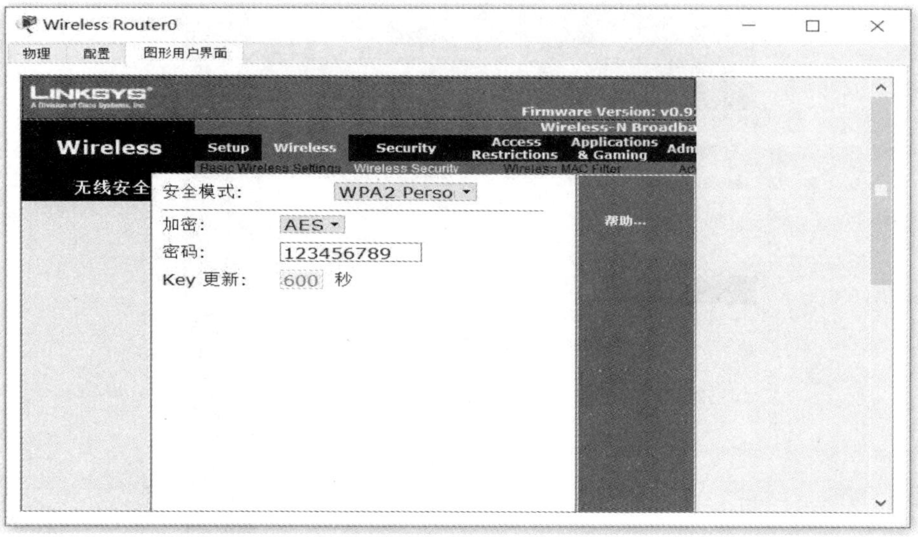

图 6-25 安全配置图

（二）配置终端

笔记本式计算机和台式计算机默认装有以太网口，将其更换为无线模块，这里以笔记本式计算机为例更换，在物理界面更换，如图 6-26 所示。

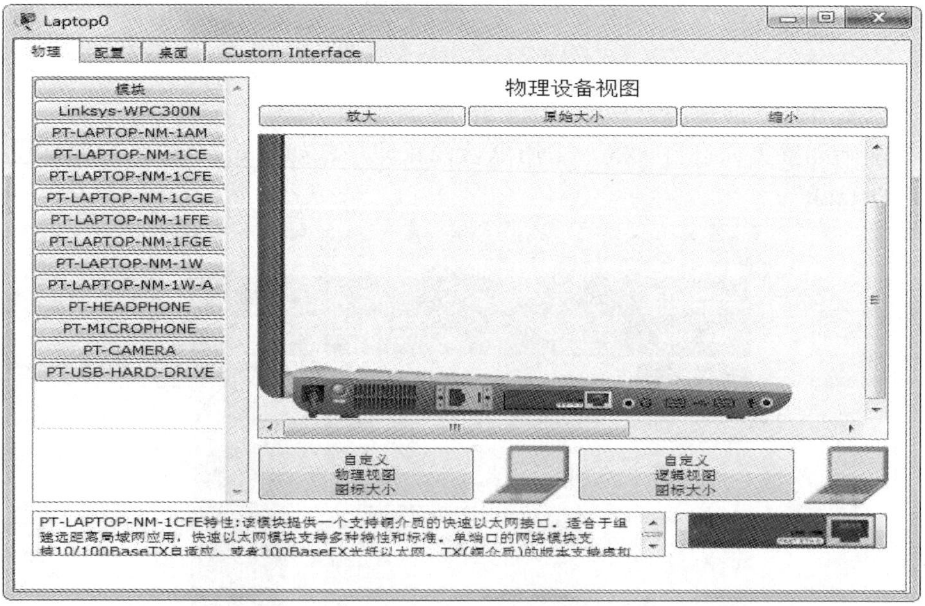

图 6-26 设备初始配置图

将设备下电，拖动以太网口模块到空白处，将模块移出。然后选择一个 2.4 GHz 无线网卡接入设备 PT-LAPTOP-NM-1W 模块，拖动无线网卡模块到卡槽即可，更换模块完成后将设备开启，如图 6-27（a）、（b）所示。台式计算机和笔记本式计算机操作基本一致，这里不再演示。

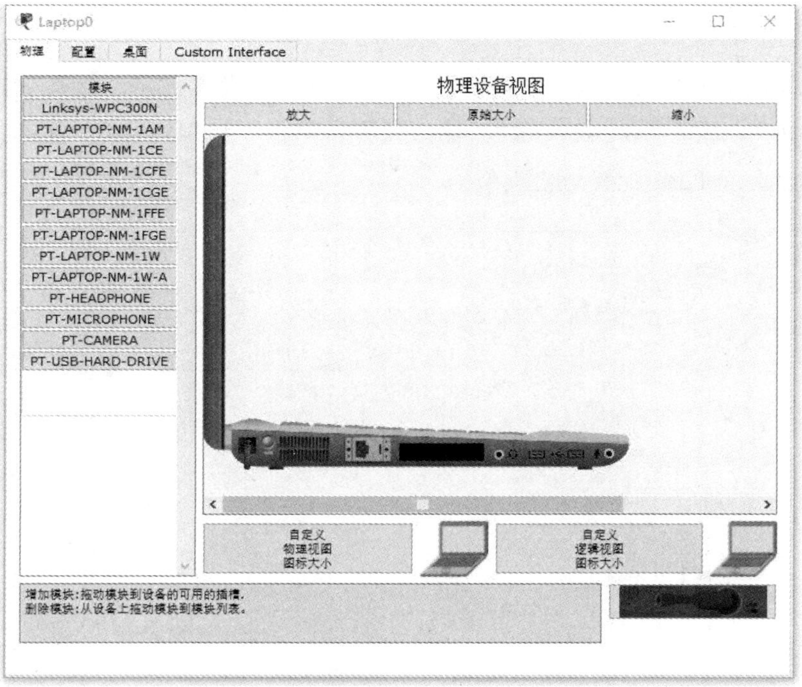

（a） 移出以太网模块

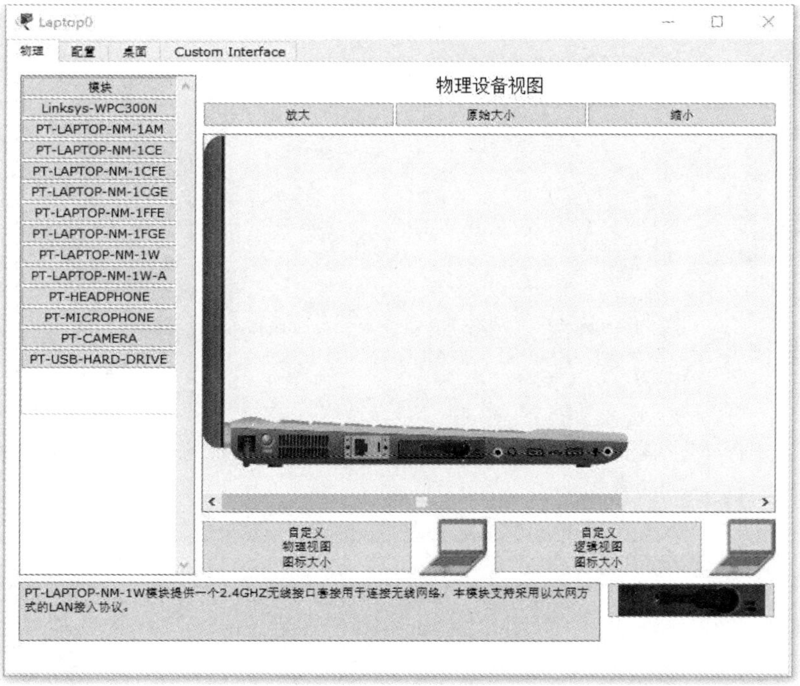

（b） 更换无线网卡模块

图 6-27 移出及更换网卡模块

三、连接网络

（一）入网

移动端 Pda 自带无线网卡模块，双击进入手机 Pda0 的设置页面，选取左上角的配置栏，选择“Wireless0”，选择“WPA2-PSK”，输入设置密码为“123456789”，其他设置均为默认值，如图 6-28 所示。Pda1 配置与之类似。

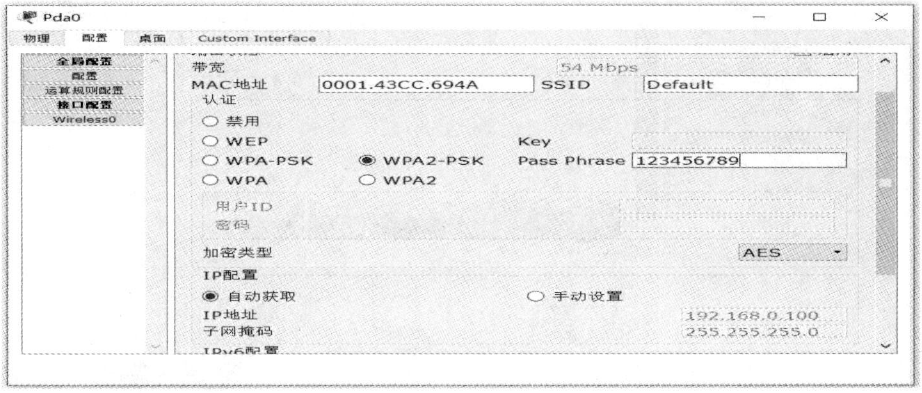

图 6-28 Pad0 配置图

在笔记本终端 Laptop0 配置界面，选中“Wireless0”网络，选择“WPA2-PSK”，输入设置密码“123456789”，其他设置均为默认值，如图 6-29 所示。Laptop1 配置与之类似。

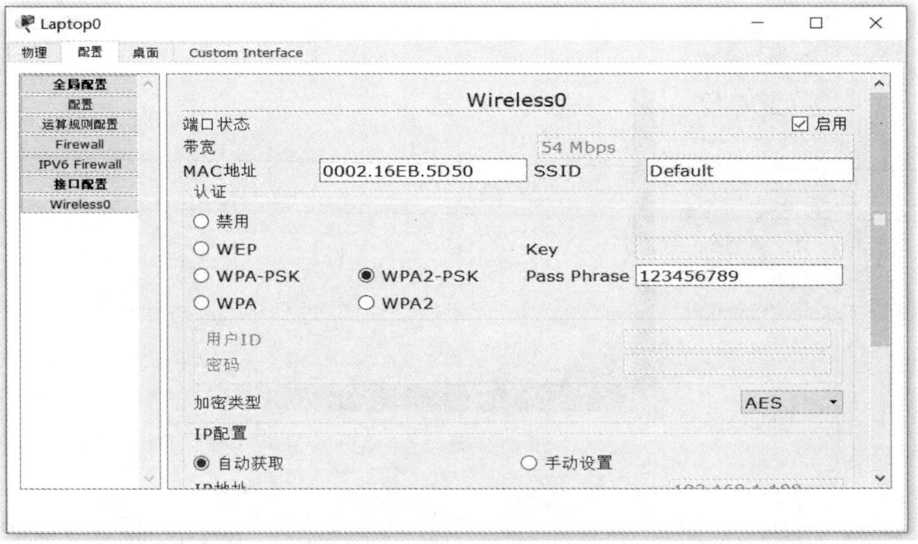

图 6-29 Laptop0 配置图

在台式终端 PC0 配置界面，选中“Wireless0”网络，选择“WPA2-PSK”，输入设置好的密码“123456789”，其他设置均为默认值，如图 6-30 所示。

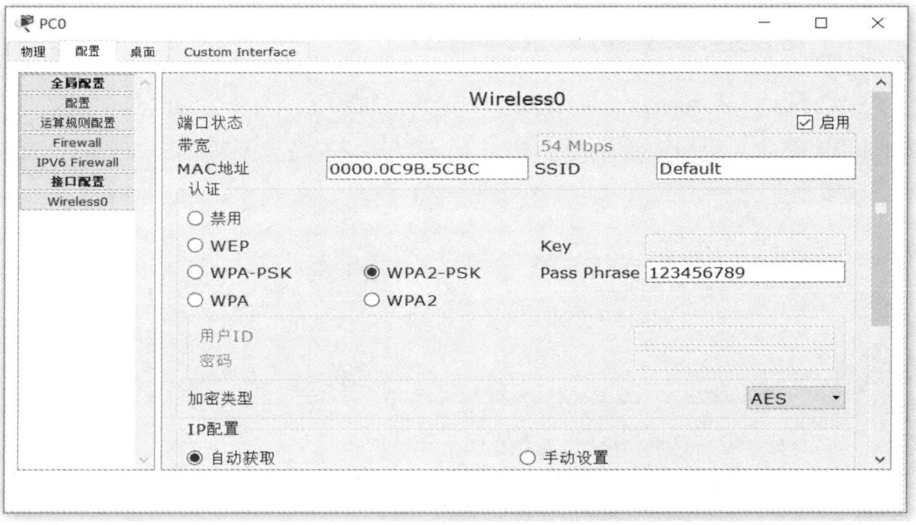

图 6-30 PC0 配置图

以上均配置完成后，在拓扑图中可以看出，所有终端均以无线连接方式与路由器连接，如图 6-31 所示。

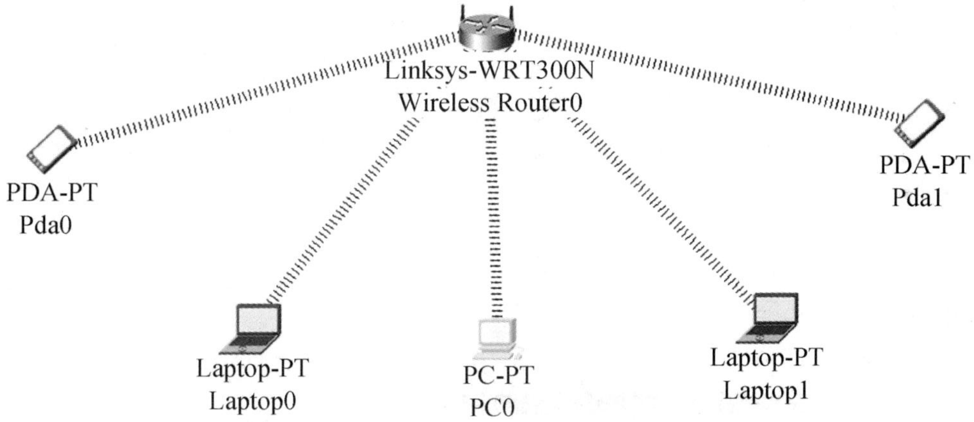

图 6-31 连接成功状态图

（二）查看网络

分别在各终端桌面界面，单击查看 IP 地址配置，查看 DHCP 分配具体 IP 地址。Pda0 地址如图 6-32 所示。

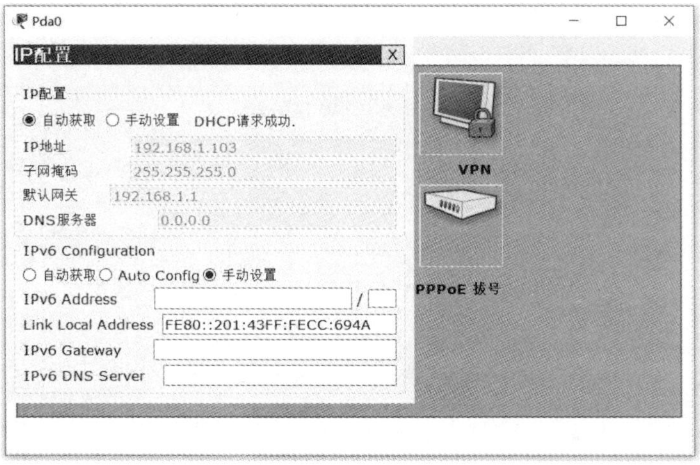

图 6-32 Pda0 信息图

Pda1 地址如图 6-33 所示。

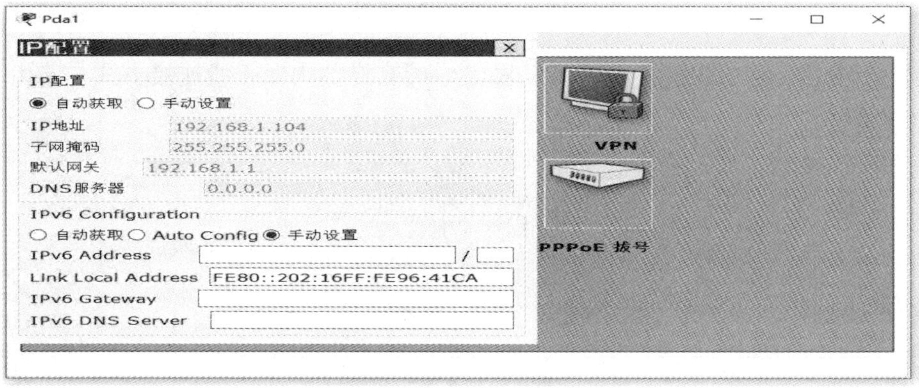

图 6-33 Pda1 信息图

Laptop0 地址如图 6-34 所示。

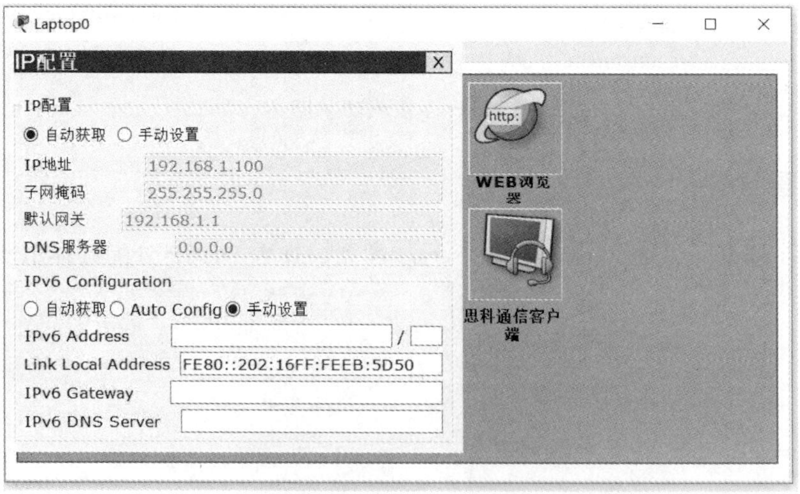

图 6-34 Laptop0 信息图

Laptop1 地址如图 6-35 所示。

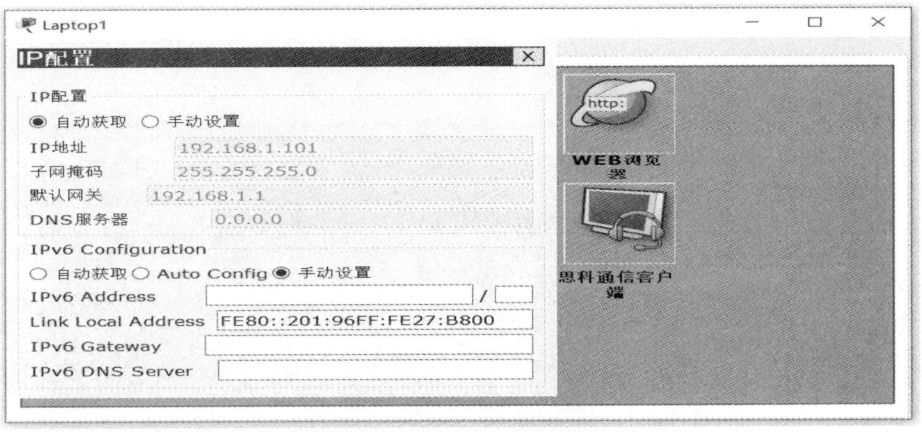

图 6-35 Laptop1 信息图

PC0 地址如图 6-36 所示。

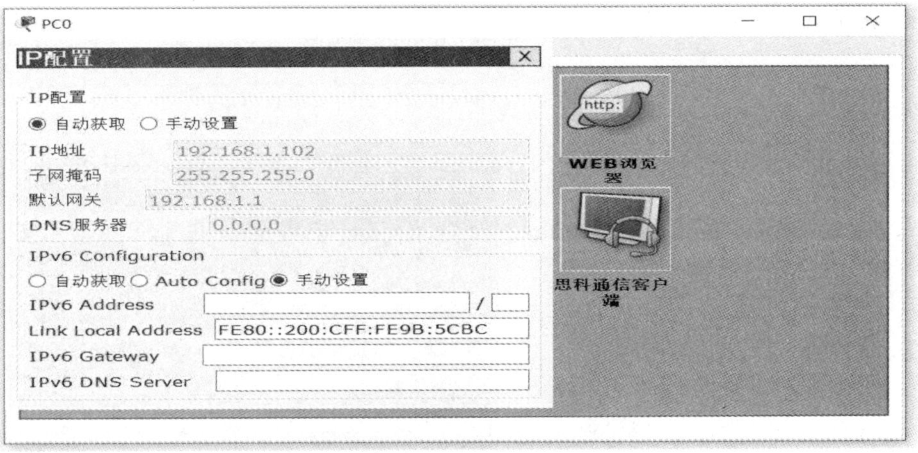

图 6-36 PC0 信息图

四、测试

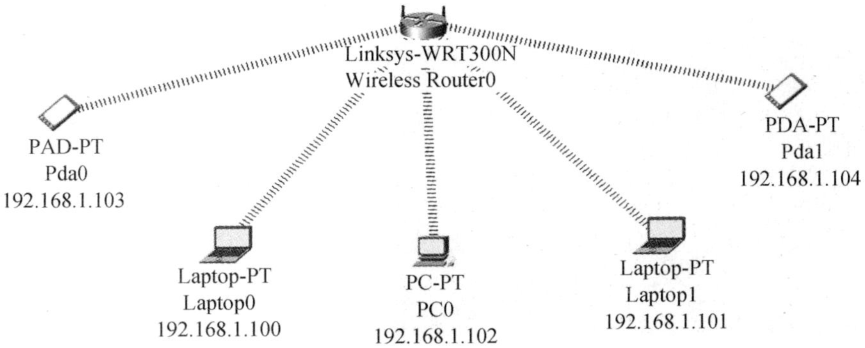

图 6-37 连接成功状态图

由拓扑图 6-37 可知，网络连接成功，使用 ping 命令测试所有无线终端之间的连通性，测试顺序为从左往右，如图 6-38 所示，结果显示该无线网络配置成功。

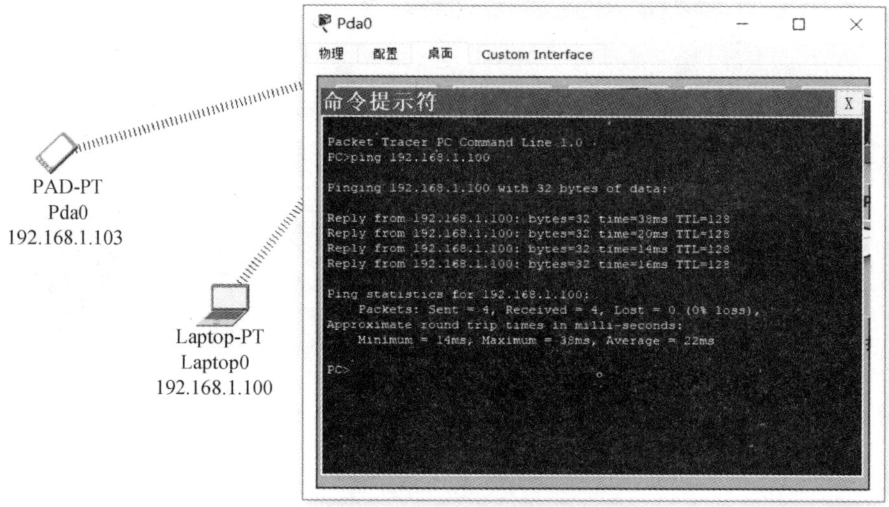

（a） Pda0 与 Laptop0 测试图

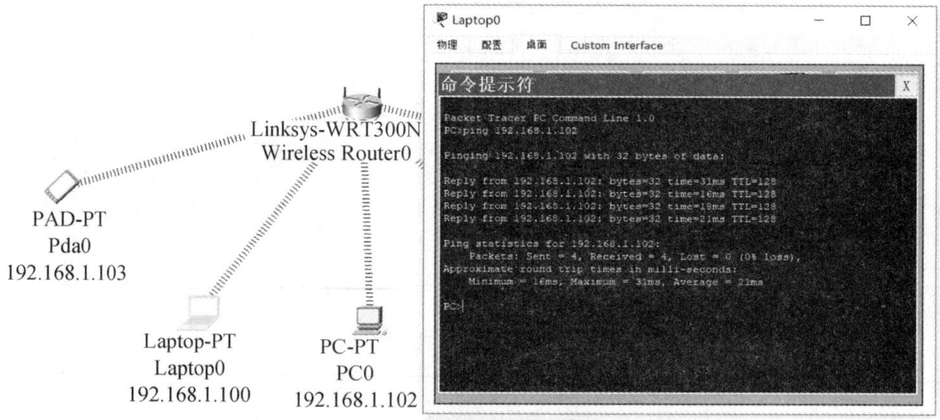

（b） Laptop0 与 PC0 测试图

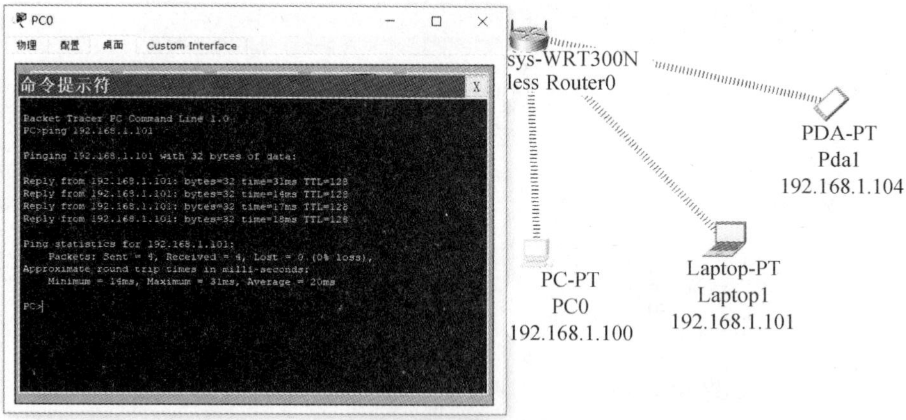

（c） PC0 与 Laptop1 测试图

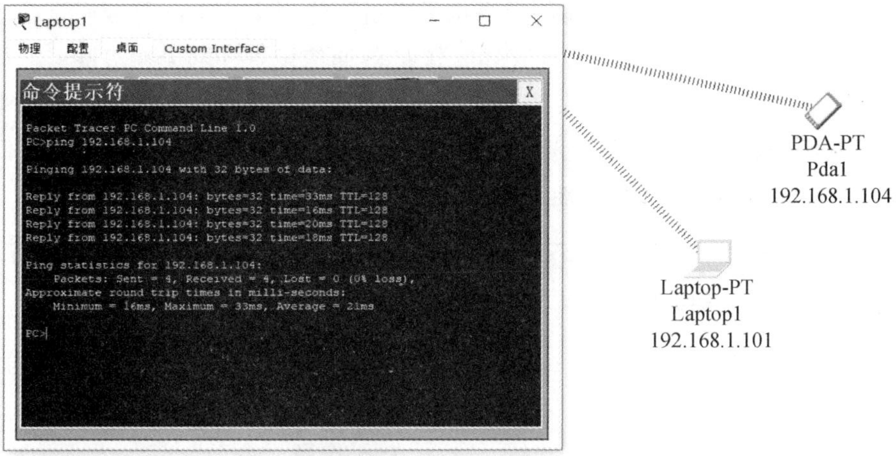

（d） Laptop1 与 Pda1 测试图

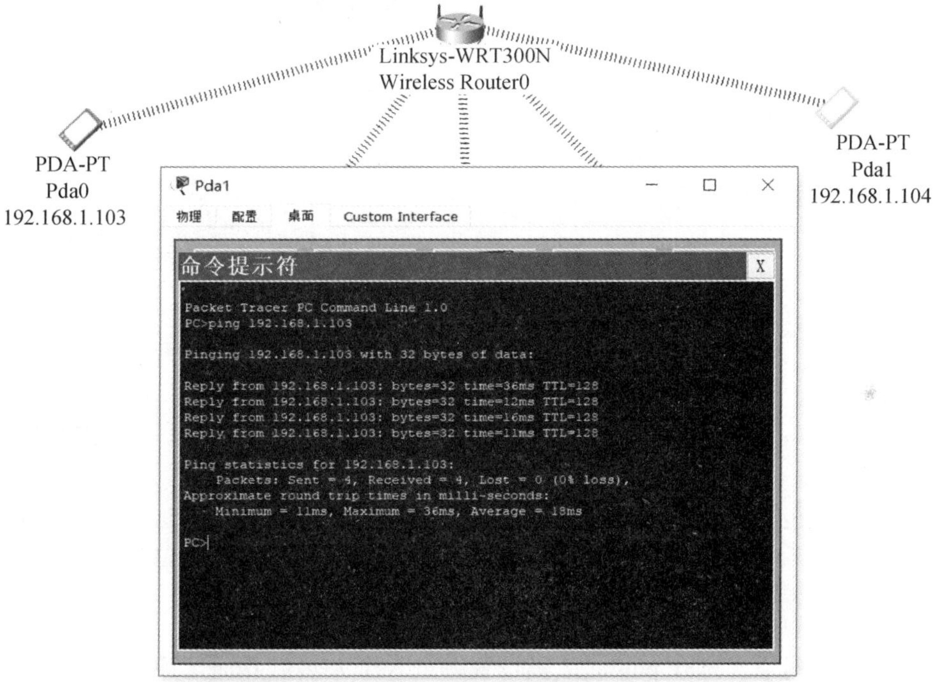

（e） Pda1 与 Pda0 测试图

图 6-38 测试终端连接图

实作 6.2 移动端设置便携式热点

日常生活中，在无网络情况下，用户可以通过移动端手机设置小范围内的便携式 Wi-Fi 热点，以满足对无线网络实时性的需求。案例：小程同学是一名旅行爱好者，节假日喜欢和朋友一起去大自然中摄影、旅游，他们随身携带手机、笔记本、iPad 等数码设备。在野外，没有共享网络场所，他们应如何实现笔记本、iPad 等通信设备的网上冲浪呢？

本案例以手机 4G 数据为共享网络提供源，设置 Wi-Fi 热点共享网络给笔记本式计算机或其他手机。案例中，网络共享设备为小米手机，系统为 MIUI 10.0 稳定版，用户名为 phone，系统基于 Android8.0.0 版本，MAC 地址为 38-A4-ED-BF-E1-C0，如图 6-39 所示。

（a） 参数图　　　　（b） 状态信息图

图 6-39 网络共享设备信息图

下面设置共享网络。打开 phone 手机设置，进入个人热点界面（注意：手机系统不同，配置路径不同；同是 Android 系统，不同品牌手机配置路径亦不同），并激活便携式 WLAN 热点，如图 6-40（a）所示。

点击设置 WLAN 热点，进入配置共享 WLAN 界面，进行信息设置，如图 6-40（b）所示。设置的共享网络名称：MI 5-WLAN，方便用户查找和连接。安全性有两个选项：无和 WPA2 PSK，为了安全性，选择 WPA2 PSK，并设置加密密码。选择 AP 频道，这里为 2.4 GHz 频段。2.4 GHz 信号与 5 GHz 信号区别是，5 GHz 信号具有更好的信号穿透能力，可以在最短时间内将信号传递到设备上。由于大量的能量用在穿透力上，长距离会导致 5 GHz 的信号慢慢衰减，在远距离会产生信号中断的问题发生。2.4 GHz 信号遇见障碍物的时候，会产生反射或者衍射，绕过障碍物直接传播，通信传输距离更长。

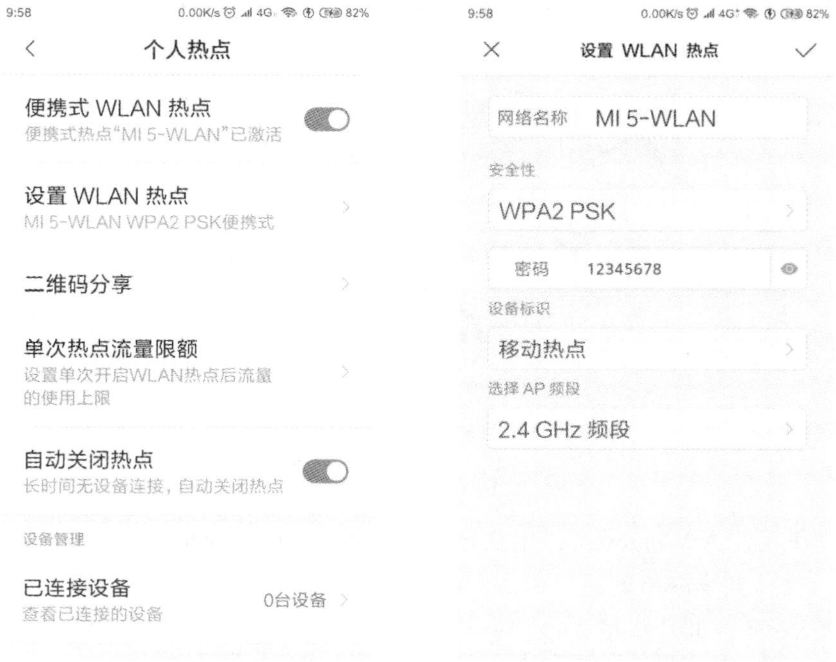

（a） 个人热点配置图　　　　（b） 加密设置图

图 6-40 热点配置图

为了防止共享网络导致数据流量超过限额，可以在图 6-41（a）、（b）界面设置单次热点流量限额和设置超限额后选择关闭热点并提醒。

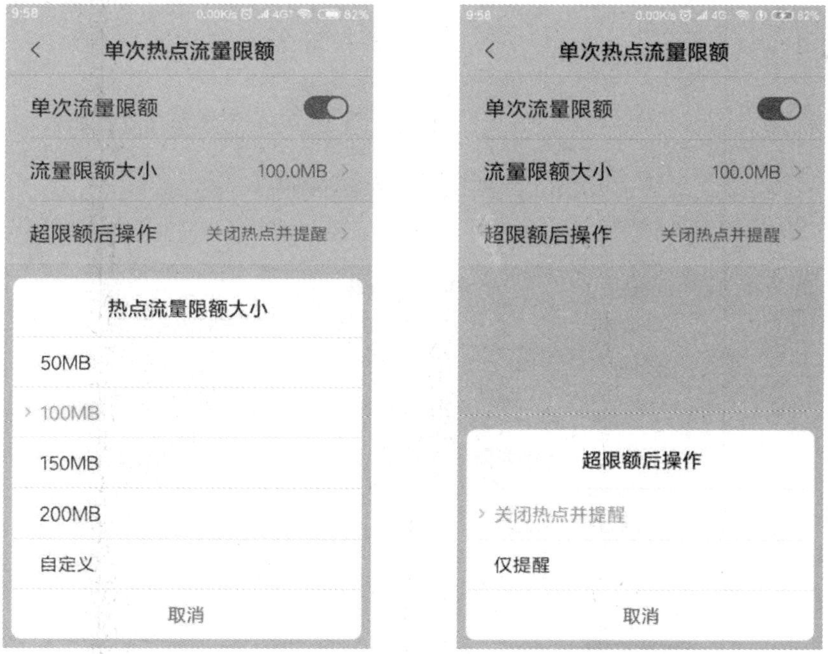

（a） 流量限额设置图　　　　（b） 限额后操作图

图 6-41 流量限额图

共享网络配置成功，便可以连接其他通信设备。案例中，我们参考拓扑图 6-42，将一台笔记本式计算机和一台手机接入共享网络 MI 5-WLAN。

图 6-42 拓扑图

笔记本操作系统为 Windows7，用户名为 QQ-PC，MAC 地址为 44-6D-57-E0-A7-69，如图 6-43 所示。接入共享网络的手机为 Android 系统，用户名为 MI6-phone-test，MAC 地址为 00-EC-0A-DF-33-F3，如图 6-44（a）、（b）所示。

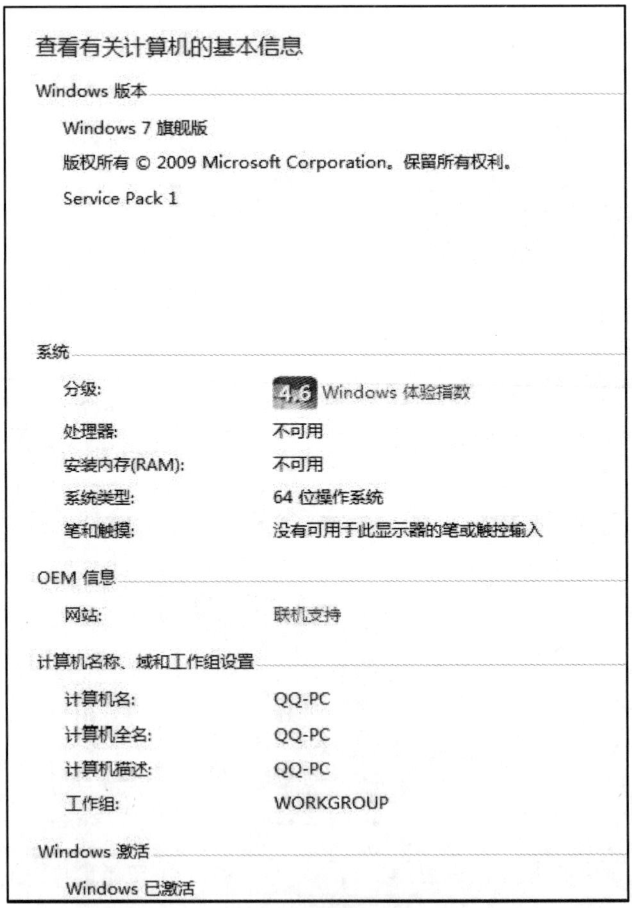

图 6-43 PC 信息图

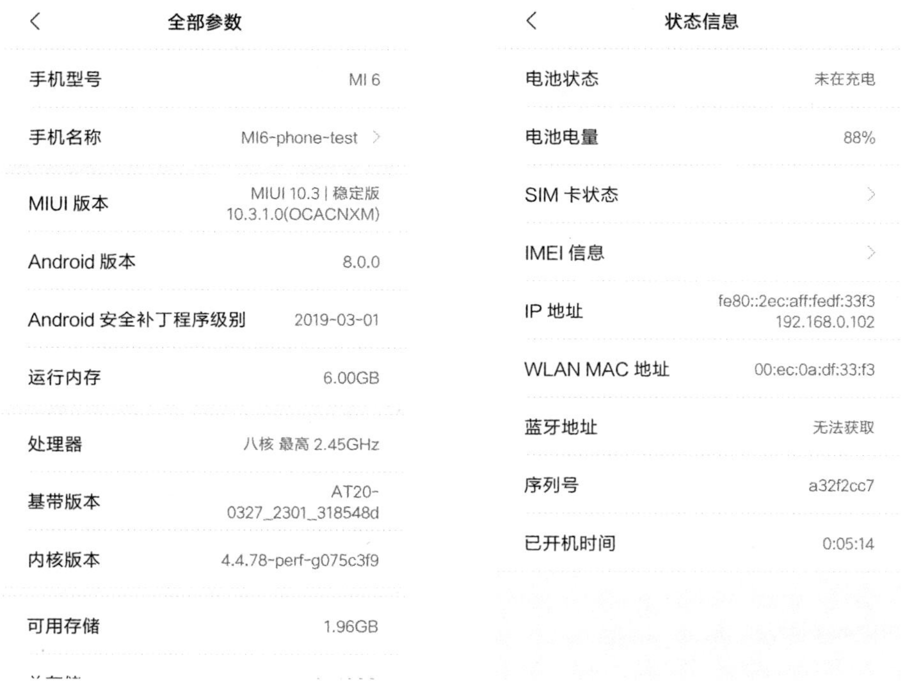

（a） 参数图　　　　（b） 状态信息图

图 6-44 移动端信息图

在 QQ-PC 笔记本式计算机无线网络中，选择 MI 5-WLAN 网络，填写密码，加入网络连接成功，状态如图 6-45 所示。打开 MI6-phone-test WLAN，选择 MI 5-WLAN 网络，填写密码，加入网络连接成功，状态如图 6-46 所示。在 phone 端，点击已连接设备，可以管理连入共享网络中设备，已连接设备如图 6-47 所示。至此，移动端成功设置了便携式 Wi-Fi 热点，满足了通信网的实时性需求。

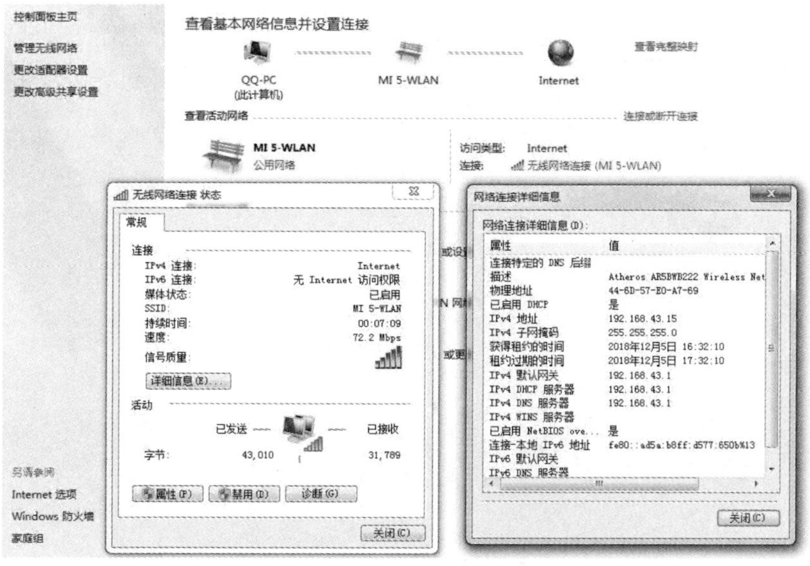

图 6-45 笔记本式计算机连接成功状态图

图 6-46 MI6-phone-test 连接成功状态图

图 6-47 phone 已连接设备信息图

实作 6.3 设计办公室无线局域网

一、实作要求

某职业技术学院通信教研室已有 5 台台式计算机，随着移动网络的发展，现对无线网络有一定需求。该办公室有一台小型路由器，请设计一个完整的办公室无线局域网。

本案例通过小型路由器接入 Internet，路由器连接 1 台台式计算机，2 台手机、2 台笔记本式计算机来进行实验，设计拓扑图如图 6-48 所示。

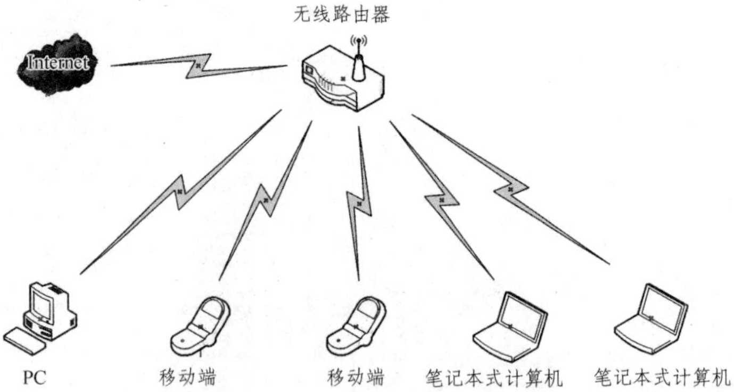

图 6-48 拓扑图

二、信息介绍

案例中使用的路由器为迅捷 300M 无线路由器，型号为 FW300R，外观如图 6-49 所示，其中，Reset 按键为恢复出厂设置按键。外部接口如图 6-50 所示。

图 6-49 FW300R 外观图

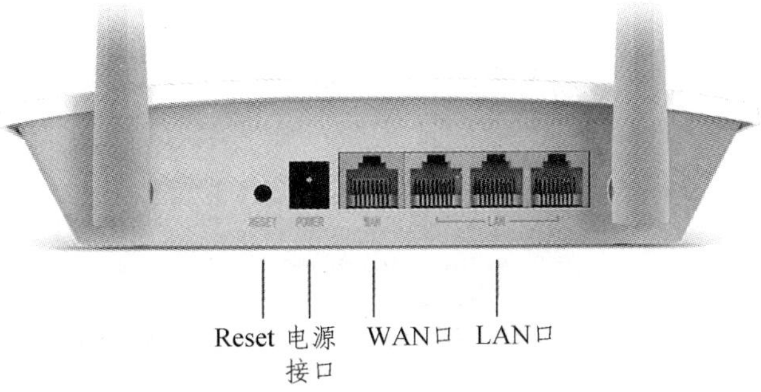

图 6-50 外部接口

路由器符合 IEEE 802.11n、IEEE 802.11g/b、IEEE 802.3/3u 标准，无线传输速率最高可达 300 Mb/s。该路由器有 1 个 WAN 口，3 个 LAN 口，均支持自动协商和端口自动翻转；支持 IP 带宽控制，合理分配内网带宽；支持 WDS（无线分布式系统）无线桥接，轻松扩展无线网络；支持动态 IP、静态 IP 等宽带接入方式；可使用无线漫游（Roaming）技术，保证高效的无线连接；自动拨号、按需拨号、定时拨号，满足各种拨号需求；支持 UPnP、DDNS、静态路由、VPN Pass-through；提供 DoS 攻击防范，具有病毒自动隔离功能；支持虚拟服务器、特殊应用程序和 DMZ 主机等多种端口转发，可用于建设内网网站；支持 SSID 广播控制、基于 MAC 地址的访问控制列表；支持 WPA2/WPA2-PSK 安全机制；内建防火墙，支持 IP、MAC、URL 过滤，可灵活地控制上网权限与上网时间；内建 DHCP 服务器，可自动、动态分配 IP 地址。其主要规格参数如表 6-4 所示。

表 6-4 FW300R 规格参数

规格	参数
标准	IEEE 802.11n、IEEE 802.11g、IEEE 802.11b、IEEE 802.3、IEEE 802.3u、CSMA/CA、CSMA/CD、TCP/IP、DHCP、ICMP、NAT
LAN 口	3 个 10/100M 自适应 RJ45 端口（Auto MDI/MDIX）
WAN 口	1 个 10/100M 自适应 RJ45 端口（Auto MDI/MDIX）
传输速率	300 Mb/s
工作信道数	13
天线类型	2 根外置高增益全向天线

案例中，使用的 PC 如图 6-51 所示，用户名为 USER-20181207DS，操作系统为 Windows7，MAC 地址为 DC-4A-3E-86-47-30。

图 6-51 PC 信息图

移动端手机信息分别为：①用户名为 MIS-phone，系统基于 Android8.0.0 版本，MAC 地址为：38-A4-ED-BF-E1-C0，如图 6-52 所示；②用户名为 iPhone，系统基于 IOS，MAC 地址为：D4-61-DA-2E-08-2D，如图 6-53 所示。

图 6-52 phone 信息

图 6-53 iPhone 信息

笔记本式计算机信息分别为：①操作系统为 Windows7，用户名为 QQ-PC，MAC 地址为 44-6D-57-E0-A7-69，如图 6-54 所示；②操作系统为 Windows7，用户名为 DTY819AG3O097M5，MAC 地址为 60-F6-77-07-8B-18，如图 6-55 所示。

图 6-54 笔记本式计算机 1 信息

图 6-55 笔记本式计算机 2 信息

三、路由设置

路由器 WAN 口接入 Internet，LAN 口接入一台 PC，如图 6-56 所示。路由器正常工作后，将移动端手机、笔记本式计算机接入网络。

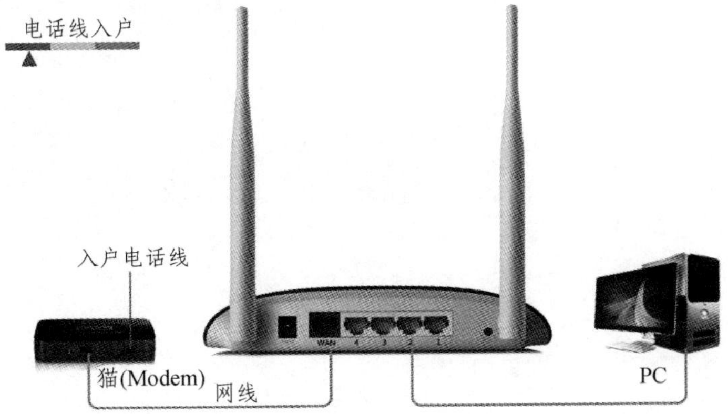

图 6-56 路由接口设置图

接入网络后，打开笔记本 QQ-PC，在浏览器输入路由管理网址：192.168.1.1（不同品牌路由器管理地址略有差别，常见地址有 192.168.1.1、192.168.0.1、tplogin.cn 等），进入路由设置界面，如图 6-57 所示。

家用路由一般需要登录宽带账号，选择宽带拨号上网，并输入账号密码。本案例使用的是校园公用网，选择自动获取 IP 地址，并设置网络名为 Test，密码为 12345678，路由器设置完成。

（a）路由设置第一步

（b）路由设置第二步

（c）路由设置第三步

图 6-57 路由器初始设置

四、路由管理

配置完无线局域网 Test 后，接入两部移动端手机、两台笔记本式计算机。再次使用浏览器打开路由管理网址，进入路由管理界面，如图 6-58 所示。

图 6-58 路由管理界面

路由管理界面显示，已连接设备 5 台。其中，台式设备 1 台，用户名为 USER-20181207DS；无线设备 4 台，用户名分别是 QQ-PC、MIS-phone、DTY819AG3O097M5、iPhone。无线网络建立成功，通信设备连接成功。下面进入路由管理界面高级设置界面。

（一）WAN 口设置

WAN 口设置如图 6-59 所示。

图 6-59 WAN 设置界面

运营商所提供的上网方式：自动获得 IP 地址，使用运营商动态分配的临时 IP 进行上网的方式。

IP 地址、子网掩码、网关：运营商动态分配的上网参数。

数据包 MTU：数据包的最大传输单元，可设置范围为 576 ~ 1 500。

DNS 服务器：自动获得 IP 地址上网方式下运营商会自动分配 DNS 服务器，如有需要也可以手动设置。

单播方式获取 IP：少数运营商的 DHCP 服务器不支持广播的请求方式，如果您在网络连接正常的情况下无法获取 IP 地址，可以选择单播的方式。

WAN 口速率设置：设置 WAN 口的速率以及双工模式。个别小区宽带线路被强制为 10 Mb/s，导致路由器无法正常使用，此时可以通过将 WAN 口速率强制为 10 Mb/s 解决。

（二）LAN 口设置

MAC 地址：路由器对局域网的 MAC 地址。

LAN 口 IP 设置：支持自动和手动两种设置。

当设置为自动时，具有 LAN-WAN 冲突检测机制，主要表现为：当路由器 WAN 口获取的 IP 地址与 LAN 口 IP 地址在同一网段，路由器 LAN 口 IP 地址会自动变更到其他网段。如：路由器 LAN 口默认 IP 地址为 192.168.1.1，如果路由器 WAN 口获取到的 IP 地址为 192.168.1.X，那么 LAN 口 IP 地址会自动变为 192.168.0.1。路由器 LAN 口 IP 地址变更之后，虚拟服务器、DMZ 主机等原来设置好的条目将失效。

LAN 口 IP 地址变更之后，用户仍可以通过域名登录路由器管理页面。为保证连接到路由器的设备能正常上网，建议设备配置为动态获取 IP 地址。如果设备是固定 IP 地址，请根据 LAN 口变更之后的 IP 地址，对应更改设备的 IP 地址和网关。

（三）MAC 地址设置

MAC 地址设置如图 6-60 所示。

图 6-60 MAC 地址设置界面

通过本功能可以设置路由器对广域网的 MAC 地址，一般情况下不需要更改地址，但某些地区的运营商会将线路与 MAC 地址进行绑定，此时运营商会提供一个“有效的 MAC 地址”，用户需要通过本功能将 MAC 地址设置为该“有效的 MAC 地址”才能正常共享上网。

（四）DHCP 设置

DHCP 设置如图 6-61 所示。

图 6-61 DHCP 设置界面

DHCP 服务器能够自动给局域网当中的设备分配 IP、子网掩码等 TCP/IP 协议参数。地址开始/结束地址：DHCP 服务器自动分配的 IP 的开始/结束地址。

地址租期：自动分配的 IP 的有效时间，超过该时间后局域网内的设备将重新获取 IP。

网关：可选项，建议填入路由器 LAN 口的 IP 地址，默认为 192.168.1.1。

DNS 服务器：可选项，运营商提供 DNS 服务器地址。

（五）IP 与 MAC 绑定设置

IP 与 MAC 绑定设置如图 6-62 所示。

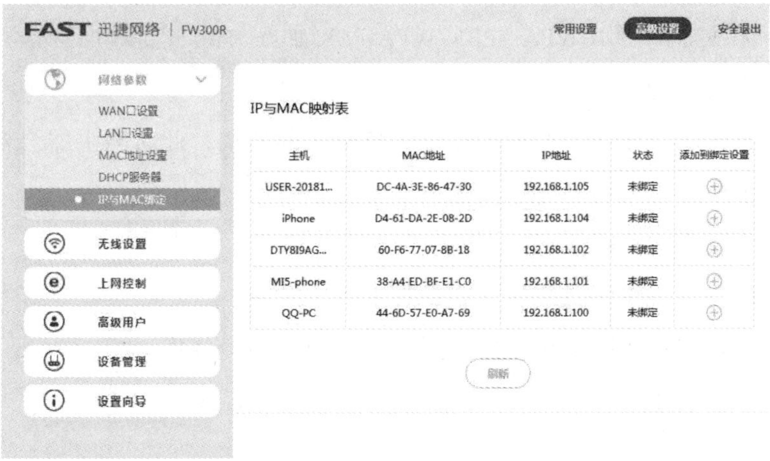

图 6-62 IP 与 MAC 绑定设置界面

添加 IP 与 MAC 绑定条目可以为指定 MAC 地址的主机设置固定的 IP 地址，同时条目中的 IP 地址和 MAC 地址将进行 ARP 绑定，使得该主机可以免遭 ARP 攻击。

例如，若想为小梁的主机（MAC 地址为 00-E0-4C-00-07-BE）设置固定的 IP 地（192.168.1.80），同时保护小张的主机免遭 ARP 攻击，则可按照以下信息设置 IP 与 MAC 绑定条目：

主机	MAC 地址	IP 地址
小梁	00-E0-4C-00-07-BE	192.168.1.80。

（六）无线设置

主人网络如图 6-63 所示。

图 6-63 主人网络设置界面

无线名称：路由器的无线（Wi-Fi）名称。

无线密码：无线加密使用 WPA2-PSK/WPA-PSK 加密方式、AES 加密算法，无线密码为 8~63 个字符，最好是数字、字母、符号的组合。

信道：无线数据信号传送的通道，建议保持默认的自动，此时路由器会自动根据周围的无线环境选择一个最好的信道。

模式：路由器工作的无线模式。

频段带宽：路由器传输无线数据的频段宽度。

信号强度：可以根据实际使用需要选择不同档次的信号强度。

开启 AP 隔离：开启之后可以安全隔离连接到路由器的各个无线设备。

（七）访客网络设置

图 6-64 访客网络界面

访客网络界面如图 6-64 所示。访客网络提供一个单独的无线网络供访客使用，可以实现对访客和内网的安全隔离，从而有效保障内网数据安全。

无线名称、无线密码：供访客使用的无线（Wi-Fi）名称和无线密码，无线密码为 8~63 个字符，最好是数字、字母、符号的组合。

是否允许访客访问内网资源：设置访客对内网的访问权限。建议保持默认值“否”，此时访客只能通过路由器访问外网。

访客网络最大上传/下载速度：设置整个访客网络的最大上网速度。

是否设置访客网络开放时间：设置访客网络的开放时间，选择“否”。

（八）上网控制设置

家长控制如图 6-65 所示。

图 6-65 上网控制界面

通过家长控制功能，可以对小孩的上网时间进行管控。

添加家长设备：请把所有需要上网的家长设备（包括 PC、手机、Pad 等）都连接至路由器，然后从下拉框中选中对应的设备将其添加为家长设备。

设置时间表：开启家长控制功能之后，除了已添加的家长设备，其余的设备只能在指定的时间上网，家长可以通过时间表设置禁止小孩上网的时间段。

（九）高级设置路由功能

高级设置路由功能如图 6-66 所示。

图 6-66 路由功能界面

路由功能可设置静态路由条目，当数据包与静态路由匹配成功时，将按照指定的路径进行转发。

目的网络地址：数据包需要到达的地址。

子网掩码：目的地址的子网掩码。

下一跳地址：数据包到达目的地址前，可以直接转发的下一个路由器地址。

（十）WEB 管理设置

WEB 管理设置如图 6-67 所示。

图 6-67 设备管理界面

局域网 WEB 管理权限：

局域网中的主机均可以访问本 WEB 管理界面：本路由器默认局域网中的主机均可以访问 WEB 管理界面。

仅允许指定 MAC 地址的主机访问本 WEB 管理界面：可以添加指定的 MAC 地址，添加完成后仅允许具有指定 MAC 地址的主机访问 WEB 管理界面。

五、路由测试

连接成功后，测试 PC、笔记本式计算机、移动端手机通信状态来反馈无线局域网的连接情况。

（1）查看 PC 通信状态，网络信息图如图 6-68 所示，网络测试结果如图 6-69 所示。

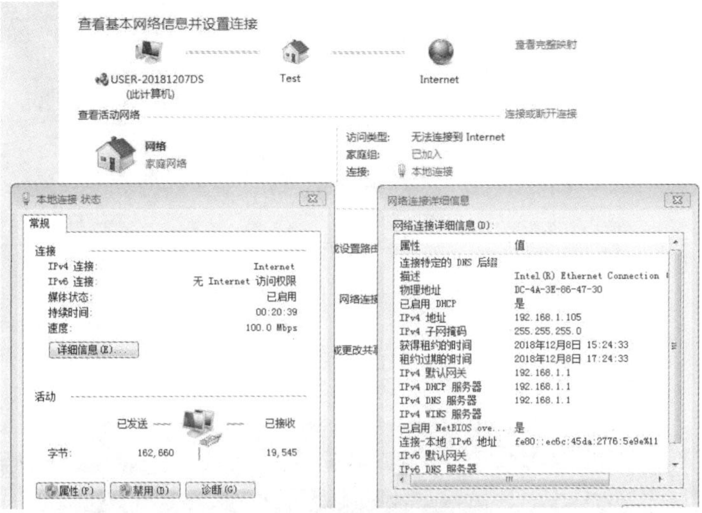

图 6-68 PC 连接成功图

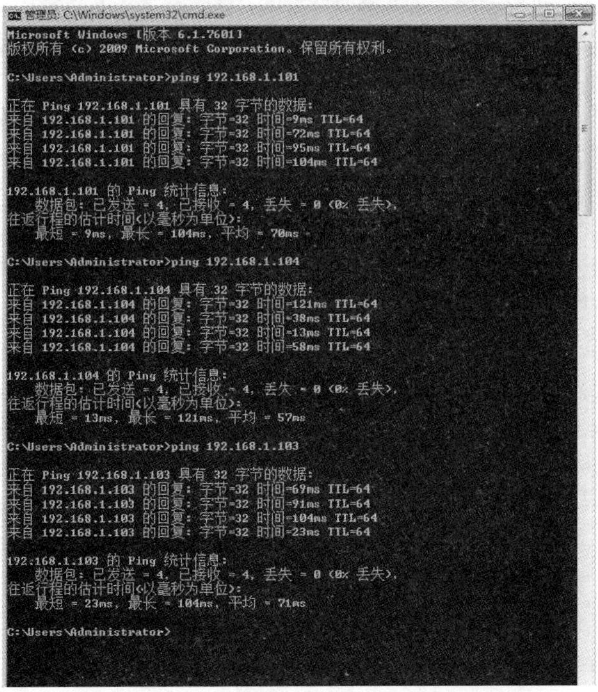

图 6-69 PC 通信测试示意图

（2）查看 QQ-PC 笔记本式计算机通信状态，连接成功如图 6-70 所示，通信成功如图 6-71 所示。

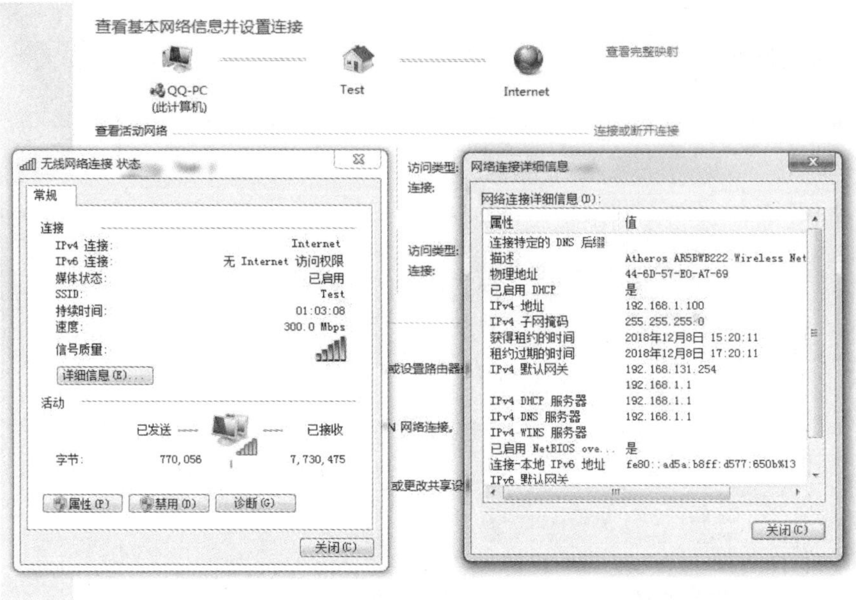

图 6-70 QQ-PC 连接成功图

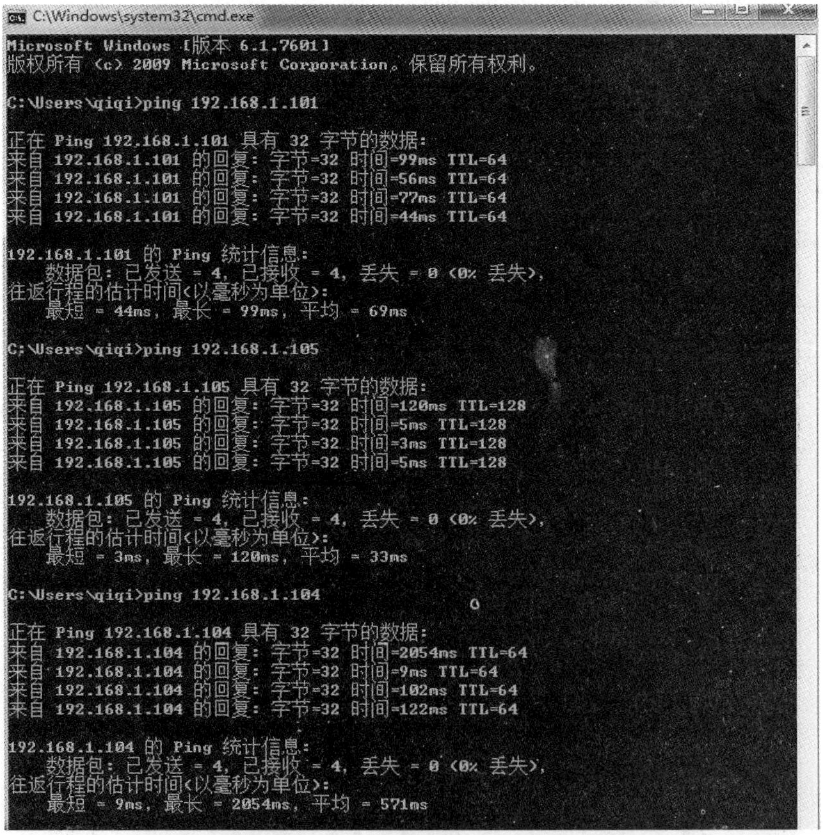

图 6-71 QQ-PC 通信成功图

（3）查看移动端手机连接和通信状态，如图 6-72、图 6-73 所示。

图 6-72 移动端连接状态图

图 6-73 移动端通信状态图

复习思考题

1. 简述无线通信的概念。
2. 常见的无线通信技术分类有哪些？
3. 简述常见的近距离无线通信技术。
4. Wi-Fi 技术的特点是什么？
5. 对比分析常见的短距离无线通技术特点。
6. 简述常见的远距离无线通信技术。
7. WLAN 的设备构成有哪些？
8. WLAN 的组网方式有哪些？
9. 画出无线组网的拓扑图。
10. 模拟无线组网有哪些步骤？
11. 简述移动端设置便携式热点的过程。
12. 谈一谈你对无线通信网络的认识。

网络操作系统认识与安装

任务 7.1 了解网络管理需要的技能

网络管理工作的好坏与网络管理者具体技能的掌握是密不可分的。大的方面来说，网络的规划设计系统集成处理等事项是考验网络管理员综合素质的重要方面；而细到具体事务来说，选择和采购好的网络设备，设备的安装、配置和调试，保证局域网正常、稳定地运行，合理运用网络管理软件等，都是需要掌握的。从技术层面来说可以将网络管理者的技能分为"网络设备"和"服务器"技能两大方面。

7.1.1 网络设备方面

一个网络的前期规划与设计，将直接关系到后期运行的效率。网络管理员在掌握必要的基础知识后，对于网络的环境规划与驾驭能力是必备的个人技能。网络规划能力一个重要的体现是对网络设备的调试和维护能力，例如对路由器、交换机、硬件防火墙的性能与特性的理解，其中又以思科、华为等品牌为主导。除此之外，还要学习和调试这些设备命令语句，制定安全策略并可以根据实际需求，配置好网络设备和安全设备，使它们能发挥最优的、最好的效果。

7.1.2 服务器方面

服务器系统的管理是整个网络管理工作中重要的部分，包括网络服务器和应用服务器系统两个方面。具体来说，服务器系统管理主要是安装、配置和管理网络操作系统、文件服务器、DNS、WINS、DHCP 等网络服务器，以及像 WEB、FTP、E-mail、RAS、NAT 等应用服务器。服务器系统管理的最终目标，就是要确保服务器各种协议和服务工作正常，确保服务器的各项性能指标正常发挥。另外，还需要及时地更新服务器系统的版本或补丁程序，这不仅关系到服务器的性能发挥，而且还关系到整个网络系统的安全性，因为现在的操作系统不断有新的安全漏洞被发现，及时安装补丁可以有效地阻止、填补这些安全漏洞。

服务器系统管理方面的重点与难点是各种不同版本的主流 Windows、Linux 和 UNIX 网络操作系统的管理，而每个系统中所包括的具体管理工作又非常多、非常复杂。在一些较大企业或者一些特殊行业（如金融、证券和保险等）中，UNIX 系统又是普遍采用的，所以 UNIX

系统管理对于专业网络管理员来说，是需要了解的，常用的UNIX系统有SUN Solaris、HP-UX、IBM AIX等。在大多数中小型企业中，网络管理员应该掌握主流的Windows和Linux网络操作系统的管理，Linux系统有Redhat、Centos、红旗Linux等产品，而Windows Server的管理方便、功能强大也使得其在企业网络搭建中占据了广泛的市场。现在中小企业普遍使用的是Windows 2003/2008 Server，因此Windows Server系统的安装、维护是学习网络管理的基础技能。

任务 7.2 了解网络操作系统

7.2.1 网络操作系统的定义

网络操作系统（NOS）是使网络上各计算机能方便而有效地共享网络资源，为网络用户提供所需的各种服务的软件和有关规程的集合。它在计算机操作系统下工作，使计算机操作系统增加了网络操作所需要的能力，一个网络操作是一个复杂的计算机程序集，这些程序集提供网络操作过程的协议或行为准则。没有网络操作系统，计算机网络就无法工作。

网络操作系统的功能包括：允许用户访问网络主机中的各种资源；对这种访问进行控制，允许授予权用户访问特定的资源；使远程资源的利用同本地资源一样；提供全网络统一的记账办法；提供比单机更可靠的操作。

7.2.2 网络操作系统的组成

（1）网络操作系统由网络驱动程序、网络通信协议和应用层协议三个部分组成。

（2）网络操作系统通过网络驱动程序与网络硬件通信。

（3）网络通信协议通过网络发送系统管理所必需的协议为用户提供服务。

7.2.3 网络操作系统的分类

1. Windows 类

随着计算机硬件和软件系统的不断升级，微软的Windows操作系统也在不断升级，从16位、32位到64位操作系统，从最初的Windows1.0到大家熟知的Windows XP、Windows Server、Windows 7、Windows 8、Windows 10等各种版本的持续更新，微软一直在尽力于Windows操作的开发和完善。

2. NetWare 类

NetWare是NOVELL公司推出的网络操作系统。NetWare最重要的特征是基于基本模块设计思想的开放式系统结构。NetWare是一个开放的网络服务器平台，可以方便地对其进行扩充。NetWare 系统对不同的工作平台（如 D0S、0S/2、Macintosh 等）、不同的网络协议环境（如 TCP/IP 以及各种工作站操作系统）提供了一致的服务。该系统内可以增加自选的扩充服务（如替补备份、数据库、电子邮件以及记账等），这些服务可以取自 NetWare 本身，也可取自第三方开发者。

3. UNIX 系统类

UNIX 操作系统是美国 AT&T 公司于 1971 年在 PDP-11 上运行的操作系统，具有多用户、多任务的特点，支持多种处理器架构，最早由 Kenneth Lane Thompson、Dennis MacAlistair Ritchie 和 Douglas McIlroy 于 1969 年在 AT&T 的贝尔实验室开发。

UNIX 与因特网有着很深的渊源，因为因特网的骨干协议 TCP/IP 原来是 UNIX 操作系统中的一个通信模块。事实上，在今天的因特网上提供的服务主机中，运行 UNIX 类操作系统的主机仍要占绝大多数。UNIX 是一个强大的多用户、多任务操作系统，支持多种处理器架构，按照操作系统的分类，属于分时操作系统。UNIX 系统取得很大成功的根本原因在于 UNIX 本身的性能和特点。

（1）UNIX 是一个分时、多用户、多任务的系统。

（2）UNIX 系统在结构上分成两大层：内核和核外程序。UNIX 的系统特别注意内核和核外程序的有机结合。内核向核外程序提供了强力的支持；核外程序以内核为基础，充分利用了内核的支持。两者结合起来作为一个整体，向用户提供各种良好的服务。

（3）良好的用户界面。UNIX 向用户提供了两种界面（或称接口），一种是用户在终端上通过使用命令和系统进行交互作用的界面，称为用户界面；另一种是面向用户程序的界面，称为系统调用。UNIX 系统的用户界面就是操作系统的外壳（shell），它起着命令解释程序和全功能编程语言的双重作用。这种语言并不难学，使用方便、灵活，使用它不仅能提高在系统上进行工作的效率，而且便于扩充系统的功能。UNIX 系统的有些实用程序就是后来的用户用 shell 语言编写的，系统调用是用户编写程序时可使用的界面。

（4）树形结构的文件系统。UNIX 的文件系统是分级树形结构，这一点和 PC-DOS（Windows）相同。但是，UNIX 文件系统是可装卸，这是 PC-DOS（Windows）所不具有的，它不仅能够扩大文件存储空间，且有利于安全和保密。

（5）文件和设备统一处理。在 UNIX 系统中，普通的文件、文件的目录表和输入/输出设备都是作为文件统一处理的。它们在用户的面前有相同语法和语义，使用相同的保护机制。这样既简化了系统的设计，又便于用户使用。

（6）丰富的核外系统程序。UNIX 系统的核外部分包含了较丰富的软件开发工具、文本处理程序、高级语言处理程序和系统实用程序。正是这些应用程序大大加强了 UNIX 的功能，也给它增添了光彩。

（7）UNIX 系统用 C 语言写成，具有良好的可移植性。

4. Linux 系统类

Linux 最早由 Linus Benedict Torvalds 在 1991 年开始编写。在这之前，Richard Stallman 创建了 Free Software Foundation（FSF）组织以及 GNU 项目，并不断地编写创建 GNU 程序

（此类程序的许可方式均为 GPL：General Public License，通用公共许可证）。在不断有杰出的程序员和开发者加入到GNU组织中后，便造就了今天我们所看到的Linux，或称 GNU/Linux。

Linux 是一种自由和开放源码的类 UNIX 操作系统，存在着许多不同的 Linux 版本，但它们都使用了 Linux 内核。Linux 可安装在各种计算机硬件设备中，比如手机、Pad、路由器、视频游戏控制台、台式计算机、大型机和超级计算机。严格来讲，Linux 这个词本身只表示 Linux 内核，但实际上人们已经习惯了用 Linux 来形容整个基于 Linux 内核并且使用 GNU 工程各种工具和数据库的操作系统。

Linux 的发行版本可以大体分为两类，一类是商业公司维护的发行版本，一类是社区组织维护的发行版本，前者以著名的 Redhat（RHEL）为代表，后者以 Debian 为代表。下面介绍一下各个发行版本的特点：

1）Redhat

Redhat 应该称为 Redhat 系列，包括 RHEL（Redhat Enterprise Linux，也就是所谓的 Redhat Advance Server，收费版本）、Fedora Core（由原来的 Redhat 桌面版本发展而来，免费版本）、CentOS（RHEL 的社区克隆版本，免费）。Redhat 应该说是在国内使用人群最多的 Linux 版本，甚至有人将 Redhat 等同于 Linux，Redhat 系列的包管理方式采用的是基于 RPM 包的 YUM 包管理方式，包分发方式是编译好的二进制文件。稳定性方面 RHEL 和 CentOS 的稳定性非常好，适合于服务器使用，但是 Fedora Core 的稳定性较差，最好只用于桌面应用。

2）Debian

Debian 或者称 Debian 系列，包括 Debian 和 Ubuntu 等。Debian 是社区类 Linux 的典范，是迄今为止最遵循 GNU 规范的 Linux 系统。Debian 最早由 Ian Murdock 于 1993 年创建，分为三个版本分支（branch）：stable，testing 和 unstable。其中，unstable 为最新的测试版本，其中包括最新的软件包，但是也有相对较多的缺陷（bug），适合桌面用户。testing 的版本都经过 unstable 中的测试，相对较为稳定，也支持了不少新技术，比如 SMP（Symmetrical Multi-Processing，对称多处理）等。而 stable 一般只用于服务器，上面的软件包大部分都比较过时，但是稳定性和安全性都非常的高。

Ubuntu 是基于 Debian 的 unstable 版本加强而来，可以这么说，Ubuntu 就是一个拥有 Debian 所有的优点，以及自己额外优点的 Linux 桌面系统。根据选择的桌面系统不同，有三个版本可供选择：基于 Gnome 的 Ubuntu，基于 KDE 的 Kubuntu 以及基于 Xfc 的 Xubuntu。特点是界面非常友好，容易上手，对硬件的支持非常全面，是最适合做桌面系统的 Linux 发行版本。

7.2.4 网络操作系统的特点

（1）网络 OS 允许在不同的硬件平台上安装和使用，能够支持各种的网络协议和网络服务。

（2）提供必要的网络连接支持，能够连接两个不同的网络。

（3）提供多用户协同工作的支持，具有多种网络设置、管理的工具软件，能够方便地完成网络的管理。

（4）有很高的安全性，能够进行系统安全性保护和各类用户的存取权限控制。

7.2.5 衡量网络操作系统的标准

1. 安全性和可靠性

随着计算机技术的成熟与发展，计算机扮演的角色也越来越重要，各行各业越来越依靠计算机。一个健壮的网络必须具有一定的防病毒及外界侵入的能力。对网络而言，可靠性的重要性是不言而喻的，一个成熟的网络操作系统必须是高可靠性的，网络安全性正在受到用户越来越高的重视。

2. 可使用性

可使用性主要是指易用性以及易维护性，还包括可管理性。用户购买网络操作系统的目的就是使用，易于使用是对 IT（信息技术）产品的最基本要求。另外，安装的简单性，对硬件平台不做过高的要求，升级安装以及跨平台迁移等，这些都应该比较容易实现。易维护性对用户来说同样非常重要。现在大家都在强调使用成本，维护成本自然也是用户要加以考虑的，也是对产品的重要要求之一，这就涉及产品系统在设计上的考虑以及方案的可行性等。能够远程维护是解决方法之一，系统对远程维护的支持以及支持的程度都是衡量易维护性的指标。可管理性则是系统以及第三方软件对管理的支持。强有力的网络管理功能及公开的接口，可以使第三方开发相关软件以提高系统的竞争力。

3. 可集成性与可扩展性

可集成性与可扩展性是衡量网络操作系统的又一个重要方面。可集成性就是对硬件及软件的容纳能力。硬件平台无关性对系统来说非常重要。现在任何一个企业都可能有许多种不同的应用需求，因而具有不同的硬件及软件环境，而网络操作系统作为这些不同环境集成的管理者，应能统一地管理各种软硬件资料，这是用户对网络操作系统的要求。对 TCP/ IP 的支持程度自然也是衡量网络操作系统的一个主要指标。可扩展性就是对现有系统的扩充的能力。当用户应用的需求增大时，网络处理能力也要随之增加、扩展，这样可以保证用户在早期的投资不至于浪费，为后续发展提供支持。

4. 应用支持与开发支持

对用户来说，购买系统的目的就是使用，所以系统的应用软件越多，则该系统就越有价值。这要求该系统能为开发软硬件厂商提供良好的开发支持，使第三方厂商愿意也能方便地进行应用开发。有时用户的特殊要求没有现成的产品支持，系统也为这样用户自行开发提供便利的条件，这一点也很重要。开放的环境，方便的接口以及为用户周到的考虑将成为衡量该系统是否优秀的标准。

任务 7.3 了解常见的网络操作系统

7.3.1 Windows 2008 Server

Windows 2008 Server 是由微软开发的 Windows 客户机/服务器操作系统，是 Linux 网络操作系统的直接竞争对手，目前主流在用的为 Windows 2008 Server。其特点如下：

1. 支持虚拟化

Windows Server 2008 系列包括 Windows Server 虚拟化（WSv），这是一项强大的虚拟化技术，具有强大的管理功能和安全功能。通过 WSv，企业可以利用已掌握的 Windows 服务器管理技能，无须购买第三方软件即可享有虚拟化的灵活性和安全性方面的好处。

2. 强大的 Web 和应用程序平台

Windows Server 2008 为开发和可靠地承载通过服务器或 Web 传送的应用程序和服务提供了一个安全、易于管理的平台。Windows Server 2008 为 Web 发布提供了统一的平台，此平台集成了 Internet Information Services 7.0（IIS7）、ASP.NET、Windows Communication Foundation 以及 Microsoft Windows SharePoint Services。

3. Windows PowerShell 功能

Windows PowerShell 集成了命令行外壳和脚本语言，使管理员可以更高效地自动执行批量系统管理任务。

4. 高可用性

确保关键任务应用程序始终可用是 IT 部门提供的一项关键服务，而且“高可用性”是 Windows Server 2008 提供的大量增强功能的一个关键主题。Windows Server 2008 中的故障转移群集、网络负载平衡和新的备份与还原功能共同为组织提供“高可用性”解决方案，确保所有用户可访问关键任务的应用程序、服务和信息。

1）故障转移群集

故障转移群集（以前称为服务器群集）是一组独立的计算机，可协同工作以增强应用程序和服务的可用性。群集服务器（称为节点）通过物理电缆和软件连接。如果某个群集节点出现故障，则群集中的另一个节点会通过一个称为故障转移的过程取代出现故障的节点，从而确保用户感受到最低程度的服务中断。

2）网络负载平衡（NLB）

网络负载平衡用于在 NLB 群集中跨多个服务器为网络客户端和服务器应用程序分配负载。NLB 对于需要在一组服务器之间分发客户端请求的组织非常重要，尤其适用于确保随着工作负载的增加，添加更多服务器来扩展无状态应用程序（例如，在 Internet 信息服务（IIS）

上运行的基于 Web 的应用程序）。NLB 允许随着负载的增加而添加其他服务器，从而提供了可伸缩性。

5. 服务器核心功能安装

从 Windows Server 2008 开始，管理员可以选择安装具有特定功能但不包含任何不必要功能的 Windows Server 的最小安装。服务器核心提供了运行一个或多个服务器角色的环境，使用 Windows Server 2008 中的服务器核心安装选项，管理员可以降低服务器的持续维护要求并简化其管理。

7.3.2 CentOS

CentOS（Community Enterprise Operating System，社区企业操作系统），是一个基于 Red Hat Linux 提供的可自由使用源代码的企业级 Linux 发行版本。每个版本的 CentOS 都会获得十年的支持（通过安全更新方式）。新版本的 CentOS 大约每两年发行一次，而每个版本的 CentOS 会定期（大概每六个月）更新一次，以便支持新的硬件，这样就能建立一个安全、低维护、稳定、高预测性、高重复性的 Linux 环境。CentOS 是 RHEL（Red Hat Enterprise Linux）源代码再编译的产物，而且在 RHEL 的基础上修正了不少已知的 Bug，相对于其他 Linux 发行版，其稳定性值得信赖。CentOS 在 2014 初宣布加入 Red Hat。CentOS 7 于 2014 年 7 月 7 号正式发布，这是一个企业级的 Linux 发行版本，基于 Red Hat 红帽免费公开的源代码。

系统特点：

（1）可以把 CentOS 理解为 Red Hat AS 系列，各种操作、使用和 Red Hat 非常相似。

（2）CentOS 完全免费，不存在 Red Hat AS4 需要序列号的问题。

（3）CentOS 独有的 yum 命令支持在线升级，可以即时更新系统，不像 Red Hat 那样需要花钱购买支持服务。

（4）CentOS 修正了许多 RHEL 的 Bug。

（5）CentOS 版本说明：CentOS3.1 等同于 Red Hat AS3 Update1，CentOS3.4 等同于 Red Hat AS3 Update4，CentOS4.0 等同于 Red Hat AS4。

（6）RHEL 在发行的时候，有两种方式：一种是二进制的发行方式；另外一种是源代码的发行方式。无论是哪一种发行方式，用户都可以免费获得（例如从网上下载），并再次发布。但如果用户使用了他们的在线升级（包括补丁）或咨询服务，就必须要付费。

7.3.3 各种网络操作系统的性能比较

综上所述，按照衡量网络操作系统优劣标准，根据网络操作系统的特性，可对它们做以下比较：

（1）从用户界面和易用性来看，Windows 2008 Server 网络操作系统明显优于其他操作系统。

（2）从网络的开放性来看，Linux 和 UNIX 较其他的操作系统更具特色，其构建的网络操作系统拥有丰富的应用软件。

综合而言，Windows 2008 Server 集成了各网络操作系统的特点，它具有最好的可使用性、可集成性与可扩展性，具有最好的应用支持和开发支持。故 Windows 2008 Server 已成为中小企业网络操作系统的首选。

实作 7.1 Windows Server 2008 的安装

一、光盘安装流程

Windows Server 2008 较 Windows Server 2003 极大地精简了安装过程的交互步骤，基本只需要设定好分区，安装程序会自动完成其他操作，如图 7-1 所示。

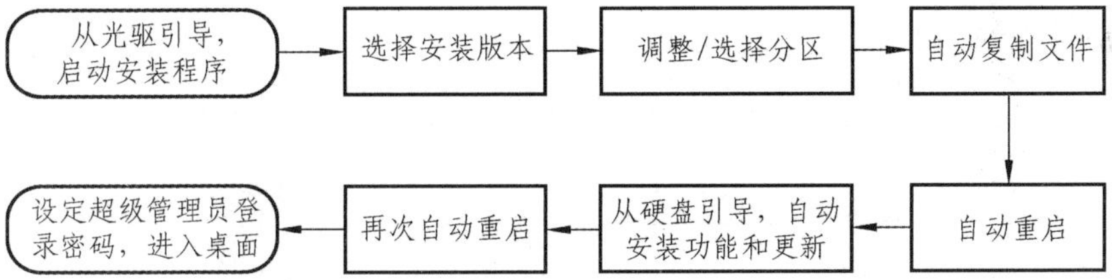

图 7-1 光盘安装流程

详细安装过程如下：

（1）从光驱引导，启动安装程序。

BIOS 中设定为光驱优先或使用临时选择启动设备功能从 Windows Server 2008 安装光盘启动。当系统出现如图 7-2 所示提示时，按任意键进入安装程序，选择安装语言选项（见图 7-3），再点击“现在安装”选项，如图 7-4 所示。

图 7-2 安装提示界面

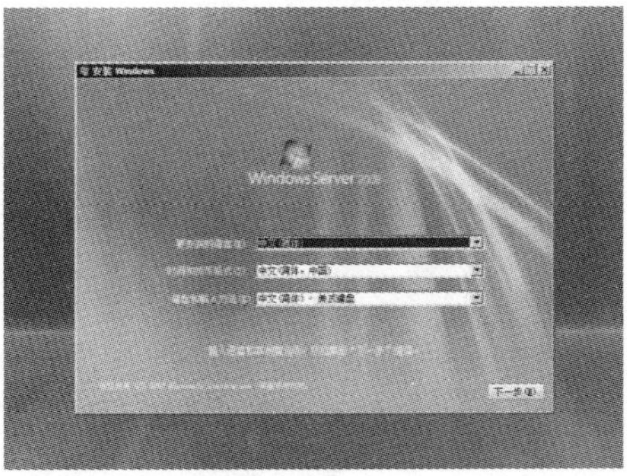

图 7-3 选择安装语言

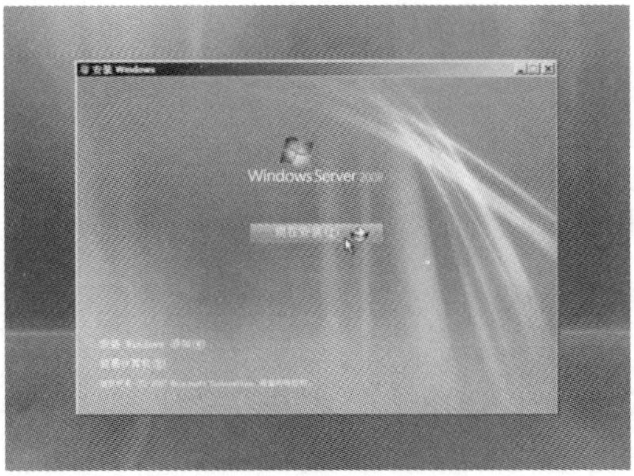

图 7-4 进入安装

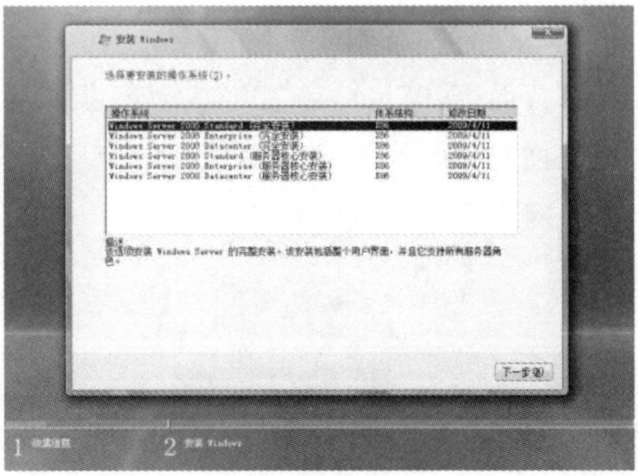

图 7-5 选择安装版本

（2）选择安装版本。

Windows Server 2008 在同一个安装源内集成了标准版、企业版和数据中心版三个版本。每个版本又分为完全安装和服务器核心安装两种安装方式。在此我们选择标准版本即可，如图 7-5 所示，选择安装版本以后进入同意安装条款，勾选“我接受许可条款”选项，点击“下一步”，如图 7-6 所示。

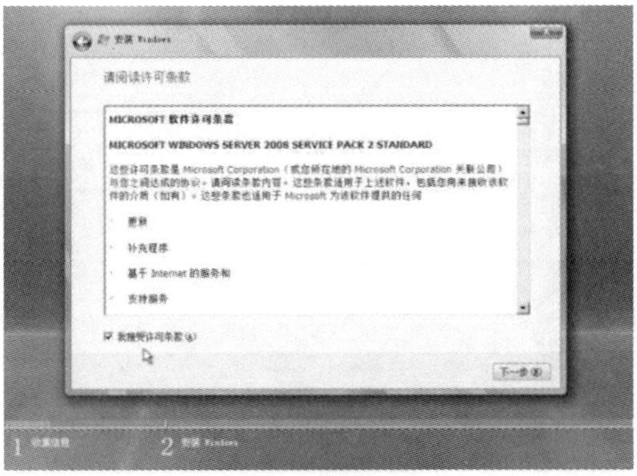

图 7-6 同意安装条款

（3）选择安装分区。

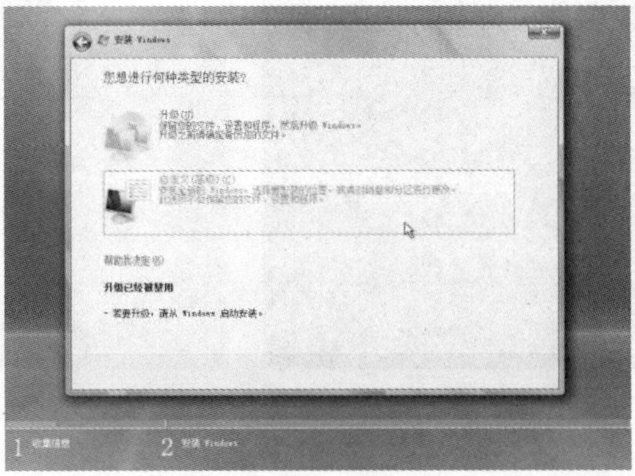

图 7-7 安装类型为自定义

接下来选择“自定义安装”（见图 7-7），在图 7-8 所示界面中点击“驱动器选项（高级）”，可对磁盘分区进行调整和格式化（见图 7-9），当使用第三方磁盘控制器时也可以在这个界面加载控制器驱动程序。专业服务器上使用的 SCSI/SAS/FC 硬盘基本都是使用第三方磁盘控制器，某些控制器在 SATA 硬盘做阵列时也可能需要额外加载驱动程序。Windows Server 2008 所在分区至少划分 20 GB 空间。

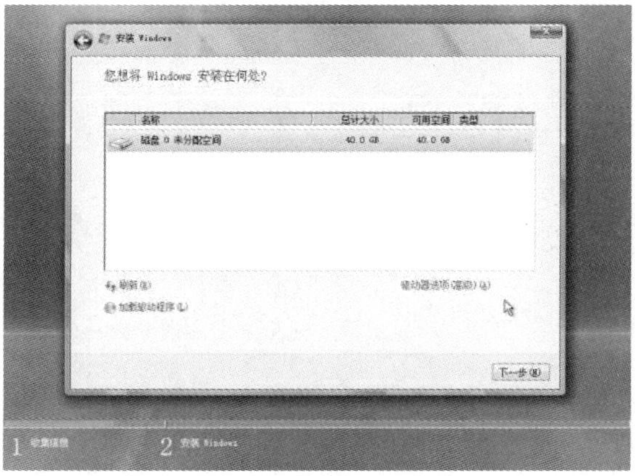

图 7-8 安装位置选择

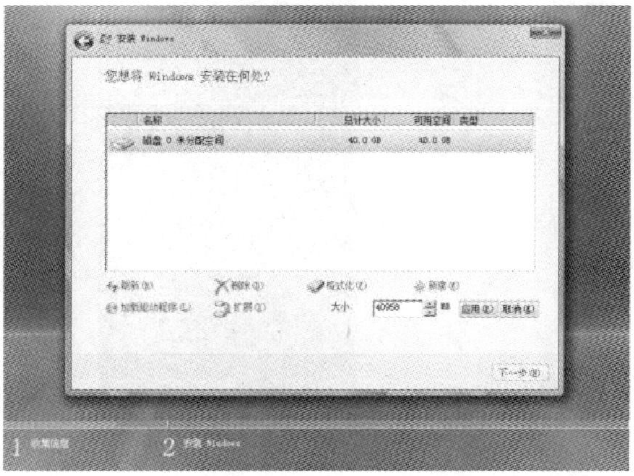

图 7-9 驱动器选项

（4）自动复制文件，如图 7-10 所示。

（5）自动重启，如图 7-11 所示。

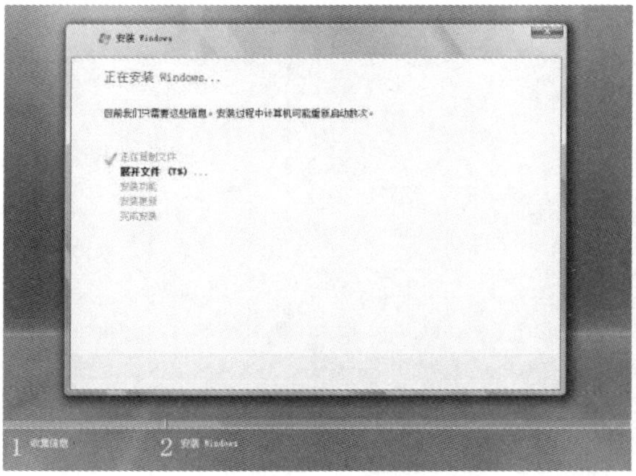

图 7-10 开始自动复制文件

图 7-11 安装后重启

二、虚拟机安装模式

虚拟机指运行于物理计算机上的由软件模拟出来的计算机，或称为逻辑上的计算机。这些虚拟机上可以像真正的计算机一样，拥有自己独立的 CPU、硬盘、内存及其他硬件，并安装操作系统。这些虚拟机上的操作系统称为虚拟子系统，它们建立在正在运行的操作系统上。安装时需要保证计算机上具有虚拟机软件，一般我们可以采用 Vmware Workstation 来安装虚拟机。具体过程如下所示：

（1）安装时选择自定义模式，如图 7-12 所示。

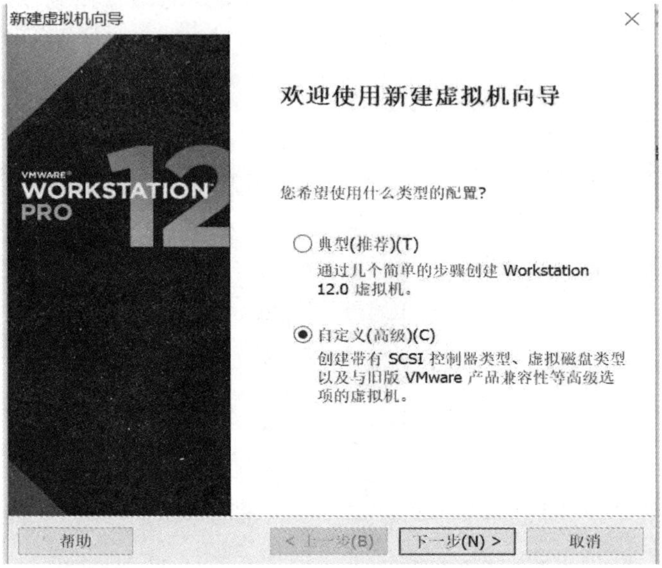

图 7-12 选择自定义类型

（2）选择稍后安装模式，如图 7-13 所示。

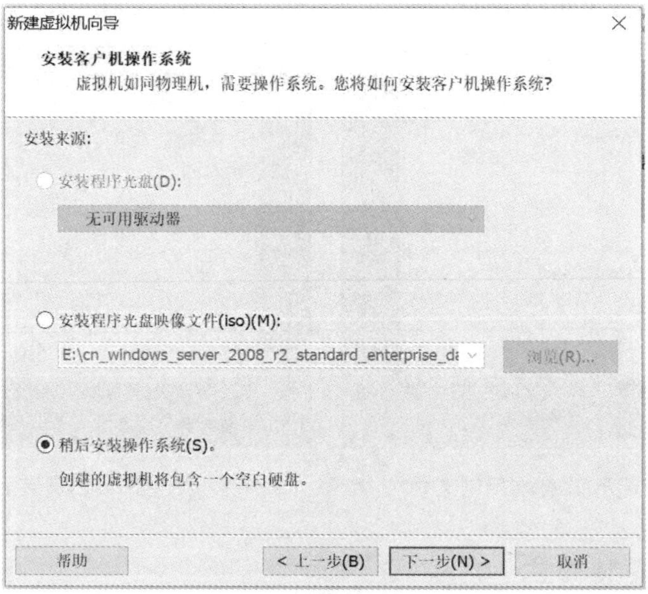

图 7-13 选择稍后安装

（3）选择操作系统的版本。

根据安装的镜像文件 ISO 版本的不同，安装时 Windows 版本可以选择 Server 2008 或者 Server 2008 R2 版本，如图 7-14 所示。两个版本的 Server 系统的配置基本相似，但是从 Windows Server 2008 R2 开始，Windows Server 将不再推出 32 位系统版本，微软将只发布 64 位系统的 Windows Server 2008 R2，这一点在使用时需要注意。

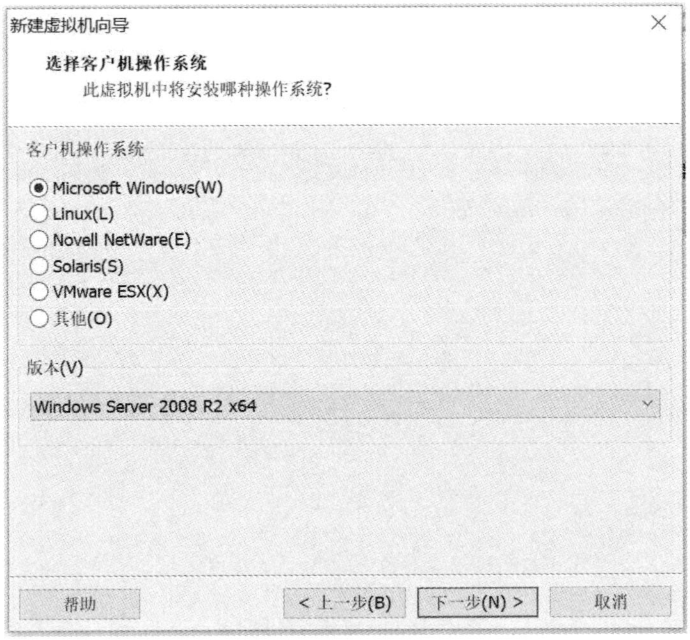

图 7-14 选择操作系统版本

（4）填写虚拟机名称，设置虚拟文件安装的位置，如图 7-15 所示。

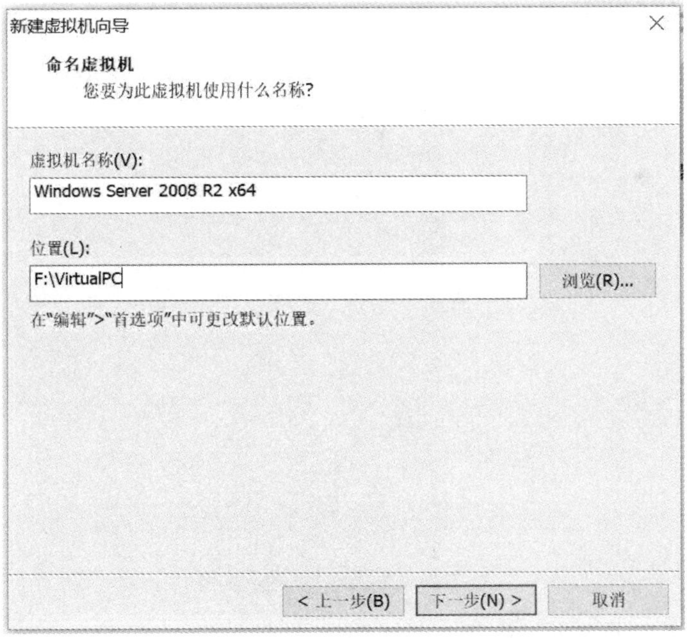

图 7-15 命名虚拟机

（5）设置虚拟机 CPU 个数，如图 7-16 所示。

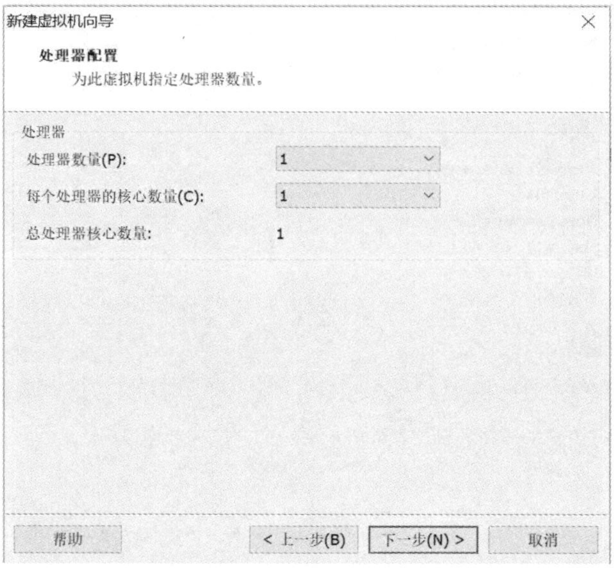

图 7-16 设置虚拟机配置

（6）选择虚拟机网络类型，如图 7-17 所示。

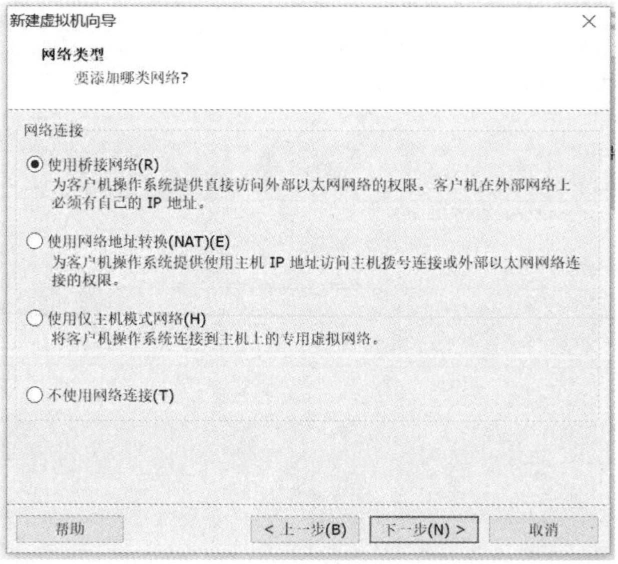

图 7-17 选择网络连接类型

（7）设置虚拟机磁盘容量，设置选项如图 7-18 所示。

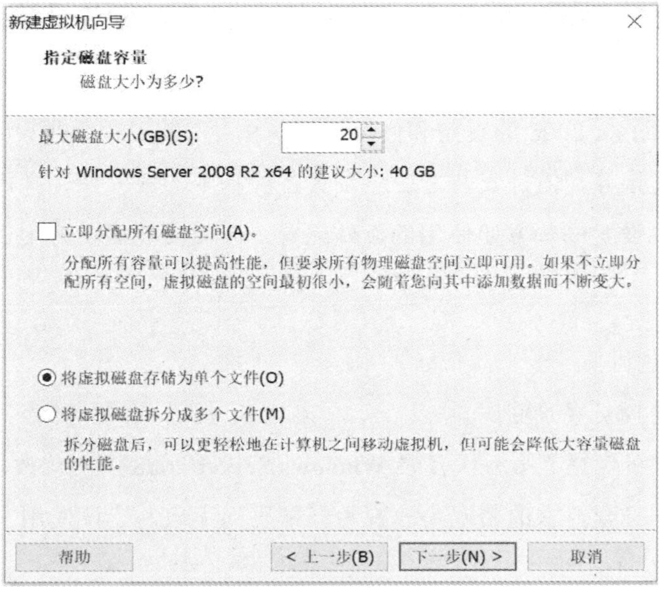

图 7-18 确定虚拟机磁盘容量

（8）完成虚拟机安装设置界面，如图 7-19 所示。

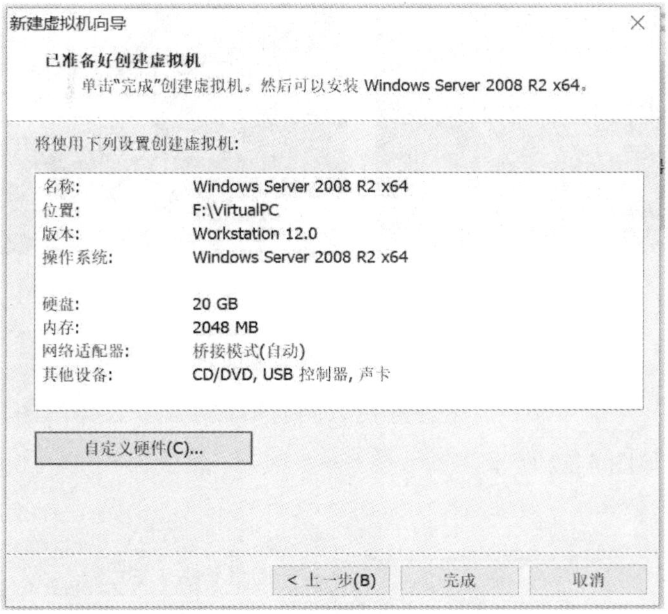

图 7-19 完成虚拟机创建向导

剩余的安装过程同光盘安装基本相似，此次不再详细阐述。

实作 7.2 Windows Server 2008 的基础配置

虽然 Windows Server 2008 的安装和使用比较简单，安装过程无须设置计算机名、选择授权模式、设置网络连接等，但是安装之后应设置各种基本参数，如计算机名、IP 地址等，并可以根据实际的需要设置一些方便使用的额外配置，以便安装后更好地管理和使用。

一、初始配置

（1）设定超级管理员登录密码。

出于安全性方面的考虑，第一次登录 Windows Server 2008 需要修改密码，设置的登录密码必须是强密码，不符合要求的密码一律视为弱密码而无效。建议使用字母+符号+数字的组合，如图 7-20、图 7-21 所示。

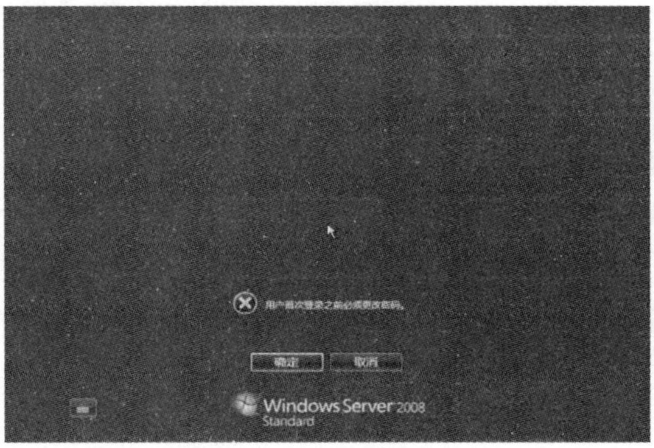

图 7-20 首次登录须更改密码

图 7-21 修改密码

（2）手工设定网卡的 IP 地址、子网掩码、网关和 DNS 等信息。

①配置计算机 IP 地址步骤：点击任务栏右侧通知栏中的“网络”图标右键，选择“打开网络和共享中心”，如图 7-22 所示。

图 7-22 设置网卡配置

②点击“本地连接”右键，点击“属性”，点击“Internet 协议版本 4（TCP/IPv4）”，如图 7-23 所示。

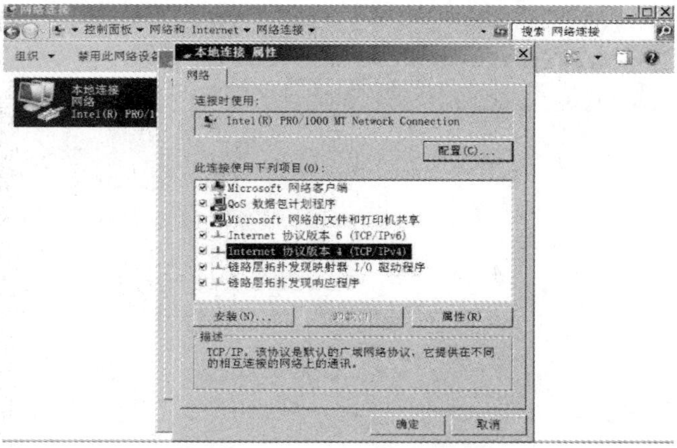

图 7-23 配置 IP 地址信息

③输入 IP 地址、子网掩码和 DNS 地址，后点击“确定”，关闭所有窗口，如图 7-24 所示。

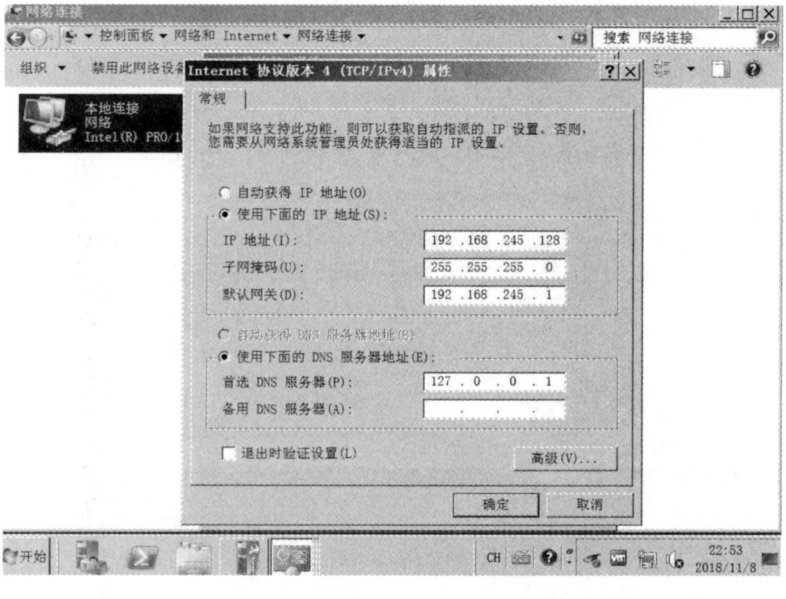

图 7-24 输入 IP 地址信息

二、额外的基础设置

（一）修改计算机名称

在控制面板的系统选项下，点击“修改设置”选项可以修改计算机名称，如图 7-25 所示。

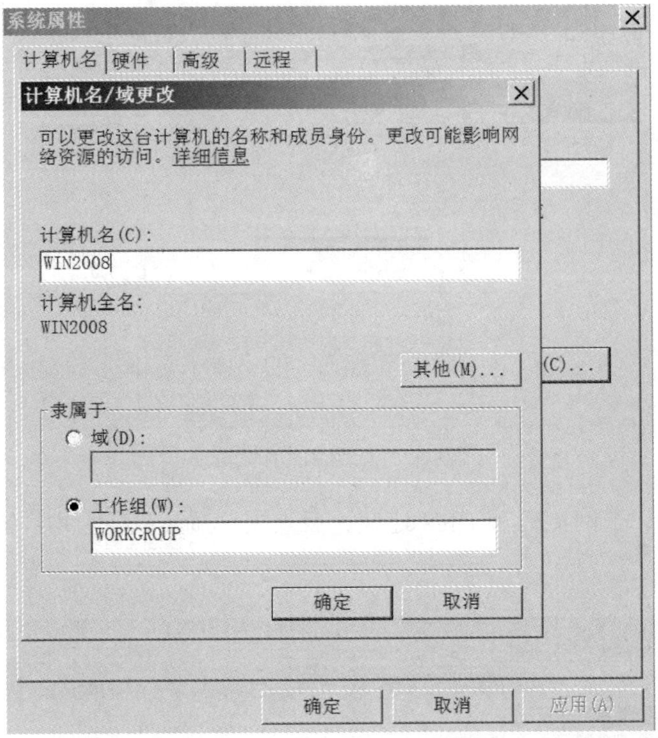

图 7-25 修改计算机名称

（二）关闭 IE ESC 配置

因为服务器操作系统的工作特点，Windows Server 2008 有很多默认设置是出于系统安全性方面考虑。在一般调试或练习过程中为简化操作，可以关闭这些设置项。在正式项目中，建议保持默认设置。Windows Server 2008 在默认情况下其集成的 IE 浏览器是无法访问一般的 Web 网页的，除非该 Web 网页地址（包括 Web 网页内嵌引用的其他页面地址）处在系统安全地址列表之内，如图 7-26 所示。

图 7-26 微软网页安全设置

默认的"受信任的网站"都是微软的一些产品页面。每次访问普通 Web 页面时单独添加会很麻烦。通过关闭 IE ESC，就可以正常访问普通 Web 页面，操作过程如图 7-27、图 7-28、图 7-29 所示。

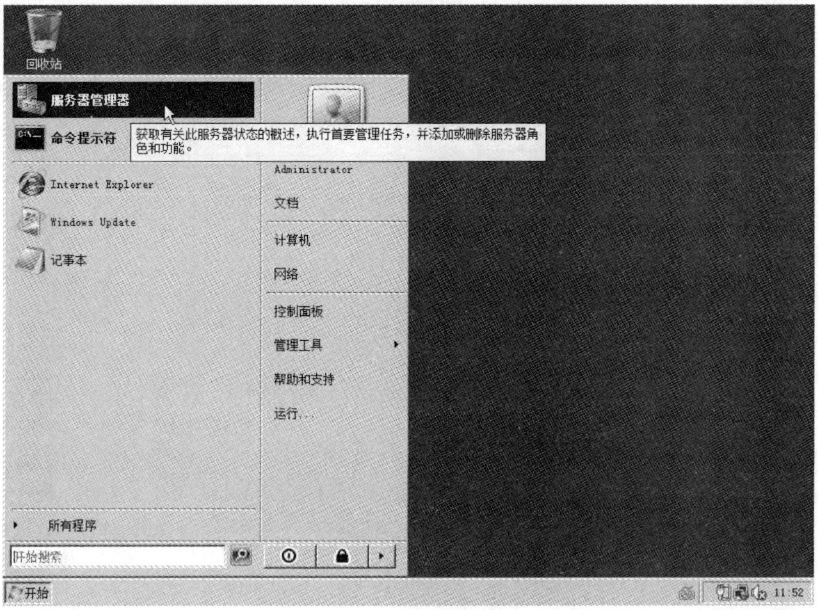

图 7-27 打开服务管理器

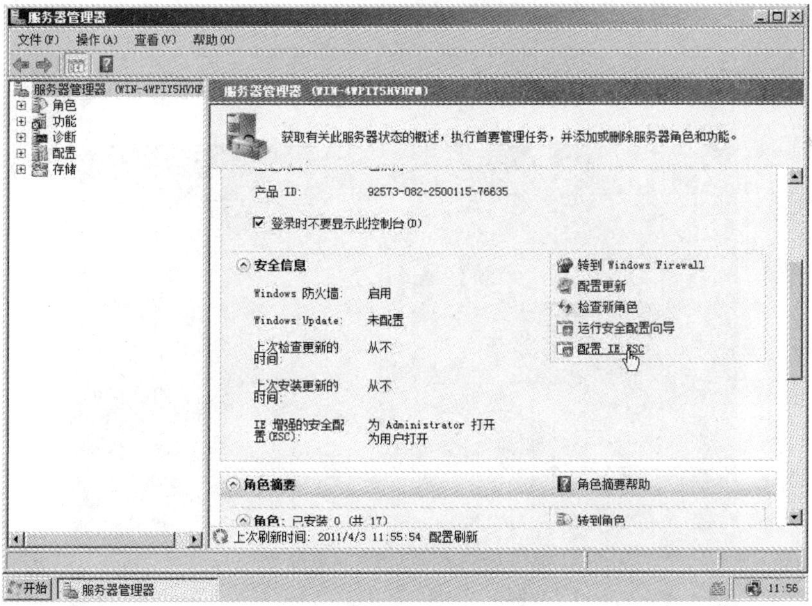

图 7-28 配置 IE ESC 选项

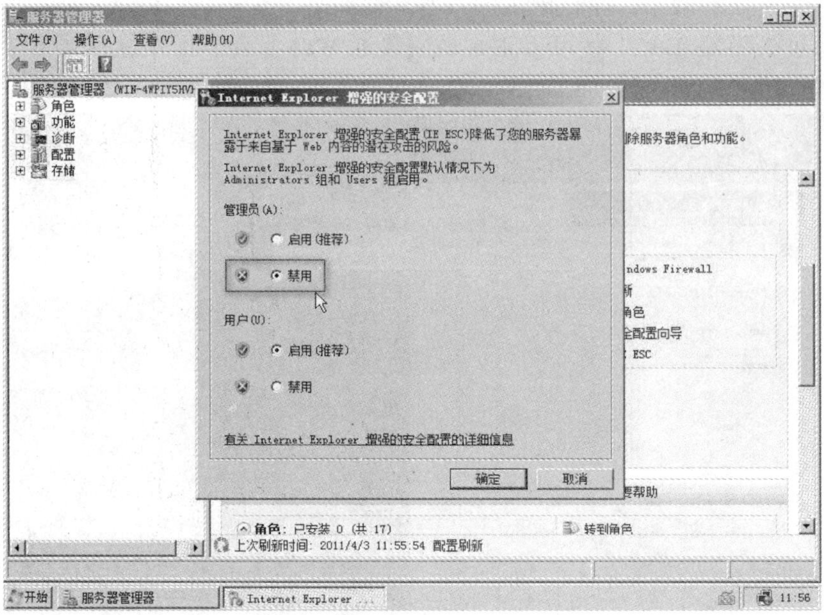

图 7-29 配置为禁用 ESC

关闭 IE ESC 之后，不再进行安全提示。

（三）关闭开机时需要按 Ctrl+Alt+Detete

每次重新启动，在进入登录密码输入界面之前，系统都会提示按 Ctrl+Alt+Detete 三个键，如图 7-30 所示。

图 7-30 密码登录界面

这样设计的目的是提高系统安全性。设想这样一个场景，编写一个全屏幕的应用程序，界面就像 Windows 的登录界面。一般用户看到之后如果用 Windows 密码去登录，这样就可能就会泄露 Windows 账户密码。对于服务器系统来说，管理员特别是超级管理员的密码泄露是严重的安全隐患。因此，设置按下 Ctrl+Alt+Detete 才能登录，会提高安全性。但是此功能在虚拟机下会造成不便，因为在 Windows 桌面环境下，按下 Ctrl+Alt+Delete 后是弹出任务管理器，而不是虚拟机 Windows Server 的登录界面，因此带来了不便。我们可以通过以下操作来禁用此功能：在 Windows 开始菜单下的命令输入框输入“gpedit.msc”命令，执行此命令后显示“本地策略编辑器”窗口，在此窗口下启用“无须按 Ctrl+Alt+Delete”，如图 7-31、图 7-32 所示。

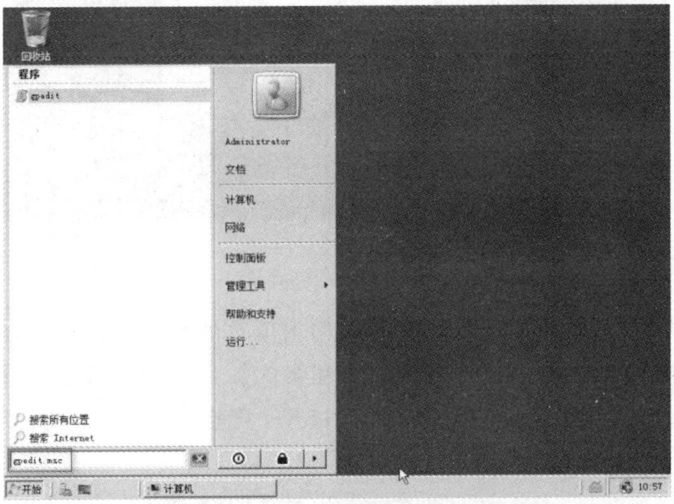

图 7-31 命令输入框输入命令

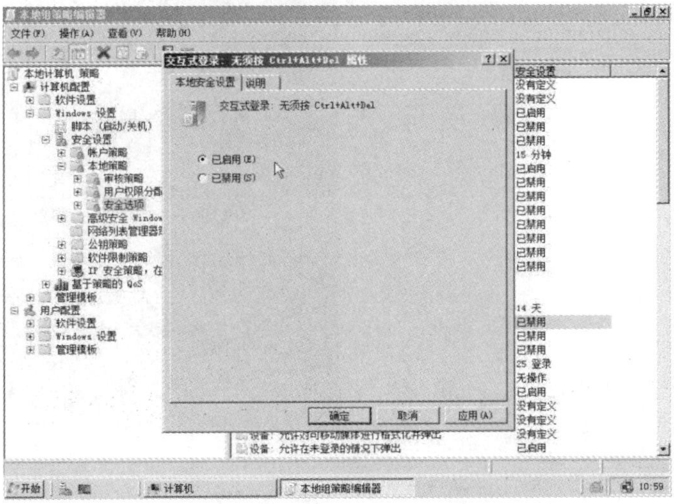

图 7-32 设置交互式登录属性

（四）关闭关机需要输入关机理由

每次关机时，Windows Server 2008 都会提示要求选择关机原因，如图 7-33 所示。

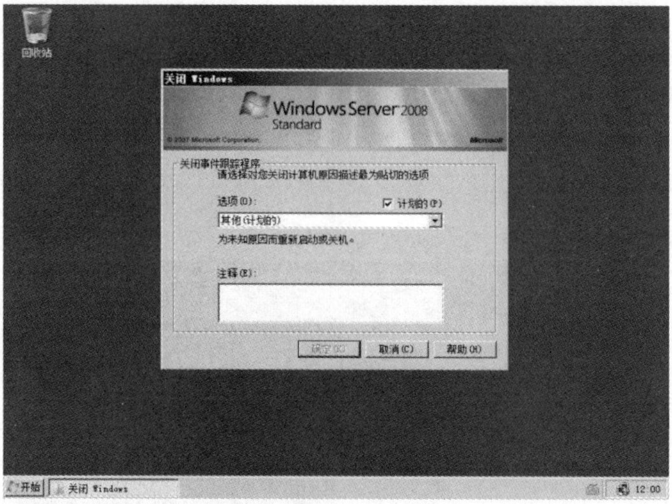

图 7-33 关机界面

这样做的原因是，对于服务器来说关机是相当慎重的操作，所以默认情况下，每次关机操作之前都会弹出提示窗口进行关机理由选择和备注，相关信息都会被计入系统日志当中，供日后调取和统计。当然此项功能可以通过 Windows 策略的设置来关闭，具体过程如图 7-34、图 7-35、图 7-36 所示。

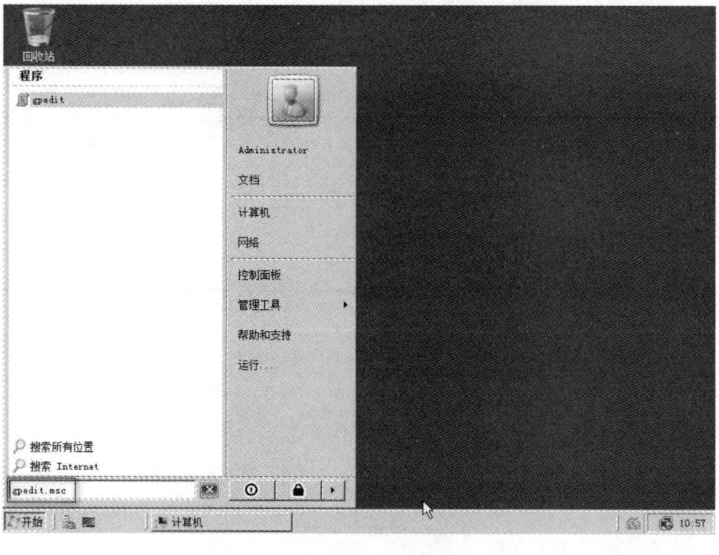

图 7-34 调用 gpedit.msc

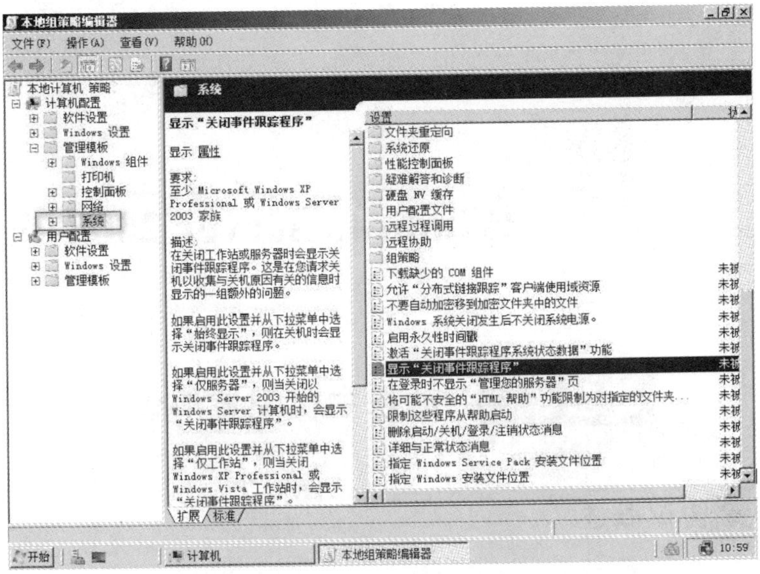

图 7-35 显示事件跟踪程序

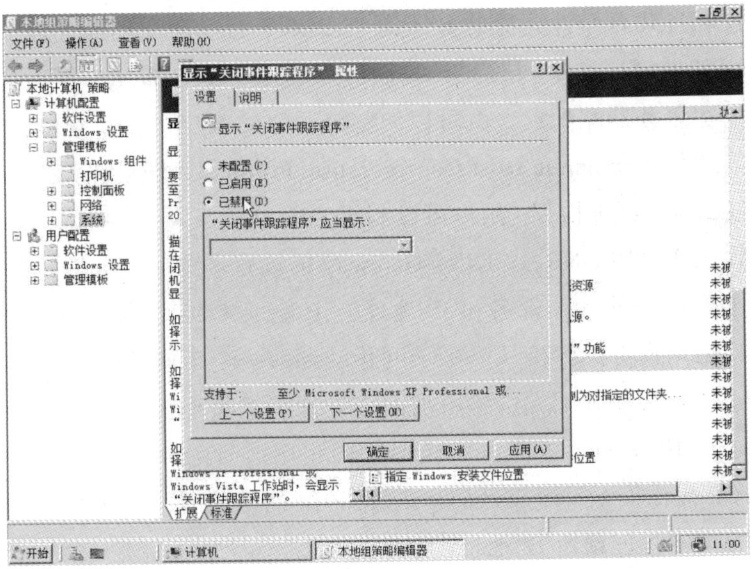

图 7-36 禁用事件跟踪

复习思考题

1. 简述网络操作系统的定义和功能。
2. 写出常见网络操作系统的名称。
3. 写出网络操作系统应具备的工作特点。
4. 简述 Windows Server 操作系统的特点。
5. 以 CentOS 为例简述 Linux 类型操作系统的特点。
6. 简述虚拟机安装 Windows Server 的过程。

项目 8

Windows Server 2008 的服务配置

任务 8.1 动态主机配置协议

8.1.1 DHCP 协议概述

静态 IP 地址的配置,解决了少量计算机网络互联的问题,但对于计算机数量较多的情况,网络管理员则需要配置几百台计算机的 IP 地址，如果一台一台手动配置，工作量是很大的，而且容易出错，那如何解决这个问题呢？我们可以利用 DHCP 技术，实现 IP 地址的自动分配，管理员只需要在服务器端配置，就可以使整个网络的客户机自动获得 IP 地址。

动态主机配置协议（Dynamic Host Configuration Protocol，DHCP）它是一个简化主机 IP 地址分配管理的 TCP/IP 标准协议。用户可以利用 DHCP 服务器管理动态的 IP 地址分配及其他相关的环境配置工作（如 DNS、WINS、Gateway 的设置）。在使用 TCP/IP 协议的网络上，每一台计算机都拥有唯一的计算机名和 IP 地址。IP 地址（及其子网掩码）用于鉴别它所连接的主机和子网，当用户将计算机从一个子网移动到另一个子网的时候，一定要修改该计算机的 IP 地址。静态 IP 地址分配方法将增加网络管理员的负担，而 DHCP 是计算机向 DHCP 服务器临时申请一个 IP 地址，并且在一定时期内租用该号码，这就大大减少了在管理上所耗费的时间。DHCP 提供安全、可靠且简单的 TCP/IP 网络配置，确保不会发生地址冲突，并且通过地址分配的集中管理预留 IP 地址。

8.1.2 DHCP 的工作原理

在使用 DHCP 时，整个网络至少有一台服务器上安装了 DHCP 服务，其他要使用 DHCP 功能的工作站也必须设置成利用 DHCP 获得 IP 地址。DHCP 使用客户/服务器模式，在系统启动时，DHCP 客户机在本地子网中先发送寻找消息（Discover Message），此信息以广播的形式发送，且可能传播到本地网络的所有 DHCP 服务器，每个 DHCP 服务器收到这一信息后，就向提出申请的客户机发送一个提供知识（Offer Message），其中包括一个可租用的 IP 地址和合法的配置信息。DHCP 客户机收集各个服务器提供的配置信息，从中选择一个，然后发送一个标识着被选中的 DHCP 服务器的请求信息(Request Message), 被选中的 DHCP 服务器就发送一个 DHCP 确认信息，它包含在 Discovery 期间第一次发送的地址、对该地址的合法租用及该用户的 TCP/IP 网络配置参数。客户机收到确认信息后，就进行地址绑定（ Bind ），这样它就加入了 TCP/IP 网络，并完成了其系统初始化。

DHCP 支持三种 IP 地址分配方法：第一种是自动分配，DHCP 给用户分配一个永久的 IP 地址；第二种是动态分配，在这种情况下，用户可以取得一个 IP 地址，但是是有时间限制的；第三种是手工分配，在这种方式下，用户的 IP 地址是由管理员手工指定，在这种情况下，DHCP 服务器只需将这个指定的 IP 地址传送给用户即可。至于什么样的分配方法，不同的网络各不相同。DHCP 是一种相对集中式的管理方式。如果 DHCP 客户机与 DHCP 服务器在同一个物理网段，则客户机可以正确地获得动态分配的 IP 地址。如果不在同一个物理网段，则需要 DHCP Relay Agent（中继代理），用中继代理可以去掉在每个物理的网段都要有 DHCP 服务器的必要，它可以传递消息到不在同一个物理子网的 DHCP 服务器，也可以将服务器的消息传回给不在同一个物理子网的 DHCP 客户机。

如图 8-1 所示这是在路由器上启用了 DHCP 中继代理的示意图。下面根据此图来说明 DHCP 中继代理的工作原理。

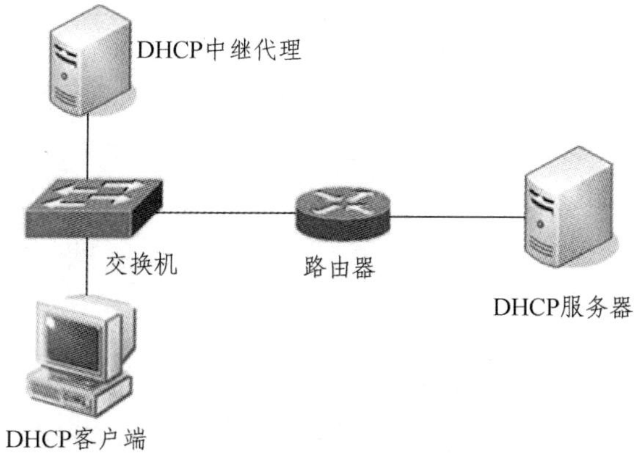

图 8-1 DHCP 中继代理

（1）DHCP 客户机申请 IP 租约，发送 DHCP Discover 包。如果本地网络没有 DHCP Server，则与本地网络相连的具有 DHCP Relay 功能的网络设备收到该广播报文后，将进行适当处理并转发给指定的其他网络上的 DHCP Server。

（2）中继代理收到该包，并转发给另一个网段的 DHCP 服务器。

（3）DHCP 服务器收到该包，将 DHCP Offer 包发送给中继代理。

（4）中继代理将地址租约转发给 DHCP 客户端。

（5）接下来的过程中，DHCP Request 包从客户机通过中继代理转发到 DHCP 服务器，DHCP ACK 消息从服务器通过中继代理转发到客户机。

任务 8.2 认识 DHCP 的工作过程

客户机除了可以从 DHCP 服务器获得 IP 地址外，还可以获得子网掩码、默认网关地址、DNS 服务器地址等信息，以上这个过程又称为 DHCP 租约过程。当客户机接收提供的 IP 地址时，DHCP 服务器将会把 IP 地址租用给客户机一段指定的时间。租约过程分为 4 个步骤，分别为客户机请求 IP 地址、服务器响应、客户机选择 IP 地址、服务器确定租约。

8.2.1 客户机请求 IP 租约

DHCP 客户机在网络中广播一个 DHCP Discover 包以请求 IP 地址，DHCP Discover 包的源 IP 地址为 0.0.0.0，目的 IP 地址为 255.255.255.255，该包还包含客户机的 MAC 地址和计算机名，以使 DHCP 服务器能够确定哪个客户机发送该请求，如图 8-2 所示。

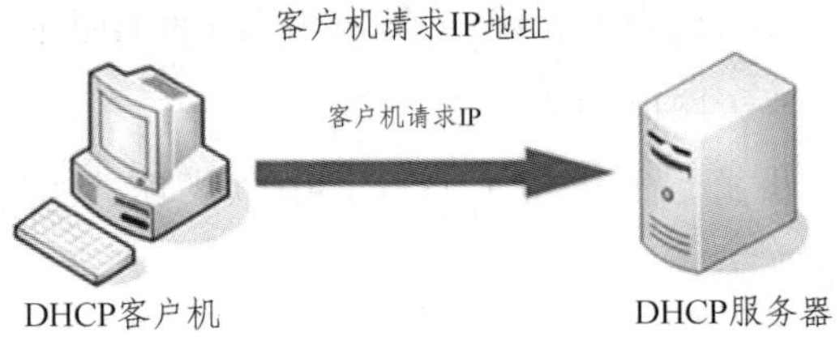

DHCP Discover包含的内容:

DHCP客户机的MAC地址和计算机名
源IP地址：0.0.0.0
目标地址：255.255.255.255

图 8-2 客户机请求 IP

8.2.2 服务器响应

当 DHCP 服务器接收到客户机请求 IP 地址的信息时，就在自己的 IP 地址库中查找是否有合法的 IP 地址提供给客户机，如果有，DHCP 服务器就将此 IP 地址做上标记，广播一个 DHCP Offer 包（此过程又称 DHCP Offer）。因为 DHCP 客户机还没有 IP 地址，所以由 DHCP 服务器发送广播消息，如图 8-3 所示。

DHCP Offer包含的内容:

DHCP客户机的MAC地址用来正确表示客户机
DHCP服务器提供的IP地址
子网掩码
租约期限
服务器标识符（DHCP提供服务器的IP地址）

图 8-3 服务器响应

如果网络中存在多台 DHCP 服务器，则这些服务器都会广播 DHCP Offer 包。

8.2.3 客户机选择 IP 地址

DHCP 客户机从收到的第一个 DHCP Offer 包中选择 IP 地址，并将 DHCP Request 包广播到所有 DHCP 服务器，表明它接收提供的内容（此过程也称为 DHCP Request）。如果客户机接收了 IP 地址，则发出 IP 地址的 DHCP 服务器将该地址保留，该地址就不能提供给另一个 DHCP 客户机；如果那些 DHCP Offer 包被拒绝，DHCP 服务器则取消其 IP 地址以用于下一个 IP 租约请求，如图 8-4 所示。

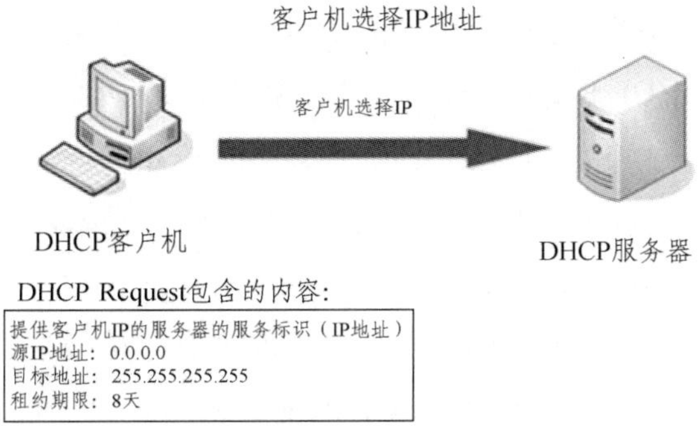

图 8-4 客户机选择 IP 地址

在客户机选择 IP 地址的过程中，虽然客户机选择了 IP 地址，但是还没有配置 IP 地址，所以源地址仍为 0.0.0.0，而在一个网络中可能有几个 DHCP 服务器，所以 DHCP 客户机仍然广播发出 DHCP Request 包。

8.2.4 服务器确认 IP 租约

DHCP 租约过程中的最后一步：服务器确认 IP 租约，也称为 DHCP ACK。DHCP 服务器接收到 DHCP Request 后，以 DHCP ACK（DHCP Acknowledge）消息的形式向客户机广播成功的确认，该消息包含 IP 地址的有效租约和其他可能配置的信息。当客户机收到 DHCP ACK 包时，它就配置了 IP 地址，完成了 TCP/IP 的初始化，从而可以在 TCP/IP 网络上通信，如图 8-5 所示。

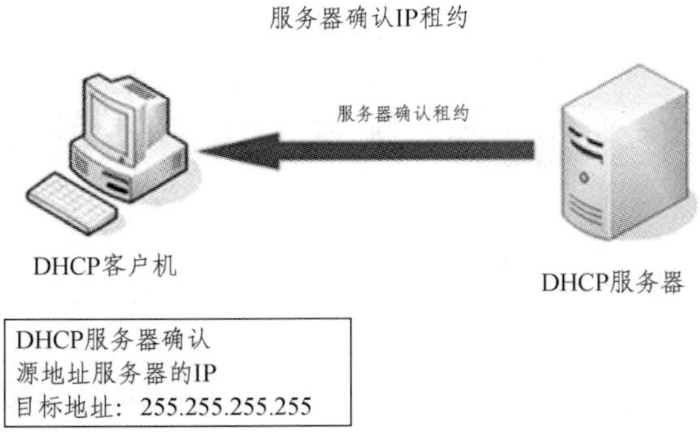

图 8-5 服务器确认 IP 租约

如果 DHCP Request 不成功，DHCP 服务器将广播否定确认信息 DHCP NAK 包。当客户机收到不成功的确认时，它将重新开始 DHCP 租约过程。如果客户机无法找到 DHCP 服务器，它将从 TCP/IP 的 B 类网段 169.254.0.0 中挑选一个 IP 地址作为自己的 IP 地址，继续每隔 5 min 尝试与 DHCP 服务器进行通信，一旦与 DHCP 服务器取得联系，则客户机放弃自动配置的 IP 地址，而使用 DHCP 服务器所分配的 IP 地址和其他配置信息。

8.2.5 IP 租约更新

当客户机重新启动或租期到达规定时间的 50%时，就需要重新更新租约，客户机直接向提供租约的服务器发送 DHCP Request 包，要求更新现有的地址租约。如果 DHCP 服务器收到请求，它将发送 DHCP 确认信息给客户机，更新客户机租约。如果客户机无法与提供租约的服务器取得联系，则客户机一直等到租期到达 87.5%时，进入重新申请状态，它向网络上所有的服务器广播 DHCP Discover 包，用来更新现有的地址租约。如果服务器响应客户机的请求，那么客户机使用该服务器提供的地址信息更新现有的租约。如果租约终止（无法与其他服务器取得联系），客户机将无法使用现有的地址租约。客户机上使用 ipconfig/renew 命令可以向 DHCP 服务器发送 DHCP Request 包，以接收更新选项和租约时间。如果 DHCP 服务器没有响应，客户机将继续使用当前的 DHCP 配置选项。

8.2.6 IP 租约释放

在客户机上使用 ipconfig/release 命令使 DHCP 客户机向 DHCP 服务器发送 DHCP Release 包并释放其租约。发布该命令后，客户机的 TCP/IP 通信联络停止。如果客户机在租约时间内保持关闭（并且不更新租约），在租约到期以后，DHCP 服务器可能将客户机的 IP 地址分配给不同的客户机。如果客户机不发送 DHCP Release 包，那么它在重新启动时，将试图尝试继续使用上一次使用过的 IP 地址。

实作 8.1 配置 DHCP 服务

一、配置 DHCP 服务器

（1）安装 DHCP 服务，在服务器上配置一个静态 IP 地址，右键单击“本地连接”，选择“属性”配置 IP 地址，如图 8-6 所示。

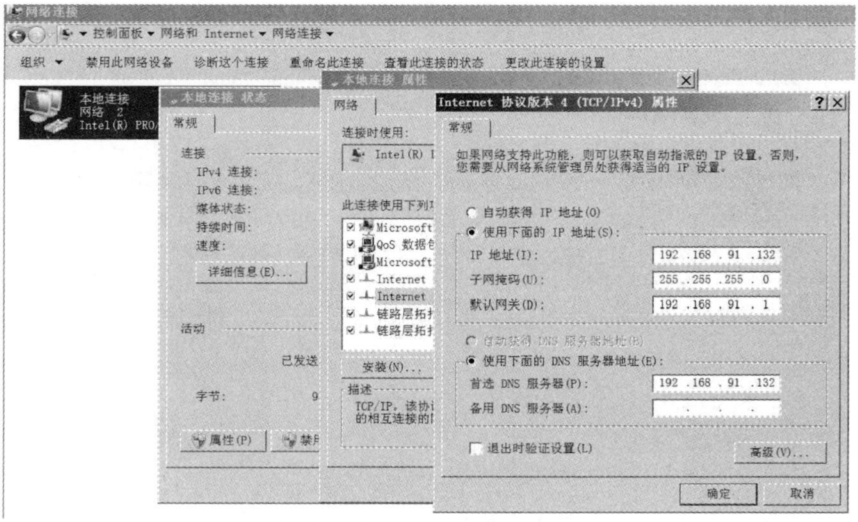

图 8-6 配置本地连接的 IP 地址

（2）在桌面的计算机图标上点击右键，在弹出的菜单上点击“管理”选项（见图 8-7），弹出“服务器管理器”窗口。

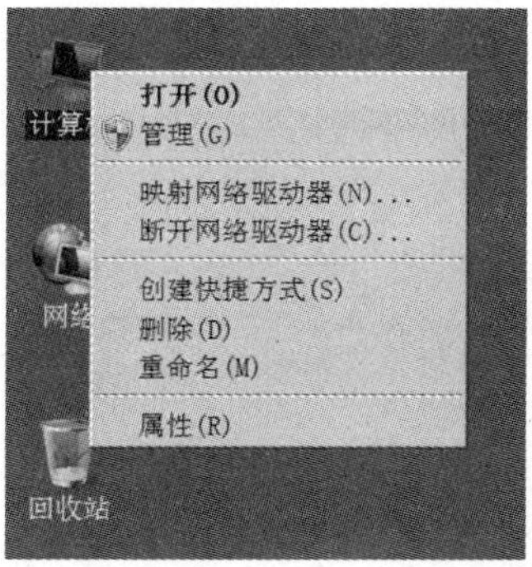

图 8-7 右键点击桌面计算机图标

（3）在服务器管理器界面上点击 “添加角色”功能链接，如图 8-8 所示。

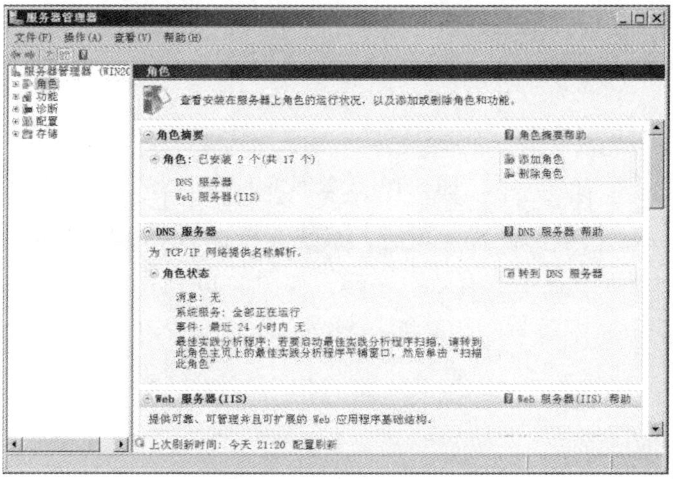

图 8-8 服务器管理器界面

（4）在“选择服务器角色”页面选择“DHCP 服务器”并点击下一步，如图 8-9 所示。

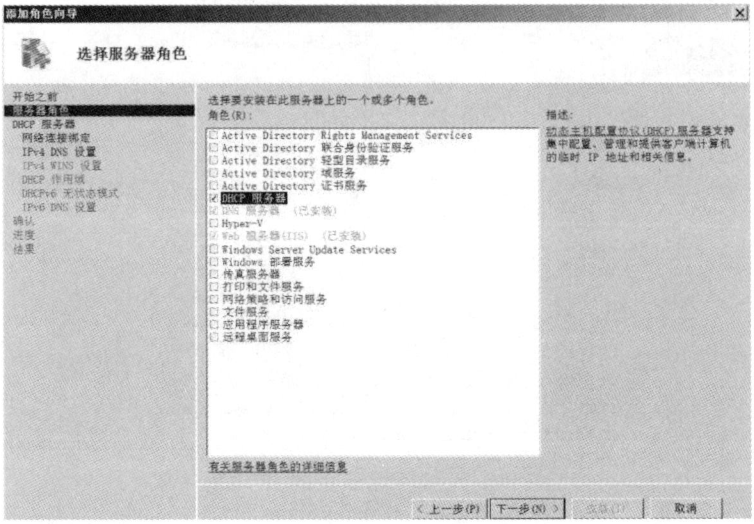

图 8-9 选择 DHCP 服务器选项

（5）选择为 DHCP 服务器提供服务的网络连接，如图 8-10 所示。

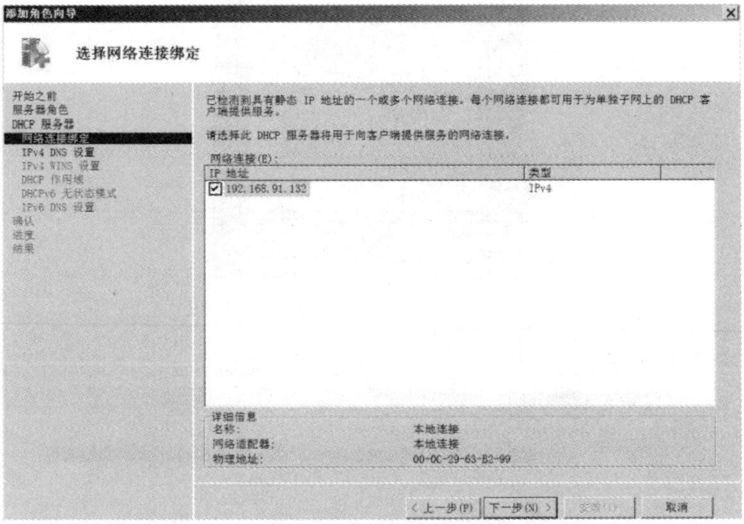

图 8-10 设置网络连接

（6）设置本地 DNS 选项。设置此项后，系统会检查 DNS 服务器的有效性，检查完毕会在 DNS 服务器的 IP 地址下显示“有效”字样，如图 8-11 所示。

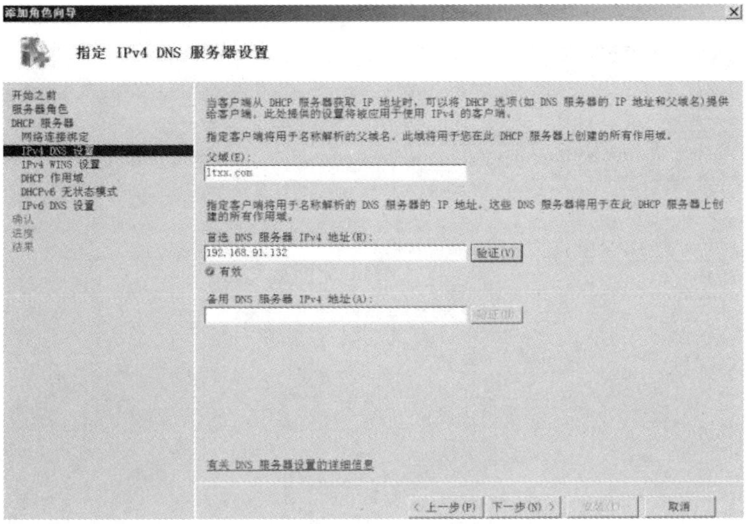

图 8-11 设置 DNS 服务器地址

（7）设置 WINS 选项，如果服务器上不需要 WINS 服务，则选择不需要选项，如图 8-12 所示。

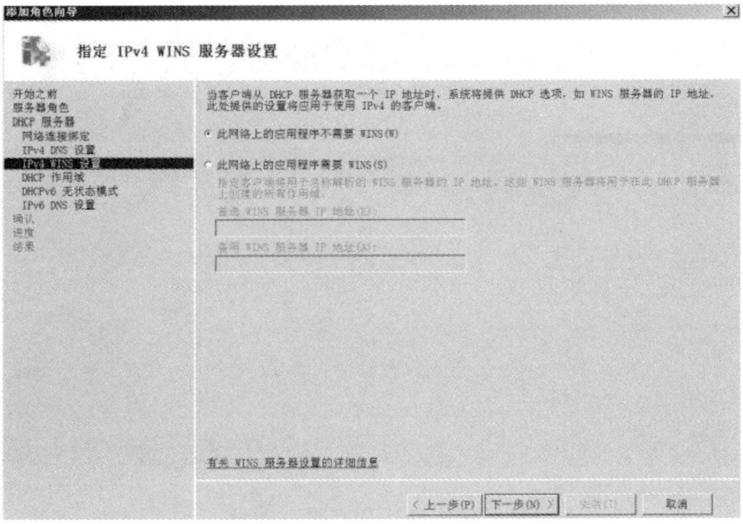

图 8-12 设置 WINS 选项

（8）设置 DHCP 作用域，如图 8-13 所示。

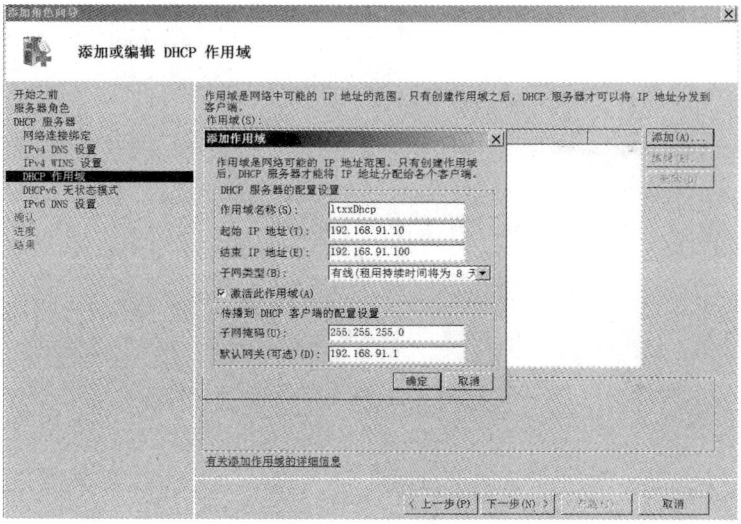

图 8-13 DHCP 作用域

（9）选择“禁用 DHCPv6 无状态模式”，如图 8-14 所示。

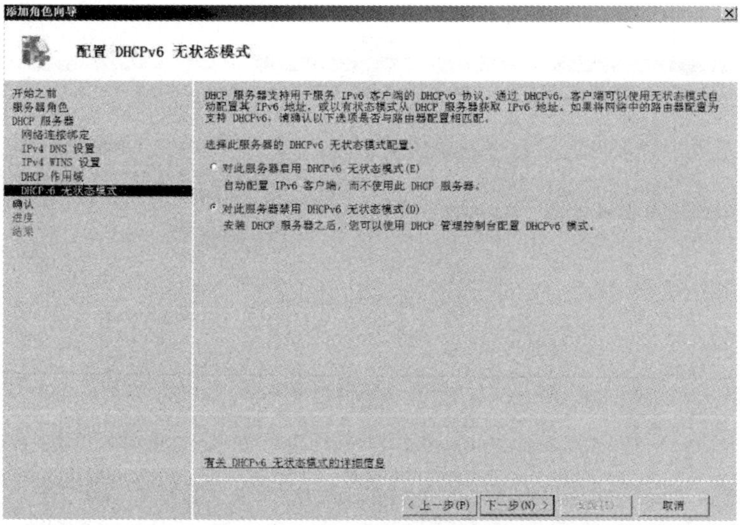

图 8-14 DHCPv6 模式设置

（10）确认 DHCP 服务器安装信息，并点击“安装”完成 DHCP 服务配置，如图 8-15 所示。

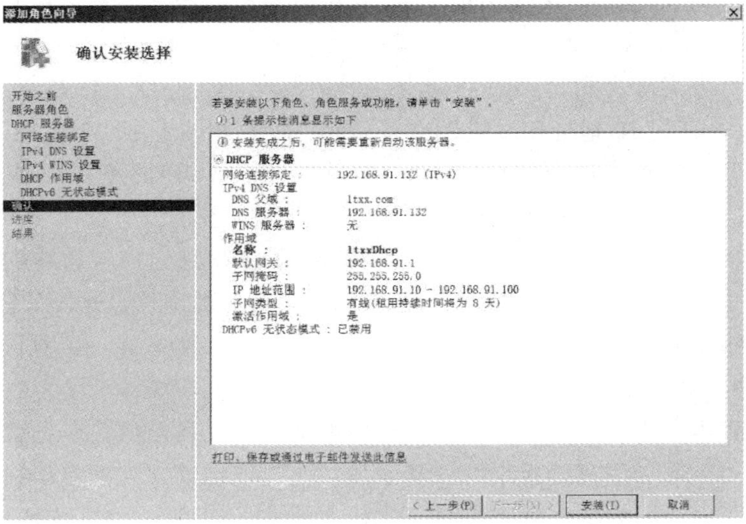

图 8-15 完成 DHCP 服务配置

二、配置 DHCP 客户端

配置好 DHCP 服务器以后，必须对 DHCP 客户端进行合理配置才能使客户端从 DHCP 服务器上获取 IP 地址。DHCP 客户端计算机从 DHCP 服务器获取 IP 地址，须要将客户端的获取方式设置为“自动获取”方式。下面配置一台局域网内的客户机，使其能成功获取到 DHCP 服务器所分配的 IP 地址。

（1）右击“网上邻居”或者通过“控制面板”打开“网络连接”。

（2）打开“本地连接 属性”对话框，选择“Internet 协议（TCP/IPv4）属性”，在“常规”中选择“自动获取 IP 地址”和“自动获得 DNS 服务器地址”两个选项，单击“确定”，完成设置。

（3）在 DHCP 客户端计算机打开命令窗口，在窗口中输入命令“ipconfig/all”，可以查看当前客户机 IP 地址的详细信息；使用命令“ipconfig/release”可以释放当前 IP 地址；使用命令“ipconfig/renew”可以刷新和续订 IP 地址。

（4）完成后，打开“本地连接状态”，在“常规”选项中点击“详细信息”，弹出“网络连接详细信息”对话框，可以看到客户端已经成功从 DHCP 服务器获取到 IP 地址。

任务 8.3 域名以及 DNS 系统

8.3.1 什么是 DNS

网络是基于 TCP/IP 协议进行通信和连接的，每一台主机都需要有一个唯一的标识来区别网络上成千上万个用户和计算机。网络在区分所有与之相连的网络和主机时，均采用了一种唯一并通用的地址格式，即每一个与网络相连接的计算机和服务器都被指派一个独一无二的地址。

网络中的地址方案分为两套，即 IP 地址系统和域名地址系统（DNS），这两套地址系统其实是一一对应的关系。IP 地址用二进制数来表示，每个 IP 地址长 32 比特，由 4 个小于 256 的整数组成，数字之间用点间隔，例如 100.10.0.1 表示一个 IP 地址。由于 IP 地址是数字标识，使用时难以记忆和书写，因此在 IP 地址的基础上又发展出一种符号化的地址方案，来代替数字型的 IP 地址。每一个符号化的地址都与特定的 IP 地址对应，这样网络上的资源访问起来就容易得多了。这个与网络上的数字型 IP 地址相对应的字符型地址，就被称为域名。

域名是上网组织和个人在网络上的重要标识，便于他人搜寻某一企业、组织或个人的信息资源，从而更好地实现网络资源共享。除了识别功能外，在虚拟环境下，域名还可以起到引导、宣传、代表等作用。一个公司如果希望在网络上建立自己的主页，就必须取得一个域名，域名也是由若干部分组成，包括数字和字母。通过该地址，人们可以在网络上找到所需的详细资料。以一个常见的域名为例说明，百度公司网址（www.baidu.com）是由两部分（主机名称及域名）组成，标号“baidu”是这个域名的主体，而最后的标号“.com”则是该域名的后缀，代表的这是一个“.com”国际域名，前面的“www”代表提供 Web 服务的主机名称。DNS 规定，域名中的标号都由英文字母和数字组成，每一个标号不超过 63 个字符，也不区分大小写字母。标号中除连字符（-）外不能使用其他的标点符号。级别最低的域名写在最左边，而级别最高的域名写在最右边。由多个标号组成的完整域名总共不超过 255 个字符。

8.3.2 域名基本类型

1. 顶级域名（一级域名）

顶级域名就是一级域名，例如 .com、.org、.net 等。

2. 二级域名

二级域名是在一级域名前加一级，一般是指域名注册人选择使用的网上名称，例如：baidu.com、qq.com。

3. 多层子域

第二层域名之下可以再细分多层的子域，例如 baidu.com 之下可以再新建一个 sales（销售部）子域：sales.baidu.com。

主机 www 是 baidu 公司内的主机，它的完整名称为 www.baidu.com，此完整名称被称为 Fully Qualified Domain Name（全限定域名，FQDN，字符总长度不能超过 255 字符）。

8.3.3 域名解析

1. 域名解析

域名与网址不同，域名注册好之后，只说明用户对这个域名拥有了使用权，如果不进行域名解析，那么这个域名就不能发挥它的作用。经过解析的域名可以用来作为电子邮箱的后缀，也可以用来作为网址供用户访问，因此域名投入使用的必备环节是“域名解析”。我们知道，域名是为了方便记忆而专门建立的一套地址转换系统，要访问一台互联网上的服务器，最终还必须通过 IP 地址来实现，域名解析就是将域名重新转换为 IP 地址的过程。一个域名只能对应一个 IP 地址，而多个域名可以同时被解析到一个 IP 地址。域名解析需要由专门的域名解析服务器（DNS）来完成。整个过程是自动进行的。

2. DNS 的工作原理及过程

第一步：客户机提出域名解析请求，并将该请求发送给本地的域名服务器。

第二步：当本地的域名服务器收到请求后，就查询本地的缓存，如果有该纪录项，则本地的域名服务器就直接把查询的结果返回。

第三步：如果本地的缓存中没有该纪录，则本地域名服务器就直接把请求发给根域名服务器，然后根域名服务器再返回给本地域名服务器一个所查询域（根的子域） 的主域名服务器的地址。

第四步：本地服务器再向上一步返回的域名服务器发送请求，然后接受请求的服务器查询自己的缓存，如果没有该纪录，则返回相关的下级的域名服务器的地址。

第五步：重复第四步，直到找到正确的纪录。

第六步：本地域名服务器把返回的结果保存到缓存，以备下一次使用，同时还将结果返回给客户机。

3. DNS 解析故障分析

1）用 nslookup 命令来判断是否真的是 DNS 解析故障

第一步：通过“开始”→“运行”→“输入 CMD”后回车进入命令行模式。

第二步：输入 nslookup 命令后回车，将进入 DNS 解析查询界面。

第三步：命令行窗口中会显示出当前系统所使用的 DNS 服务器地址。

第四步：接下来输入无法访问的站点对应的域名。如果不能访问，那么 DNS 解析应该是不能够正常进行的。我们会收到 DNS request timed out 的提示信息，这说明计算机确实出现了 DNS 解析故障。

2）查询 DNS 服务器工作是否正常

第一步：通过“开始”→“运行”→“输入 CMD”后回车进入命令行模式。

第二步：输入 ipconfig/all 命令来查询网络参数。

第三步：在 ipconfig/all 显示信息中我们能够看到一个地方写着 DNS Servers，这个就是我们的 DNS 服务器地址。如果使用外网 DNS 出现解析错误时，我们可以更换一个其他的 DNS 服务器地址即可解决问题。

第四步：如果在 DNS 服务器处显示的是自己单位的内部网络地址，那么说明 DNS 解析工作是交给单位内部的 DNS 服务器来完成的，这时我们需要检查这个 DNS 服务器，在 DNS 服务器上进行 nslookup 操作看是否可以正常解析。解决 DNS 服务器上的 DNS 服务故障，一般来说问题也能够解决。

3）清除 DNS 缓存信息法

当计算机对域名访问时，并不是每次访问都需要向 DNS 服务器寻求帮助，一般来说当解析工作完成一次后，该解析条目会保存在计算机的 DNS 缓存列表中。如果这时 DNS 解析出现更改变动的话，由于 DNS 缓存列表信息没有改变，在计算机对该域名访问时仍然不会连接 DNS 服务器获取最新解析信息，而会根据自己计算机上保存的缓存对应关系来解析，这样就会出现 DNS 解析故障。这时我们应该通过清除 DNS 缓存的命令来解决故障。

第一步：通过“开始”→“运行”→“输入 CMD”进入命令行模式。

第二步：在命令行模式中我们可以看到，在 ipconfig/?中有一个名为/flushdns 的参数，这个就是清除 DNS 缓存信息的命令。

第三步：执行 ipconfig /flushdns 命令，当出现“successfully flushed the dns resolver cache”的提示时就说明当前计算机的缓存信息已经被成功清除。

第四步：接下来我们再访问域名时，就会到 DNS 服务器上获取最新解析地址，再也不会出现因为以前的缓存造成解析错误故障了。

实作 8.2　DNS 服务器安装与配置

（1）以管理员账户登录系统，对安装 DNS 服务的计算机设置静态 IP 地址、计算机名，如图 8-16 所示。

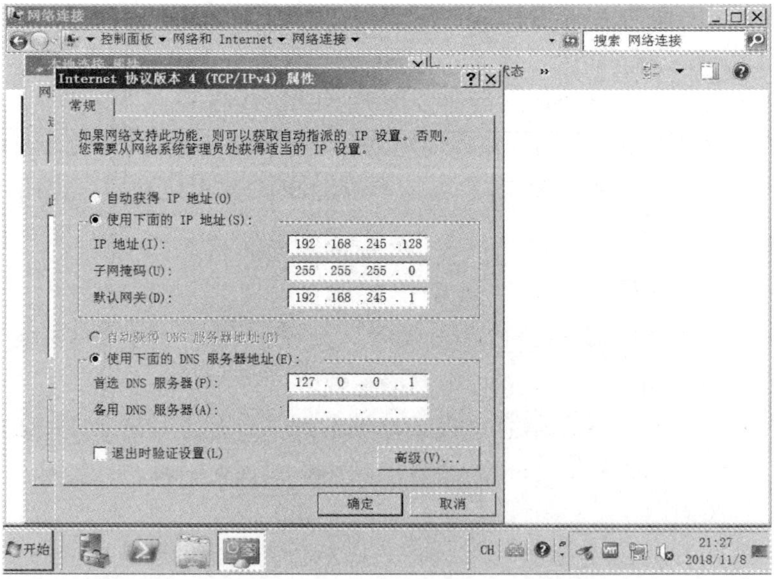

图 8-16　设置 IP 地址

（2）运行服务器管理器，运行“添加角色”向导，选择“服务器角色”对话框中的“DNS服务器”复选框（见图 8-17），然后点击“下一步”按钮，出现如图 8-18 所示的界面后，点击“安装”命令按钮，等待片刻后，出现如图 8-19 所示的安装完成的界面。

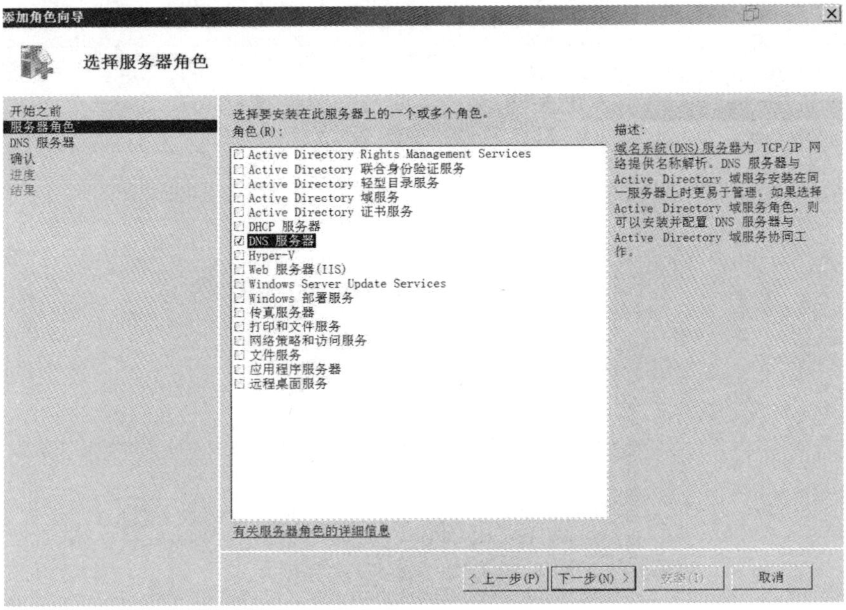

图 8-17 选择服务器角色

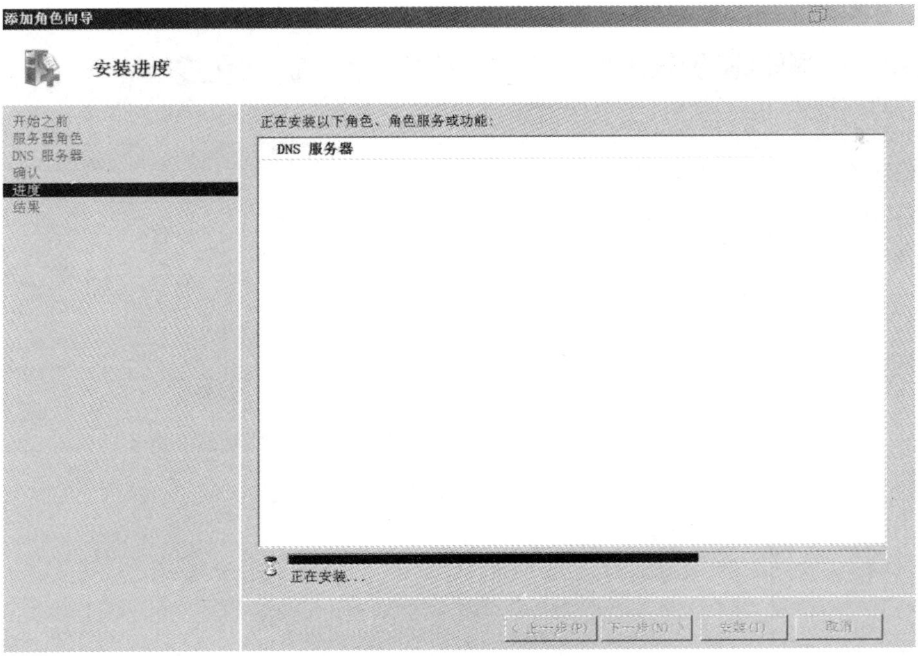

图 8-18 安装 DNS 服务器角色

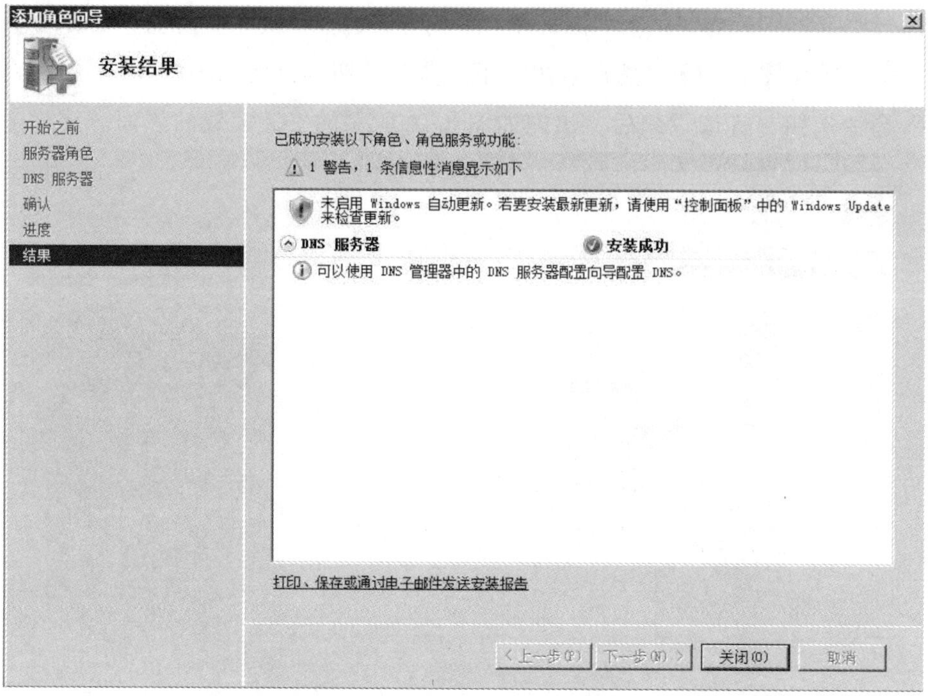

图 8-19 DNS 角色安装完成

（3）安装完毕可以通过“开始”→“管理工具”→“DNS”选项，打开 DNS 管理程序，如图 8-20 所示。

图 8-20 DNS 管理器

（4）要使 DNS 服务器能够将域名解析成 IP 地址，必须在 DNS 区域中添加正向查找区域。在 DNS 管理界面的左侧树形控件上，鼠标右击“正向查找区域”选项，弹出操作菜单（见图 8-21），然后选择“新建区域”选项，弹出如图 8-22 所示界面。

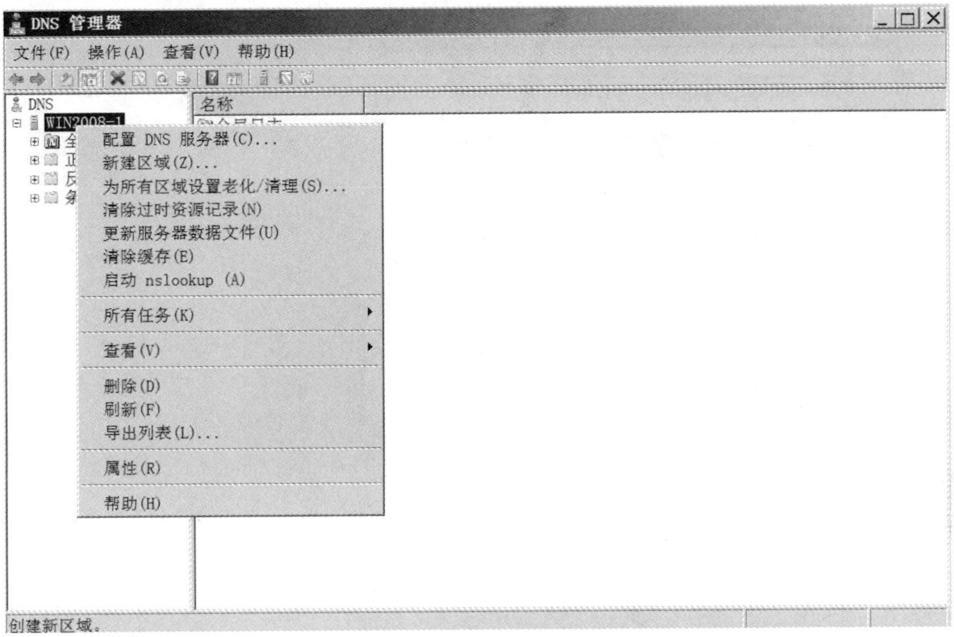

图 8-21 选择新建区域选项

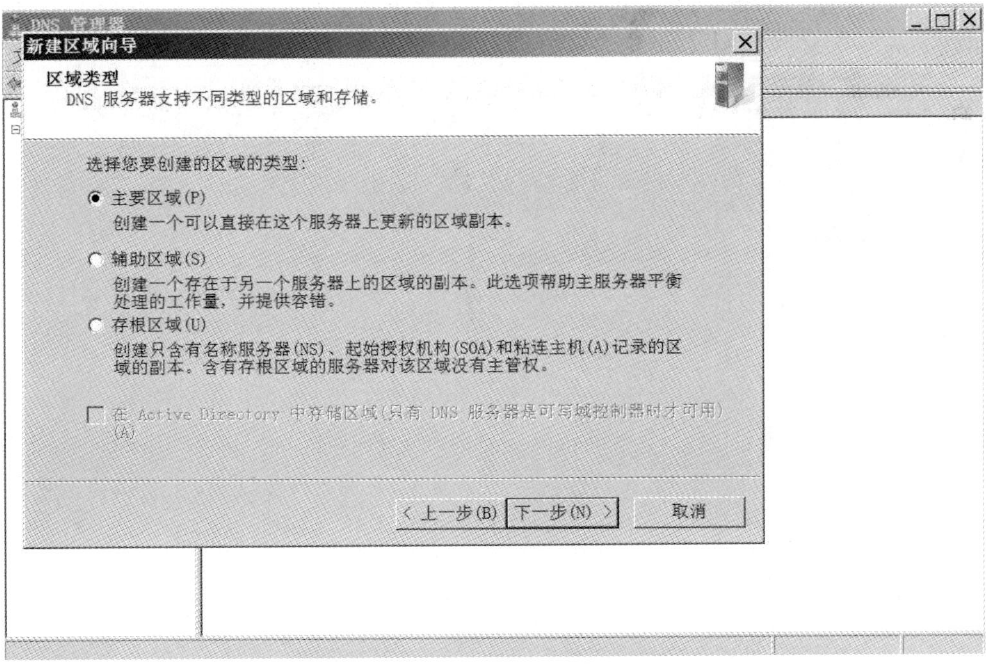

图 8-22 新建 DNS 主要区域

选择创建的区域类型为“主要区域”，鼠标点击“下一步”按钮，指定为正向查找区域并指定区域名称，在区域名称对话框中输入域名，如“ltxx.com”，并点击“下一步”命令按钮，如图 8-23 所示。

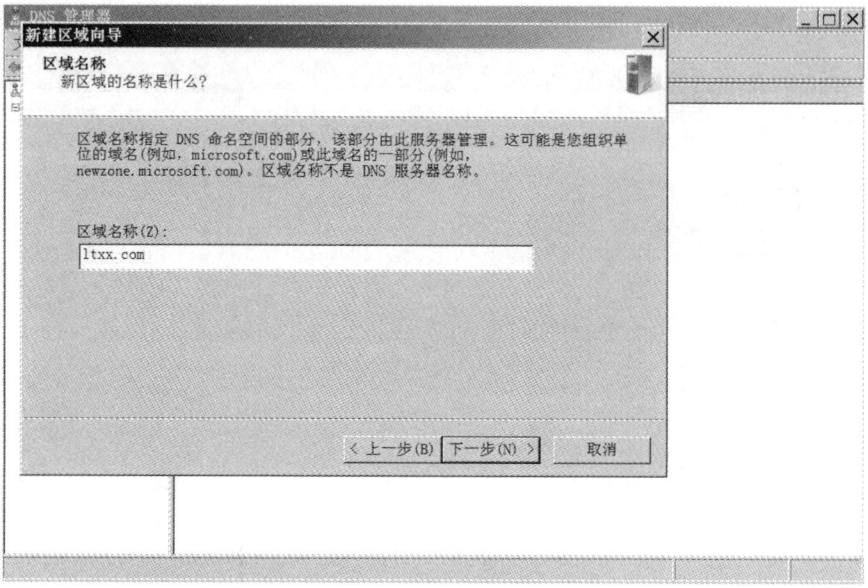

图 8-23 填写区域名称

在接下来弹出的窗口提示中选择“创建新文件”，文件名使用默认名称即可。然后在下一步的操作中，选择“不允许动态更新”。最后，单击“完成”按钮，完成设置向导，创建完成“ltxx.com”区域，如图 8-24 所示。

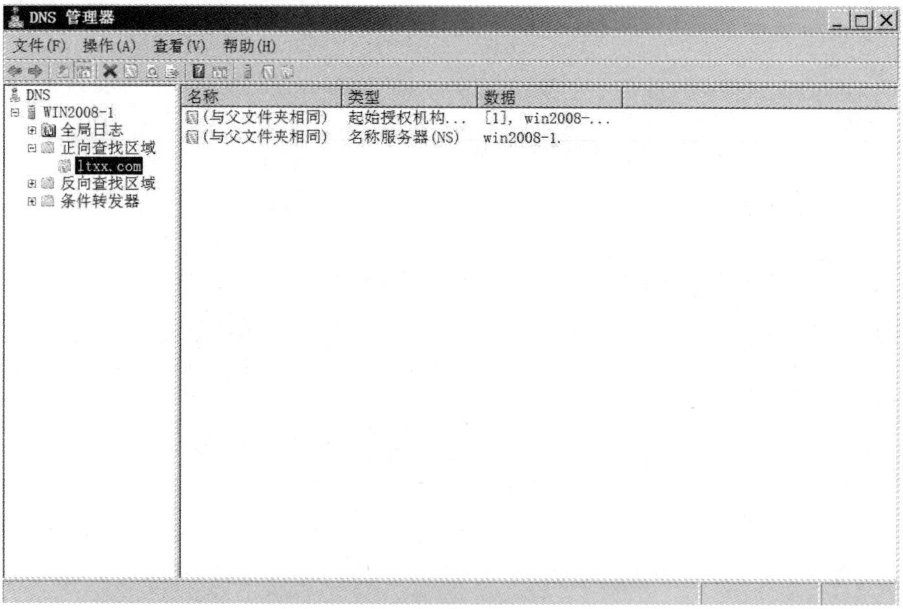

图 8-24 创建完成 DNS 主区域

（5）验证。

因为 DNS 服务已经启动，因此 ping 主机名称“win2008-1”即可得到回复，如图 8-25 所示。

图 8-25 验证 DNS 服务

（6）DNS 服务器配置完成后，如果需要为所属的域提供其他域名解析服务，还必须在 DNS 域中添加各种 DNS 记录，如 Web 及 FTP 等使用 DNS 域名的网站等都需要添加 DNS 记录来实现域名解析。这样的话，当用户访问该地址时，DNS 服务器即可自动解析成相应的 IP 地址。按照同样步骤，可以添加多个主机记录。

任务 8.4 Web 信息服务

8.4.1 Web 服务概述

计算机网络诞生以前，人们只是通过传统的媒体（如电视、报纸、杂志和广播等）获得信息。但随着信息技术的发展，人们已不再满足于传统媒体那种单方面传输和获取的方式，而希望有一种主观的选择性。由于计算机网络的发展，特别是 Internet 的发展，信息的获取变得非常及时、迅速和便捷，这种通过互联网浏览器来获取信息的服务我们称为 WWW 服务。WWW 是 World Wide Web （环球信息网）的缩写，也可以简称为 Web，中文名字为“万维网”，它起源于 1989 年 3 月。通过万维网，人们只要通过使用简单的方法，就可以很迅速方便地取得丰富的信息资料。由于在通过 Web 浏览器访问信息资源的过程中，用户无须再关心一些技术性的细节，而且界面非常友好，因而 Web 在 Internet 上一推出就得到快速地发展。到了 1993 年，WWW 的技术有了突破性的进展，它解决了远程信息服务中的文字显示、数据连接以及图像传递的问题，使得 WWW 成为 Internet 上最为流行的信息传播方式。现在，

Web 服务器成为 Internet 上最大的计算机群，Web 文档之多、链接的网络之广，令人难以想象。可以说，Web 为 Internet 的普及迈出了开创性的一步，是近年来 Internet 上取得的最激动人心的成就之一。运行 HTTP 协议和 Web 服务器软件能够为客户端提供 Web 服务的主机称为 Web 服务器。Web 系统由 Web 服务器和 Web 客户端两部分构成，服务器端可以为客户端提供动态的、交互的超文本服务，Web 客户端根据用户输入的 URL（Uniform Resource Locator，统一资源定位器）连到相应远程的 Web 服务器上并从指定的服务器获得指定的 Web 文档。

WWW 服务遵从 HTTP 协议，默认的 TCP/IP 端口是 80。Web 服务器可以解析 HTTP 协议。当 Web 服务器接收到一个 HTTP 请求（Request），会返回一个 HTTP 响应（Response），例如送回一个 HTML 页面。为了处理一个请求（Request），Web 服务器可以响应（Response）一个静态页面或图片，进行页面跳转（Redirect），或者把动态响应（Dynamic Response）委托给一些其他的程序，例如 CGI 脚本，JSP（JavaServer Pages，Tava 服务器页面）脚本，servlets，ASP（Active Server Pages，活动服务器页面）脚本，服务器端（server-side）JavaScript，或者一些其他的服务器端（Server-side）技术。无论脚本的目的如何，这些服务器端的程序通常产生一个 HTML 的响应（Response）来保证浏览器可以浏览。

8.4.2 常用的 Web 服务器

在 UNIX 和 Linux 平台下使用最广泛的免费 HTTP 服务器是 W3C、NCSA 和 Apache 服务器，而 Windows 平台使用 IIS 的 Web 服务器。选择使用 Web 服务器应考虑的本身特性因素有性能、安全性、日志和统计、虚拟主机、代理服务器、缓冲服务和集成应用程序等，下面介绍几种常用的 Web 服务器。

1. Microsoft IIS

Microsoft 的 Web 服务器产品为 Internet Information Server（互联网信息服务 IIS），IIS 是允许在公共 Intranet 或 Internet 上发布信息的 Web 服务器。IIS 是目前最流行的 Web 服务器产品之一，很多著名的网站都是建立在 IIS 的平台上。IIS 提供了一个图形界面的管理工具，称为 Internet 服务管理器，可用于监视配置和控制 Internet 服务。

IIS 是一种 Web 服务组件，其中包括 Web 服务器、FTP（File Transfer Protocol，文件传输协议）服务器、NNTP（Network News Transfer Protocol，网络新闻传送协议）服务器和 SMTP（Simple MailT ransfer Protocol，简单邮件传送协议）服务器，分别用于网页浏览、文件传输、新闻服务和邮件发送等方面，它使得在网络上发布信息成为一件很容易的事。它提供 ISAPI（Intranet Server API，服务器应用程序编辑接口）作为扩展 Web 服务器功能的编程接口，同时还提供一个 Internet 数据库连接器，可以实现对数据库的查询和更新。

2. IBM WebSphere

WebSphere Application Server 是一种功能完善、开放的 Web 应用程序服务器，是 IBM 电子商务计划的核心部分，它是基于 Java 的应用环境，用于建立、部署和管理 Internet 和

Intranet Web 应用程序。这一整套产品进行了扩展，以适应 Web 应用程序服务器的需要，范围从简单到高级，直到企业级。

WebSphere 针对以 Web 为中心的开发人员，他们都是在基本 HTTP 服务器和 CGI（通用网关接口）编程技术上成长起来的。IBM 提供 WebSphere 产品系列，通过提供综合资源、可重复使用的组件、功能强大并易于使用的工具以及支持 HTTP 和 IIOP 通信的可伸缩运行时环境，使用户从简单的 Web 应用程序转移到电子商务世界。

3. BEA WebLogic

BEA WebLogic Server 是一种多功能、基于标准的 Web 应用服务器，为企业构建自己的应用提供了坚实的基础。BEA WebLogic 是用于开发、集成、部署和管理大型分布式 Web 应用、网络应用和数据库应用的 Java 应用服务器，将 Java 的动态功能和 Java Enterprise 标准的安全性引入大型网络应用的开发、集成、部署和管理之中。

4. APACHE

Apache 仍然是世界上用得最多的 Web 服务器，市场占有率达 60%左右。它源于 NCSA httpd 服务器，当 NCSA WWW 服务器项目停止后，那些使用 NCSA WWW 服务器的人们开始交换用于此服务器的补丁，这也是 Apache 名称的由来。世界上很多著名的网站都是 Apache 的产物，它的成功之处主要在于它的源代码开放、有一支开放的开发队伍、支持跨平台的应用（可以运行在几乎所有的 UNIX、Windows、Linux 系统平台上）以及它的可移植性等方面。

5. Tomcat

Tomcat 是一个开放源代码、运行 Servlet 和 JSP Web 应用软件的基于 Java 的 Web 应用软件容器。Tomcat 是 Apache 软件基金会（Apache Software Foundation）的 Jakarta 项目中的一个核心项目，由 Apache、Sun 和其他一些公司及个人共同开发而成。由于有了 Sun 公司（已被甲骨文收购）的参与和支持，最新的 Servlet 和 JSP 规范总是能在 Tomcat 中得到体现，Tomcat 5 支持最新的 Servlet 2.4 和 JSP 2.0 规范。因为 Tomcat 技术先进、性能稳定而且免费，深受 Java 爱好者的喜爱并得到了部分软件开发商的认可，成为目前比较流行的 Web 应用服务器。

Tomcat 服务器属于轻量级应用服务器，在中小型系统和并发访问用户不是很多的场合下被普遍使用，是开发和调试 JSP 程序的首选。对于一个初学者来说，可以这样认为，当在一台机器上配置好 Apache 服务器，可利用它响应 HTML（标准通用标记语言下的一个应用）页面的访问请求。实际上 Tomcat 是 Apache 服务器的扩展，但运行时它是独立运行的，所以当 tomcat 运行时，它实际上是作为一个与 Apache 独立的进程单独运行的。

实作 8.3 安装 Windows IIS Web 服务

（1）进入 Windows Server 服务器管理工具界面，添加 Web 服务功能，如图 8-26 所示。

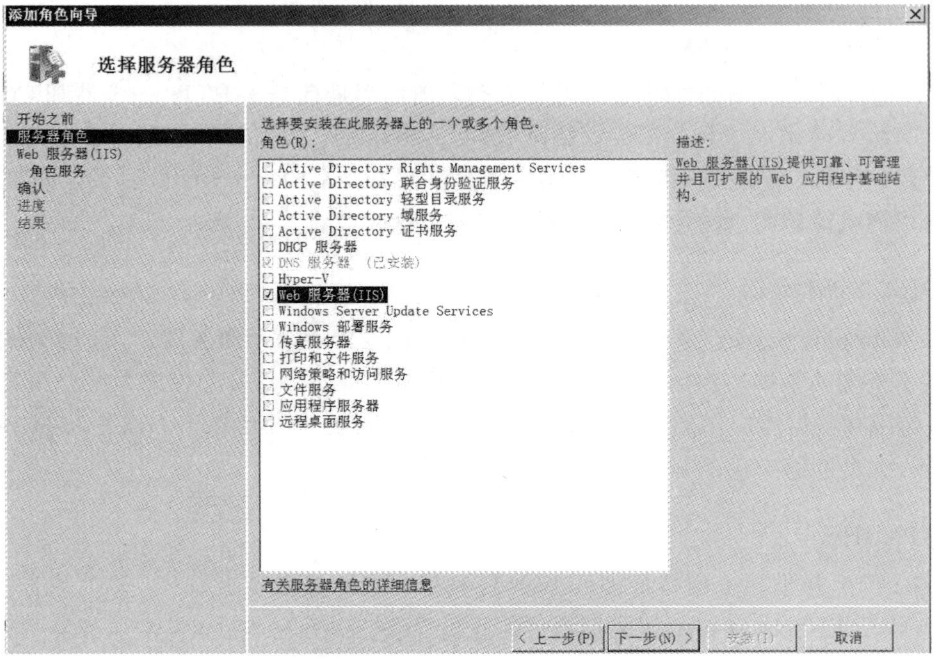

图 8-26 添加 Web 服务功能

点击“下一步”以添加 Web 服务器角色服务，会弹出如图 8-27 所示窗口，勾选需要的功能，然后点击“下一步”，出现图 8-28 所示窗口，然后点击“安装”按钮，进入安装界面。

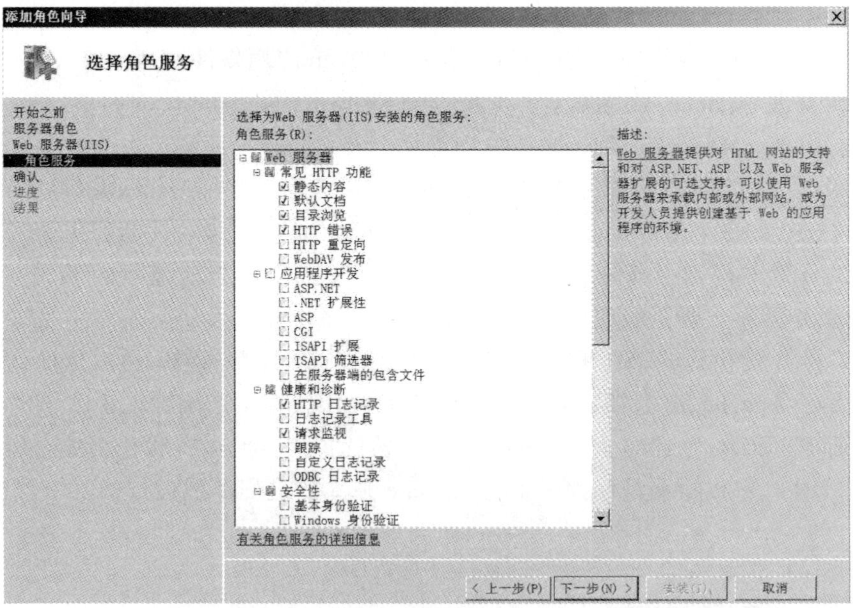

图 8-27 选择功能

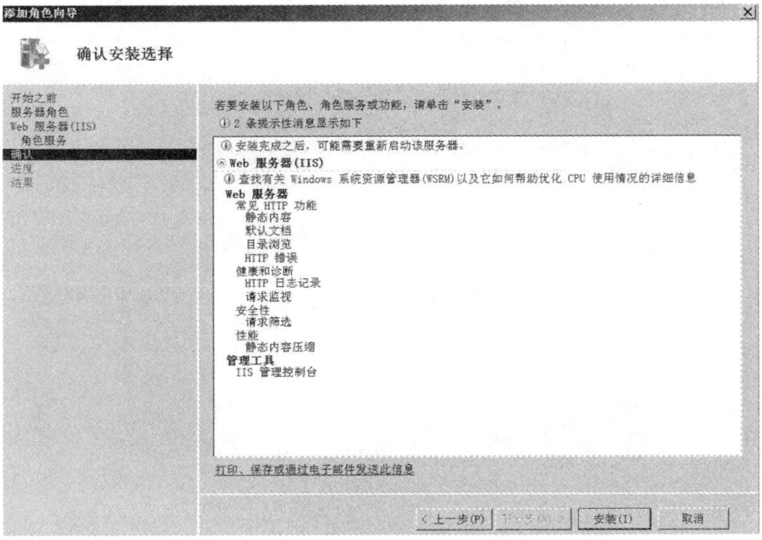

图 8-28 点击安装

（2）测试 IIS 是否安装成功。

完成安装后，选择“开始”→“程序”→“管理工具”→“Internet 信息服务（IIS）管理器”，弹出如图 8-29 所示的 IIS 管理器界面。在界面中，可以看到已经有一个名为 Default Web Site 的内置网站正在运行。

打开 IE 浏览器，在地址栏输入 http：//127.0.0.1，或者 localhost，或者计算机的名称，都将出现图 8-30 所示的测试页，这就说明 IIS 安装成功。

图 8-29 IIS 管理器

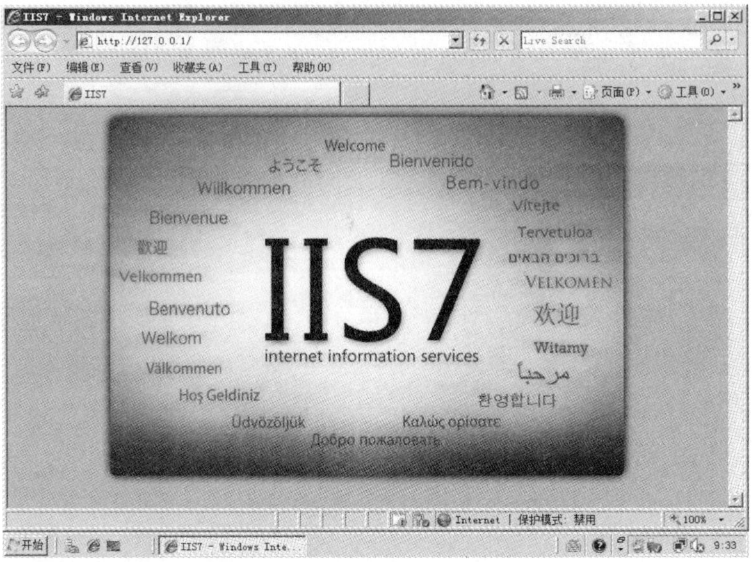

图 8-30 测试 IIS 中的默认网站

（3）添加或删除其他服务角色。

Windows Server 2008 的 IIS 采用模块化的设计（Modular-Based），而且默认安装的服务角色只包含了部分服务角色功能，有些服务角色功能并没有安装。可以在需要的时候添加这些角色。这样可以减少 IIS 网站的负荷和攻击面，避免让系统管理员去面对不必要的问题。例如 HTTP 中的“HTTP 重定向”功能，应用程序开发中的“ASP.NET”“.NET 扩展性”功能，安全性中的“基本身份验证”等功能。

若要对 Web 服务器的角色进行删除或添加，单击 “开始”→“程序”→“管理工具”→“服务器管理器”→“角色”（见图 8-31），单击“Web 服务器（IIS）”中的“添加角色服务”或“删除角色服务”，通过弹出的对话框来完成相应的操作。例如，可以添加“HTTP 重定向”等角色服务。

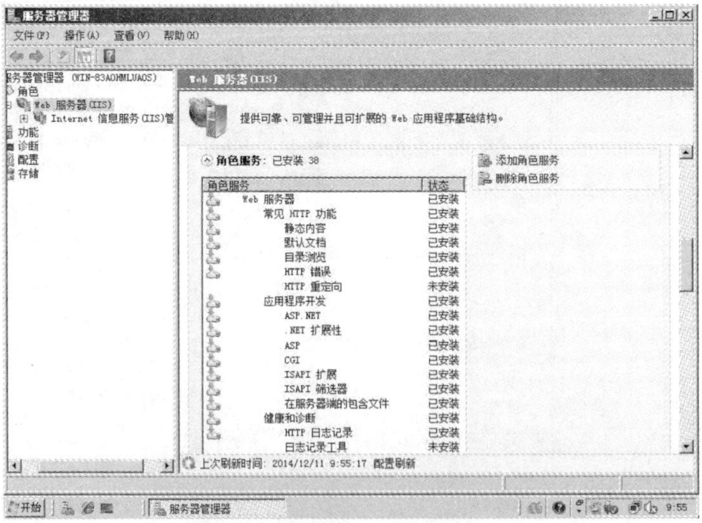

图 8-31 添加删除 IIS 服务器角色

实作 8.4 配置 Windows IIS Web 服务

一、实作引入

IIS 安装完成后，要实现 Web 服务器的相关功能，还需要对其进行相应的配置与管理。在安装完 Web 服务器之后，可以对 Web 服务器进一步设置和管理，可以使用 Web 服务器默认的网站，也可以在一台 Web 服务器上创建多个网站。

二、实作步骤

（一）使用 IIS 的默认站点

（1）把制作好的主页文件复制到 C：\inetpub\wwwroot 目录下，该目录是安装程序为默认 Web 站点预设的发布目录。

若要查看默认站点预设的发布目录，单击“开始”→“程序”→“管理工具”→“Internet 信息服务（IIS）管理器”，在弹出的 IIS 管理器界面中，单击默认网站 Default Web Site 右边的“操作”区域的“基本设置”（见图 8-32），随后在弹出的“编辑网站”对话框中的“物理路径”查看，如图 8-33 所示。主目录默认设置到文件夹%SystemDrive%\inetpub\wwwroot，其中%SystemDrive%就是安装 Windows Server 2008 的系统路径。

提示：对于 IIS 默认网站的主目录，其物理路径可以更改到本地计算机的其他文件夹，也可以将网页存储到网络上其他计算机的共享文件夹中，然后将主目录设置到此共享文件夹。其设置方法为单击“物理路径”右边的按钮，然后选择网络计算机的共享文件夹。

当用户浏览此网站的网页时，网站会到此共享文件夹中读取网页给用户，不过网站必须提供有权访问此共享文件夹的用户名和密码。可以通过单击“链接为...”按钮，在弹出的“连接为”对话框中设置相应的路径凭据。

图 8-32 默认站点基本设置

图 8-33 Web 服务器默认系统路径

（2）将主页文件改名为 Default.htm 或 index.htm。这是因为 Web 服务器设定了 5 个默认 Web 文档，分别是 Default.htm、Default.asp、index.htm、index.html 和 iisstart.htm。网站会先读取最上面的文件 Default.htm，若主目录中没有此文件，则依序读取之后的文件。如果 5 个文件名都找不到，则访问不到用户的网站。

也可以手动添加主页文件，或者删除或禁用某个默认文档。具体步骤为：在 IIS 管理器界面中，双击“默认文档”（见图 8-34），进入到图 8-35 所示的界面中，单击右边“操作”任务栏中的“添加”按钮，显示 “添加默认文档”对话框，在“名称”文本框中输入待添加的默认文档名，单击“确定”。最后通过右边“操作”窗口的“上移”“下移”来调整网站读取这些文件的顺序。

若需要删除或禁用某个默认文档，只需要选择相应的默认文档，然后单击“删除”或“禁用”按钮即可。

图 8-34 点击默认文档进行设置

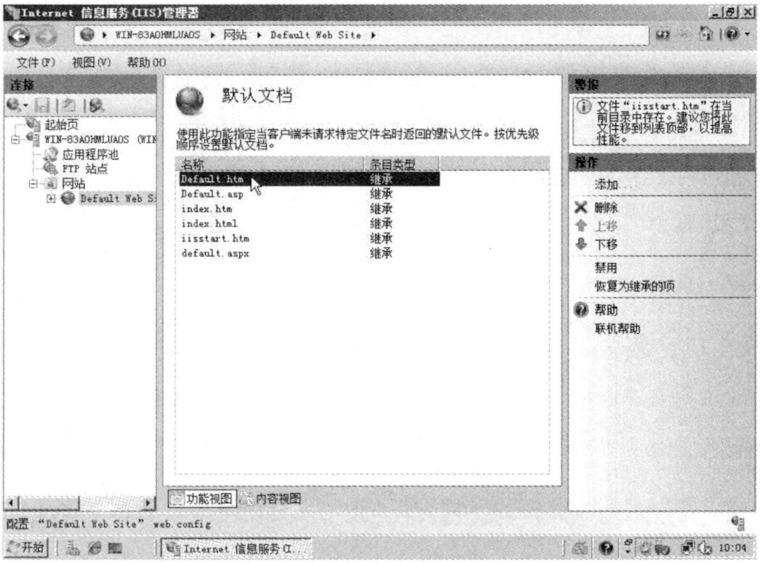

图 8-35 Web 服务器的默认文档

（二）创建新站点

1. IIS 如何识别不同站点

IIS 支持在同一台计算机上同时创建多个 Web 站点的功能。为了能够区分这些站点，必须给予每一个网站唯一的识别信息，这些识别信息包括：主机名、IP 地址与 TCP 端口号。同一台计算机中，所有网站的这三个识别信息不可以完全相同，否则该网站无法启动。

1）主机名

若这台计算机只有一个 IP 地址，则可以采用主机名来区分这些网站，即每一个网站各有一个主机名。例如，主机名分别为 www.ltxx.edu.cn、mail.ltxx.edu.cn。

2）IP 地址

每一个网站各有一个唯一的 IP 地址，此方法比较适合于启用了 SSL（安全套接字层）安全连接功能的网站，例如对外部用户提供服务的商业网站。

3）TCP 端口号

此时每一个网站将被赋予一个 TCP 端口号，以便让 IIS 计算机利用端口号来区分每一个网站。它比较适合于为内部用户提供服务的网站或测试用网站。

下面新建 3 个网站 Web1、Web2、Web3，它们的基本配置信息如表 8-1 所示。

表 8-1 三个网络基本配置信息

网站	主机名	IP 地址	TCP 端口	主目录
Web1	无	192.168.1.8	80	C：\web1
Web2	无	192.168.1.8	8080	C：\web2
Web3	无	192.168.1.10	80	C：\web3

在 C 盘创建 3 个文件夹 Web1、Web2、Web3，在每个文件夹中分别放入各站点的主页文件，主页文件可用记事本编写并保存为 index.htm。每个主页的内容如下：

站点 Web1 主页内容：Web1：192.168.1.8 80 没有主机名。

站点 Web2 主页内容：Web2：192.168.1.8 8080 没有主机名。

站点 Web3 主页内容：Web3：192.168.1.10 80 没有主机名。

2. 设置 Web1 站点

打开“Internet 信息服务（IIS）管理器”，右击“网站”，选择“添加网站”，在图 8-36 所示的文本框中输入网站 Web1 的信息，单击“确认”按钮，Web1 站点添加成功。打开浏览器，在地址栏中输入 http：//192.168.1.8，即可打开 Web1 站点，浏览效果如图 8-37 所示。

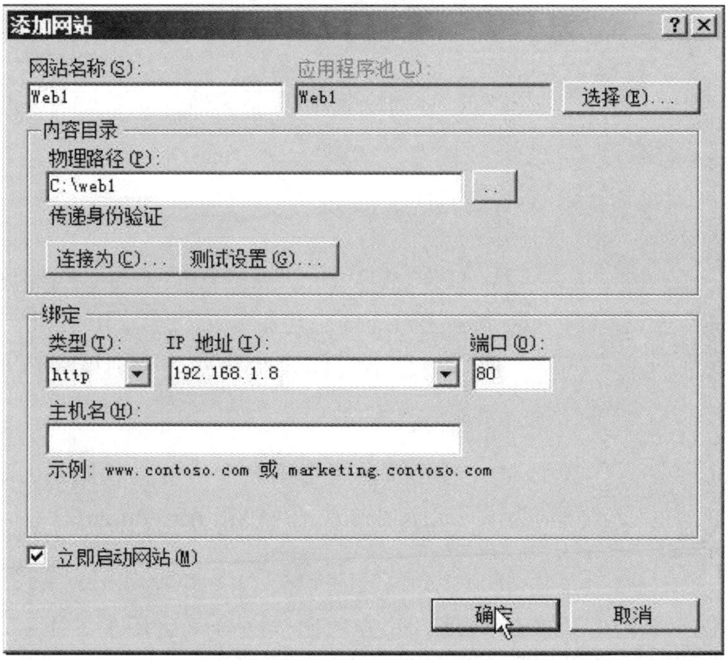

图 8-36 添加 Web1 站点

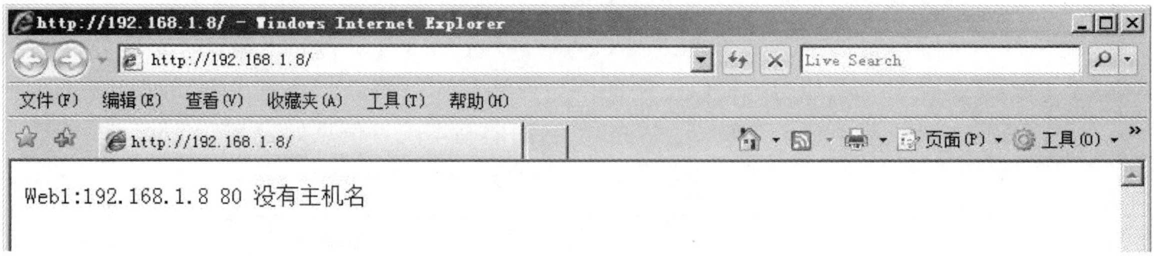

图 8-37 Web1 站点的浏览效果

3. 设置 Web2 站点

在“Internet 信息服务（IIS）管理器”控制台中，右击“网站”，选择“添加网站”，在

图 8-38 所示的文本框中输入网站 Web2 的信息，单击“确认”按钮，Web2 站点添加成功。这时打开 IE 浏览器，在地址栏中输入 http：//192.168.1.8：8080 即可打开 Web2 站点，浏览效果如图 8-39 所示。

注意：Web2 网站虽然与 Web1 网站的 IP 地址相同，但是服务端口不同。

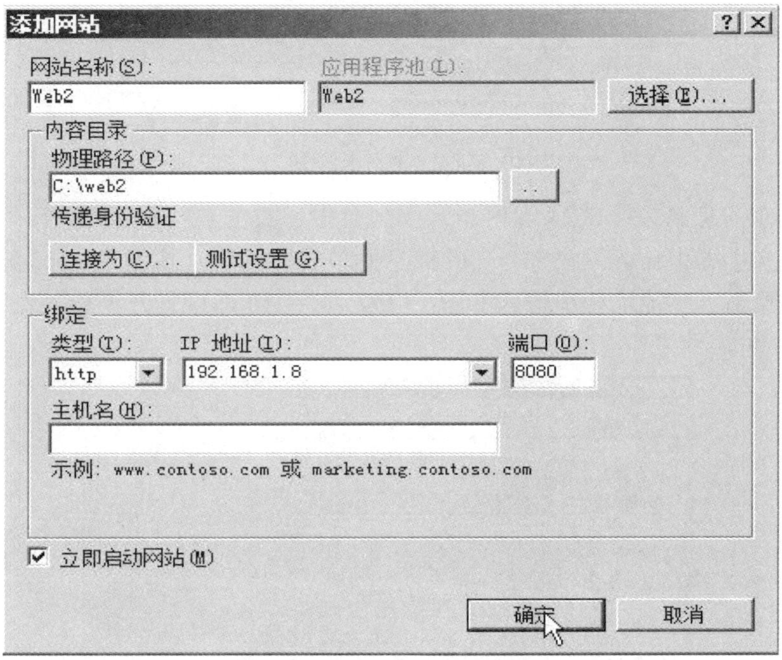

图 8-38 设置 Web2 站点属性

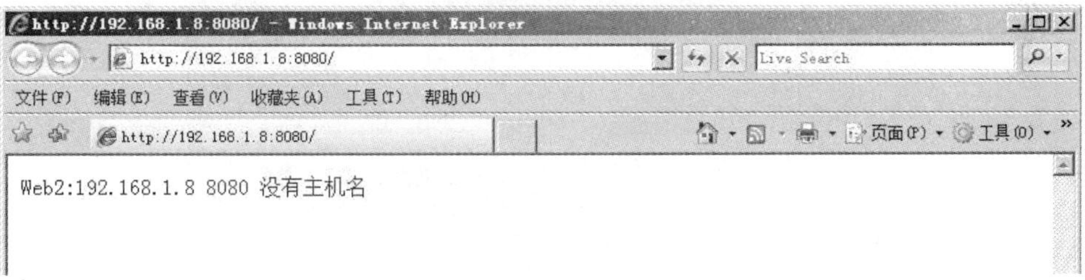

图 8-39 Web2 站点的浏览效果

4. 设置 Web3 站点

首先为 IIS 服务器的网卡再添加一个 IP 地址，右击桌面上的“网络”图标，选择“属性”→“管理网络连接”，双击“本地连接”，单击“属性”→“Internet 协议版本 4”→“属性”，单击“高级”选项，在 “IP 设置”选项卡中单击“IP 地址”选项组中的“添加”，将 IP 地址 192.168.1.10 添加进去，如图 8-40 所示。

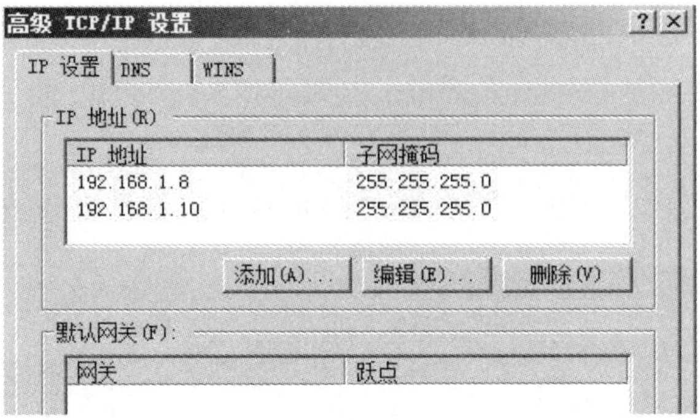

图 8-40 为同一块网卡添加 IP 地址

在“Internet 信息服务（IIS）管理器”控制台中，右击“网站”，选择“添加网站”，在图 8-41 所示的文本框中输入网站 Web3 的信息，单击“确定”按钮，Web3 站点添加成功。这时打开 IE 浏览器，在地址栏中输入 http：//192.168.1.10 即可打开 Web3 站点，浏览效果如图 8-42 所示。

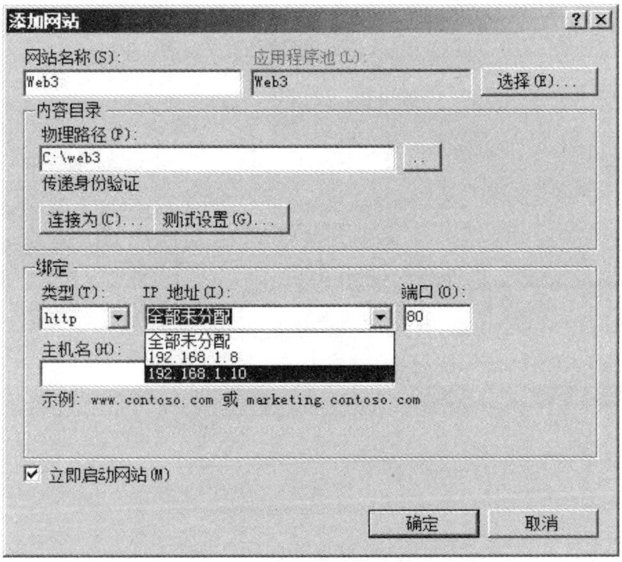

图 8-41 添加网站 Web3

图 8-42 Web3 浏览效果

（三）管理 Web 服务器

1. Web 服务器的总体配置

打开“Internet 信息服务（IIS）管理器”，在左侧的任务窗格中，选择一个创建的网站，例如 Web1，在中间与右侧的窗格显示了网站的所有配置，如图 8-43 所示。

在图 8-43 的中间窗格，默认显示的是“功能视图”。在 IIS 选项中，用户主要用到的功能有 HTTP 重定向、IPv4 地址和域限制、SSL 设置、错误页、默认文档、目录浏览、身份验证等。右侧的窗格包括浏览、编辑权限、绑定、基本设置、管理网站、浏览网站等。单击“内容视图”，可以显示网站中的内容。

图 8-43 Web 网站可配置的功能

用鼠标右击选中的网站，在快捷菜单中的命令有：浏览、编辑权限、添加应用程序、添加虚拟目录、编辑绑定、管理网站、刷新、删除、重命名等，如图 8-44 所示。这个快捷菜单的命令与右侧窗格“操作”中的命令部分相同。

图 8-44 右键快捷命令

2. 虚拟目录

通常需要在网站的主目录之下新建多个子文件夹，然后将网页与相关文件保存到主目录与这些子文件夹中，这些子文件夹称为物理目录（Physical Directory）。然而网页文件不一定要保存到主目录中，也可以将它们保存到其他文件夹中，例如本地计算机其他磁盘驱动器的文件夹，或其他计算机的共享文件夹，然后通过虚拟目录（Virtual Directory）对应到这个文件夹。每个虚拟目录都有一个别名，用户可以通过别名来访问这个文件夹中的网页。虚拟目录的好处是不论将网页的保存更改到何处，只要别名不变，用户仍然可以通过相同的别名来访问网页。

创建虚拟目录的过程：

（1）在C盘建立文件夹，名称为“MyWeb”，文件夹里面新建一个HTML文件，例如index.html，并对此文件进行简单编辑以形成一个网页文件，如图8-45所示。

图8-45 建立一个测试用Web页面

（2）在Web管理器左边树形目录下，鼠标选择网站图标，点击鼠标右键，在弹出菜单上选择“添加网站”功能选项，在弹出的对话框中新建一个名称为“MyWeb”的站点，网站的设置如图8-46所示。

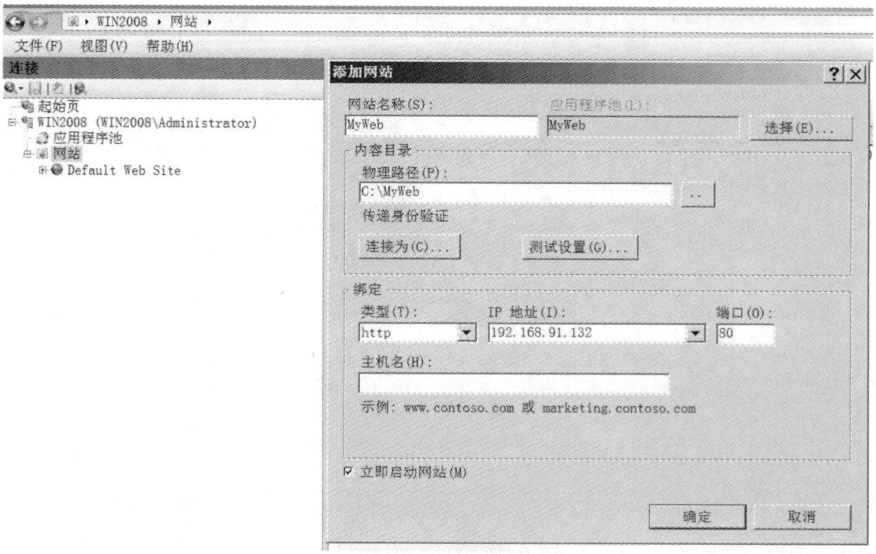

图8-46 网站的设置

网站设置的“物理路径”指向我们放置网页文件的目录，IP 地址指向 Web 服务器的 IP 地址。

（3）通过浏览器输入 IP 地址即可以访问网站，如图 8-47 所示。

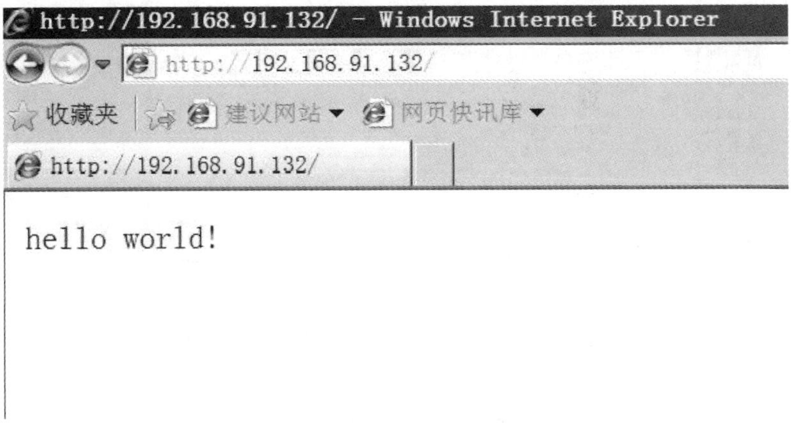

图 8-47 测试 WWW 服务

3. HTTP 重定向

如果网站内容正在搭建或维护中，则可以将此网站暂时重定向到另一个网站，这样用户连接该网站时，看到的将是另一个网站的网页。首先需要安装 HTTP 重定向角色服务，在“Internet 信息服务（IIS）管理器”单击 Web4 网站（见图 8-48），在主页区域双击“HTTP 重定向”，选择“将请求重定向到此目标”并输入目标网址，这里输入 www.sohu.com 然后选择“将所有请求重定向到确切的目标（而不是相对于目标）”，如图 8-49 所示。

图 8-48 HTTP 重定向

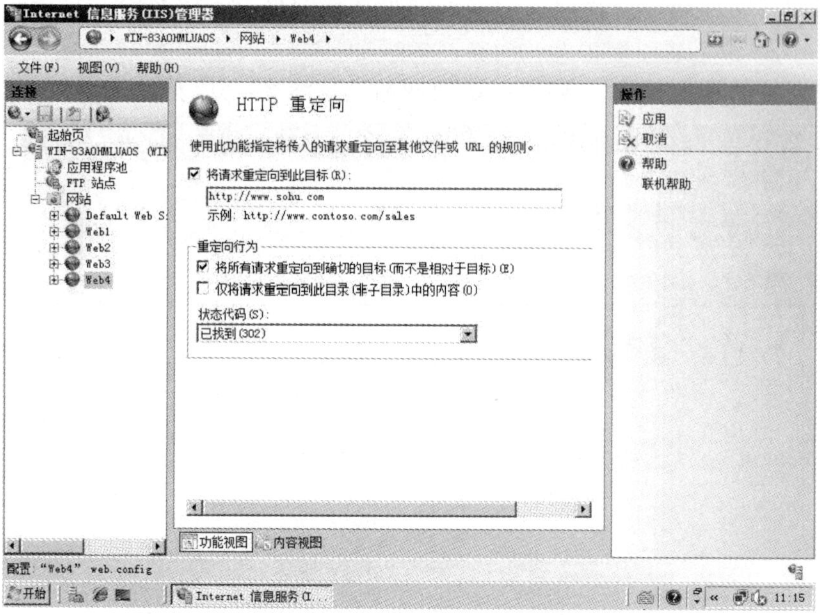

图 8-49 设置 HTTP 重定向

4. IPv4 地址和域限制

在网站中，可以通过“IPv4 地址和域限制”功能页，允许或拒绝某些 IP 地址浏览访问指定的网站，下面以禁止 192.168.1.0/24 的 IP 地址访问 Web1 为例，介绍其操作步骤。

首先，打开“Internet 信息服务（IIS）管理器”，在左侧定位到 Web1 网站，在中间区域双击“IPv4 地址和域限制”图标，如图 8-50 所示。

图 8-50 IPv4 地址和域限制

在“IPv4 地址和域限制”窗口中，在右侧的“操作”列表中，单击“添加拒绝条目”选项，在弹出的“添加拒绝限制规则”对话框中，单击“IPv4 地址范围”单选按钮，输入拒绝的地址范围和掩码，然后单击“确定”按钮，如图 8-51 所示。

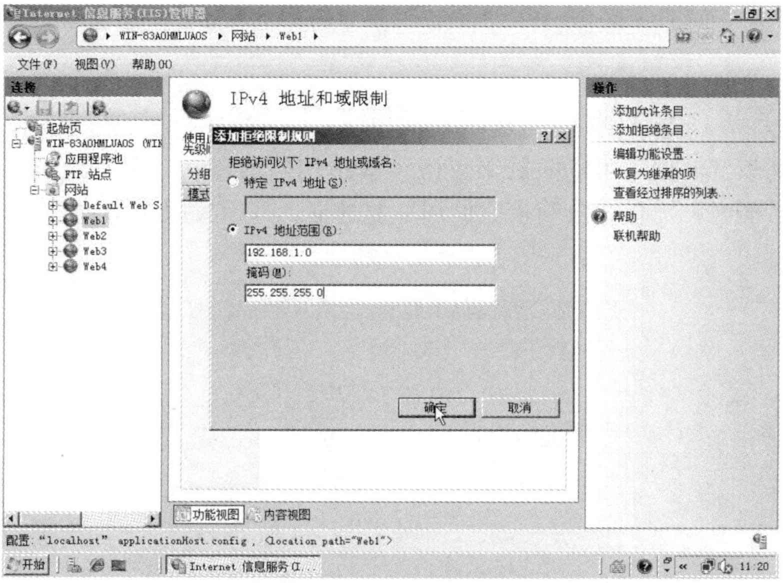

图 8-51 添加拒绝限制规则

在图 8-50 右侧的“操作”窗格中，还可以添加允许条目、编辑功能设置、删除添加的条目等。添加之后，IP 地址为 192.168.1.0/24 的主机在浏览器中浏览 Web1（http：//192.168.1.8）时会出现错误提示，如图 8-52 所示。

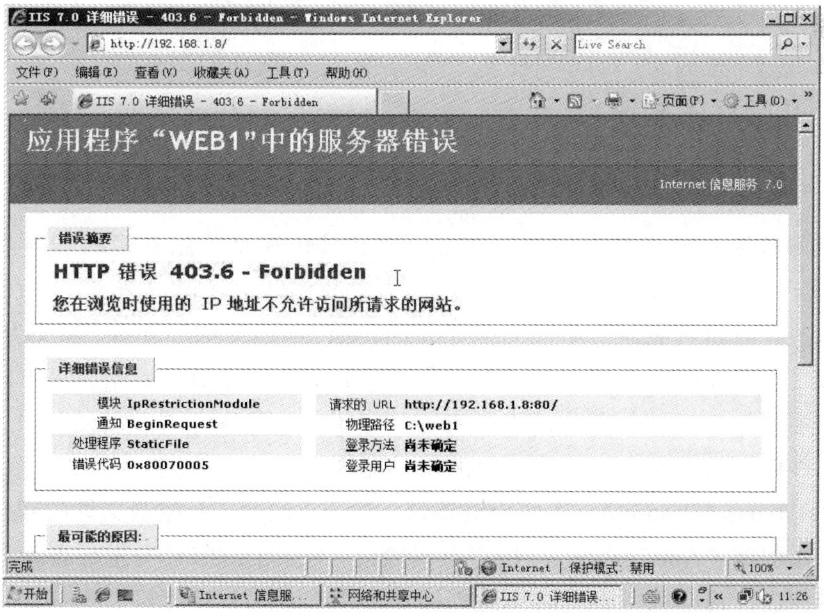

图 8-52 限制 IP 地址访问

5. 限制访问 Web 站点的客户端数量

设置“限制连接数”可以限制访问 Web 网站的用户数量。打开“Internet 信息服务（IIS）管理器”，单击 Web1，然后在“操作”界面中单击“配置”区域的“限制”按钮，打开“编辑网站限制”界面，如图 8-53 所示。选择“限制连接数”复选框，并设置要限制的连接数为 1，最后单击“确定”按钮。

6. 限制客户端访问 Web 站点使用的带宽

设置“限制带宽使用”可以限制用户访问 Web 网站的速度。在如图 8-53 所示的“编辑网站限制”对话框中，选择“限制带宽使用”复选框，并设置限制带宽为 1 024 字节，单击“确定”按钮。

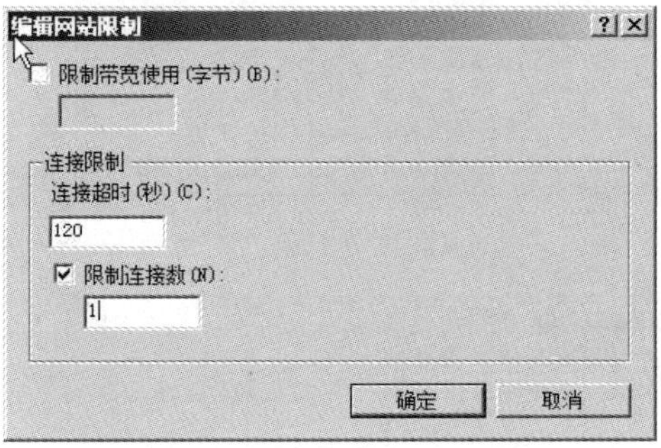

图 8-53 设置“限制连接数”

任务 8.5 文件传输协议

8.5.1 FTP 的作用和原理

1. FTP 作用

用户联网的首要目的就是实现信息共享，而文件传输是信息共享的重要内容之一。在 Internet 早期实现传输文件，并不是一件容易的事。我们知道，Internet 是一个非常复杂的计算机环境，这些计算机可能运行不同的操作系统，如 UNIX、Windows、MacOS 等，要实现这些操作系统之间的文件交流，需要建立一个统一的文件传输协议，这就是 FTP。基于不同的操作系统有不同的 FTP 应用程序，而所有这些应用程序都遵守同一种协议，这样用户就可以把自己的文件传送给别人，或者从其他的用户环境中获得文件。

FTP（File Transfer Protocol，文件传输协议）用于 Internet 上控制文件的双向传输，同时它也是一个应用程序（Application）。用户可以通过它把自己的 PC 与世界各地所有运行 FTP 协议的服务器相连，访问服务器上的信息，用户可以查看远程计算机有哪些文件，然后把文件从远程计算机上拷到本地计算机，或把本地计算机的文件发送到远程计算机去。

2. FTP 工作原理

与大多数 Internet 服务一样，FTP 也是一个客户机/服务器系统。用户通过一个支持 FTP 协议的客户机程序，连接到远程主机上的 FTP 服务器程序。用户通过客户机程序向服务器程序发出命令，服务器程序执行用户所发出的命令，并将执行的结果返回到客户机。比如说，用户发出一条命令，要求服务器向用户传送某一个文件的一份拷贝，服务器会响应这条命令，将指定文件送至用户的机器上。客户机程序代表用户接收这个文件，将其存放在用户目录中。

FTP 采用“客户机/服务器”方式，用户端要在自己的本地计算机上安装 FTP 客户程序。FTP 客户程序有字符界面和图形界面两种。字符界面的 FTP 的命令复杂、繁多，图形界面的 FTP 客户程序操作上要简洁方便得多。当启动 FTP 从远程计算机拷贝文件时，事实上启动了两个程序：一个是本地机上的 FTP 客户程序，它向 FTP 服务器提出拷贝文件的请求；另一个是在远程计算机上的 FTP 服务器程序，它向 FTP 客户端发出响应。

FTP 支持两种模式，一种方式叫作 Standard （也就是 Port 方式，主动方式），一种是 Passive（也就是 Pasv 方式，被动方式）。PORT 模式下 FTP 客户端首先和 FTP 服务器的 TCP 21 端口建立连接并通过这个通道发送命令。客户端需要接收数据的时候在这个通道上发送 PORT 命令，PORT 命令包含了客户端用什么端口接收数据。在传送数据的时候，服务器端通过自己的 TCP 20 端口连接至客户端的指定端口发送数据，FTP Server 必须和客户端建立一个新的连接用来传送数据。

Passive 模式在建立控制通道的时候和 Standard 模式类似，但建立连接后发送的不是 Port 命令，而是 Pasv 命令。FTP 服务器收到 Pasv 命令后，随机打开一个高端端口（端口号大于 1024）并且通知客户端在这个端口上传送数据，客户端连接 FTP 服务器此端口，然后 FTP 服务器将通过这个端口进行数据的传送，这个时候 FTP Server 不再需要建立一个新的和客户端之间的连接。

8.5.2 FTP 功能的实现

1. FTP 登录模式

在 FTP 的使用当中，用户经常遇到两个概念：“下载”（Download）和“上载”（Upload）。“下载”文件就是从远程主机拷贝文件至自己的计算机；“上载”文件就是将文件从自己的计算机中拷贝至远程主机。

使用 FTP 时必须登录，在远程主机上获得相应的权限以后，方可上载或下载文件。也就是说，要想同哪一台计算机传送文件，就必须具有哪一台计算机的适当授权。换言之，除非有用户 ID 和口令，否则便无法传送文件。Internet 上的 FTP 主机何止千万，不可能要求每个用户在每一台主机上都拥有账号，匿名 FTP 就是为解决这个问题而产生的。匿名 FTP 登录是这样一种机制：用户可通过它连接到远程主机上，并从其下载文件，而无须成为其注册用户。系统管理员建立了一个特殊的用户 ID，名为 anonymous， Internet 上的任何人在任何地方都可使用该用户 ID。通过 FTP 程序连接匿名 FTP 主机的方式同连接普通 FTP 主机的方式差不多，只是在要求提供用户标识 ID 时必须输入 anonymous，该用户 ID 的口令可以是任意的字符串。匿名 FTP 不适用于所有 Internet 主机，它只适用于那些提供了这项服务的主机。当远程主机提供匿名 FTP 服务时，会指定某些目录向公众开放，允许匿名存取，系统中的其余目录则处于隐匿状态。作为一种安全措施，大多数匿名 FTP 主机都允许用户从其下载文件，而不允许用户向其上载文件，也就是说，用户可将匿名 FTP 主机上的所有文件全部拷贝到自己的机器上，但不能将自己机器上的任何一个文件拷贝至匿名 FTP 主机上。

2. 通过 FTP 传输文件的方法

需要进行远程文件传输的计算机必须安装和运行 FTP 客户程序。在 Windows 操作系统的安装过程中，通常都安装了 TCP/IP 协议软件，其中就包含了 FTP 客户程序。但是该程序是字符界面而不是图形界面，这就必须以命令提示符的方式进行操作。在 CMD 命令行下可以通过 put 命令和 get 命令达到上传和下载的目的，并通过 ls 命令列出目录。除了上述方法外还可以在 cmd 下输入“ftp”回车，然后输入“open IP”来建立一个连接，此方法还适用于 Linux 下连接 FTP 服务器。

启动 FTP 客户程序工作的另一途径是使用 IE 浏览器，用户只需要在 IE 地址栏中输入如下格式的 URL 地址：ftp：//[用户名：口令@]ftp 服务器域名[：端口号] 。通过 ie 浏览器启动 FTP 的方法尽管可以使用，但是速度较慢，还会将密码暴露在 ie 浏览器中而产生安全隐患。因此一般都安装并运行专门的 FTP 客户程序，比如网际快车、cuteFtp、FlashFxp 就有这方面的功能。

使用工具登录 FTP 服务器一般步骤如下：

（1）在本地计算机登录到国际互联网。

（2）搜索有文件共享主机或者个人计算机（一般由专门的 FTP 服务器网站公布，上面有进入该主机或个人计算机的名称、口令和路径）。

（3）当与远程主机或者对方的个人计算机建立连接后，用对方提供的用户名和口令登录到该主机或对方的个人电脑。

（4）在远程主机或对方的个人计算机登录成功后，就可以上传你想跟别人分享的资料或者下载别人授权共享的资料。

（5）完成工作后关闭 FTP 下载软件，切断连接。

实作 8.5　利用 IIS 架设网络 FTP 服务器

（1）右击“Web 服务器（IIS）”在弹出的快捷菜单中点击“添加角色服务”，接下来在弹出的对话框中选择“FTP 服务器”，并选择安装 FTP 服务的核心功能，如图 8-54、图 8-55 所示。

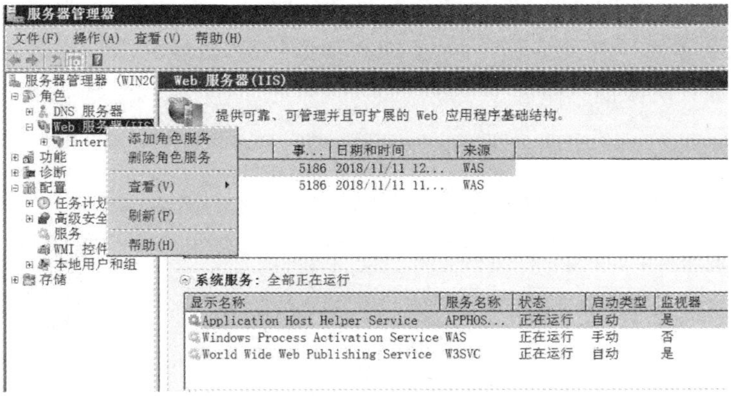

图 8-54 添加 FTP 服务器角色

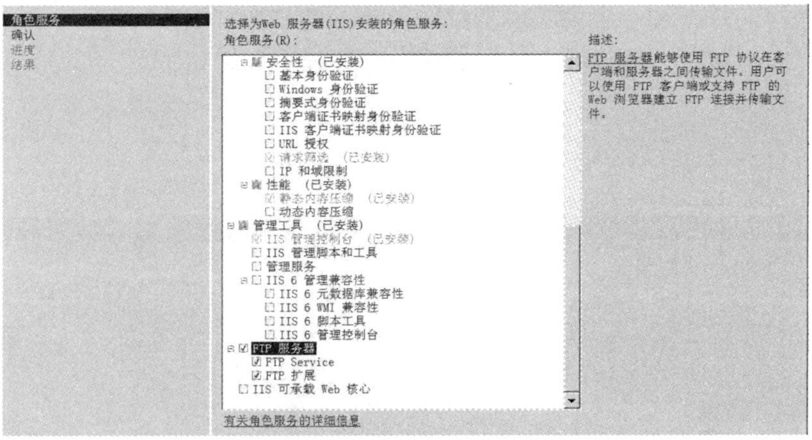

图 8-55 选择 FTP 服务功能

（2）FTP 安装完毕以后，在 IIS 管理器的树形目录下，右键点击“网站”图标，选择“添加 FTP 站点”功能，如图 8-56 所示。

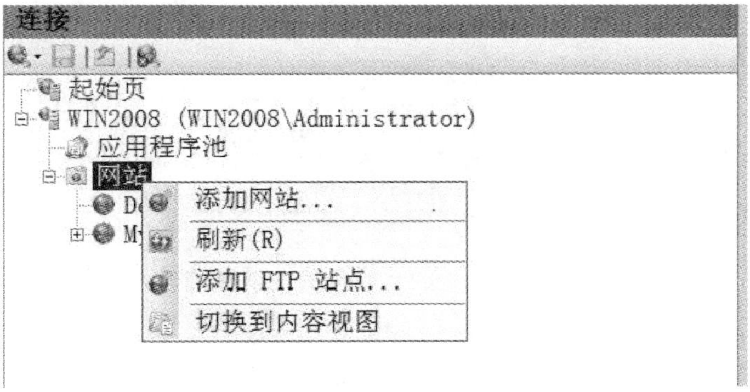

图 8-56 添加 FTP 站点

（3）设置 FTP 站点的属性，并设置文件存储的路径，如图 8-57 所示。然后点击“下一步”进入如图 8-58 界面，在此界面下设置 FTP 服务的 IP 地址和端口，设置完毕，单击“下一步”完成 FTP 服务的设置。

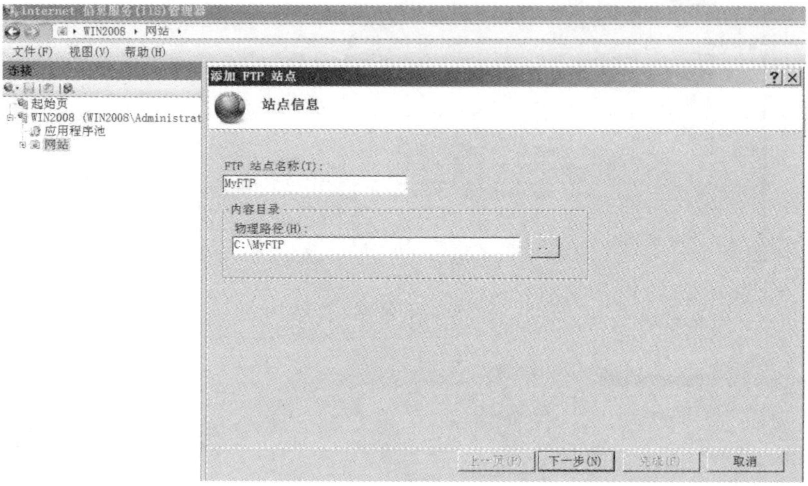

图 8-57 设置 FTP 站点属性

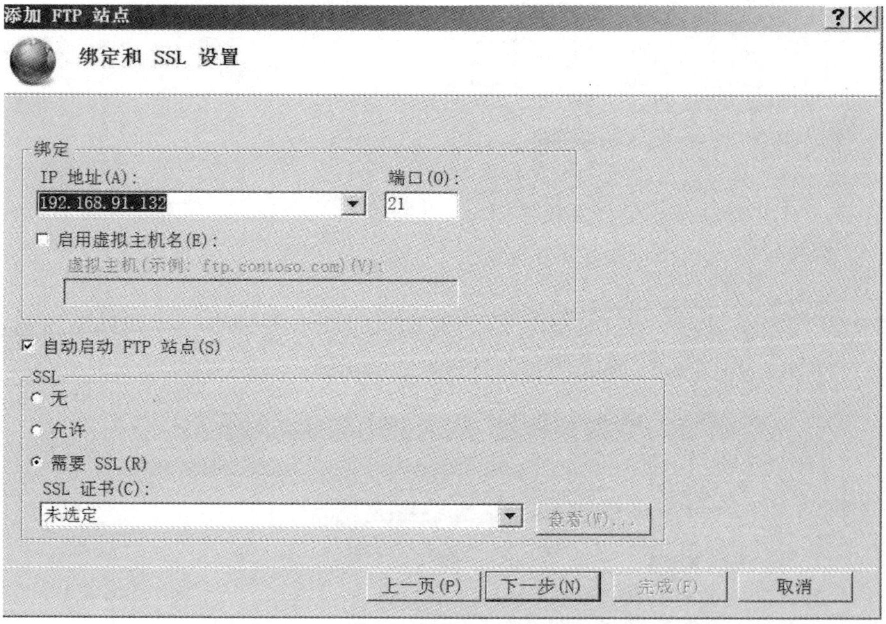

图 8-58 设置 FTP 服务的地址及端口

（4）验证 FTP 的功能。

打开 Windows 资源管理器，在地址栏中输入 ftp：//192.168.91.132/ ，即可看到 FTP 服务器上的文件，如图 8-59 所示。

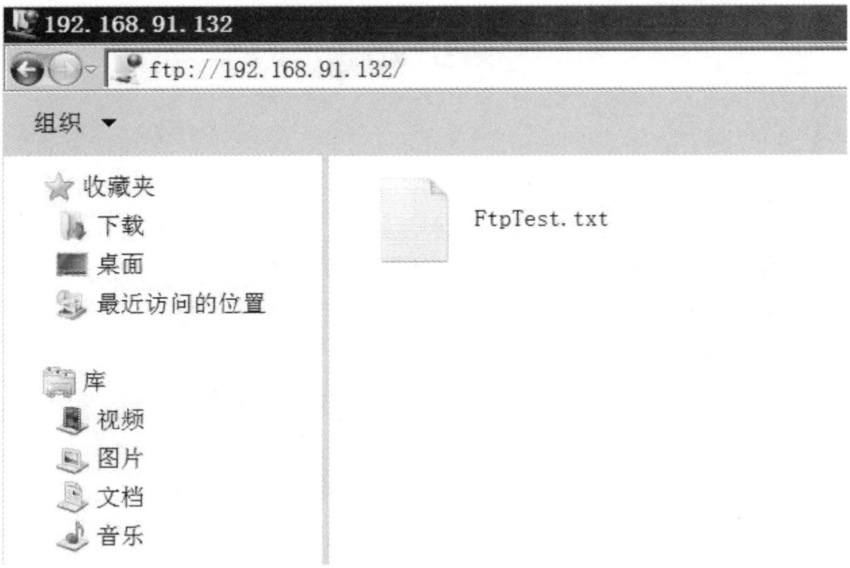

图 8-59 验证 FTP 服务

复习思考题

1. 简述 DHCP 的工作过程。
2. 简述 DNS 的工作原理及工作过程。
3. 写出清除 DNS 缓存信息的方法。
4. 写出常用的 WEB 服务器类型名称。
5. 简述 FTP 服务的作用。
6. 简述 FTP 服务运行的工作原理。
7. 写出使用工具登录 FTP 服务器的步骤。

参考文献

[1] 毛京丽，董跃文，李文海.数据通信原理[M]. 3 版. 北京：北京邮电大学出版社，2011.

[2] 黄克新，孙青华. IP 数据通信[M]. 北京：高等教育出版社，2010.

[3] 周英. 数字与数据通信技术[M]. 北京：科学出版社，2010.

[4] 黄传河. 网络规划设计师教程[M]. 北京：清华大学出版社，2009.

[5] DYE M A，MCDONALD R, RUFI A W. 思科网络技术学院教程 CCNA Exploration：网络基础知识[M]. 北京：人民邮电出版社，2009.

[6] 李昌，李兴. 数据通信与 IP 网络技术[M]. 北京：人民邮电出版社，2016.

[7] 章全. 计算机网络原理与应用[M]. 南京：南京大学出版社，2019.

[8] 宋一兵，王正成，耿飞. 计算机网络基础与应用[M]. 北京：人民邮电出版社，2013.

[9] 谢希仁. 计算机网络[M]. 北京：电子工业出版社，2013.

[10] 邢彦辰. 数据通信与计算机网络[M]. 北京：人民邮电出版社，2015.